U0171586

浙江省级重点学科应用数学教学改革与科学研究丛书

微分方程模型与解法

王定江　沈守枫　编著

科学出版社

北 京

内 容 简 介

本书主要介绍了常微分方程(组)和偏微分方程(组)描述的一些常用模型的导出及其常用求解方法,内容包括常微分方程模型与解法、一阶偏微分方程模型与解法、二阶线性偏微分方程的分类与化简、波动方程与解法、热传导方程与解法、积分变换法、偏微分方程其他解法、附录等.

本书可供高等院校数学与应用数学、信息与计算科学、物理、力学等专业高年级本科生和理工科相关专业研究生作为教材或参考资料使用,也可供广大科技工作者参考.

图书在版编目(CIP)数据

微分方程模型与解法/王定江,沈守枫编著. —北京:科学出版社,2022.7
(浙江省级重点学科应用数学教学改革与科学研究丛书)
ISBN 978-7-03-072589-9

Ⅰ.①微… Ⅱ.①王… ②沈… Ⅲ.①微分方程-研究 Ⅳ.①O175

中国版本图书馆 CIP 数据核字(2022)第 105097 号

责任编辑:胡海霞 范培培/责任校对:杨聪敏
责任印制:吴兆东/封面设计:蓝正设计

科学出版社出版
北京东黄城根北街 16 号
邮政编码:100717
http://www.sciencep.com
北京虎彩文化传播有限公司印刷
科学出版社发行 各地新华书店经销
*
2022 年 7 月第 一 版 开本:720×1000 1/16
2024 年 3 月第四次印刷 印张:16
字数:323 000
定价:**59.00 元**
(如有印装质量问题,我社负责调换)

前　言

　　微分方程是伴随微积分理论的发展而形成的一个重要数学分支, 它不仅有严密的理论体系, 而且在自然科学和社会经济等方面的应用也越来越广. 英国人口学家 Malthus (马尔萨斯, 1766—1834) 早在 1798 年就建立了用常微分方程描述的人口总量模型, 当时很好地定量预测了短期世界人口总数. 物理学家很早就建立了描述振动问题、热传导问题和位势问题的三类典型数学物理方程 (波动方程、热传导方程和位势方程), 这些传统的偏微分方程描述并解释了自然界大量的物理、化学和生物等现象. 通过对这些方程的理论研究, 有效地解决了许多以前尚未认知或无法解决的理论和实际问题, 且这些方程在现代理、工、农、医等学科中的应用越来越广. 因此, 数学物理方程一直受到广大科技专家和工程技术人员的重视, 已成为理工科各专业研究生学习专业技术知识的必修内容, 也是人们从事科学研究的一项重要工具.

　　随着数学的广泛应用, 微分方程已成为微积分理论联系实际问题的重要纽带, 特别在现代数学与其他学科形成的交叉学科研究中, 不断出现常微分方程 (组) 和偏微分方程 (组) 描述的数学模型. 一方面, 微分方程建模不断提出新的微分方程问题; 另一方面, 现代数学的发展又不断为微分方程求解提出新的方法. 因此, 广大科技人员和理工科研究生需要既有微分方程建模思想, 又有重要求解方法的书籍. 本书编写参考了一些传统经典的数学物理方程教材, 根据近年来微分方程 (组) 在实际中的广泛应用, 突出实际问题建立微分方程 (组) 模型的思想方法, 旨在培养学生将实际问题抽象为数学模型的能力. 在微分方程基本求解方法的讨论中, 注意问题的实际背景与数学理论的统一, 提高读者分析问题和解决实际问题的能力.

　　强调理论推证的微分方程书籍, 主要适用于数学专业高年级学生, 传统经典的数学物理方程教材一般又太局限于三类方程 (波动方程、热传导方程和位势方程), 根据当前广大科技工作者和理工科研究生以及一些理科高年级本科生的需要, 怎样把微分方程建模和求解结合起来, 一直是人们特别是高校相关教师和学习该课程的理工科专业研究生关心的问题. 我们根据多年来为浙江工业大学理工科研究生讲授数学物理方程的体会, 收集任课教师和听课研究生的意见, 在我们编写并多次试用的《微分方程模型与解法》讲义的基础上, 编写并完善了该书稿并尽量突出以下内容: 一是常微分方程 (组) 几类模型的建立; 二是一类重要的一阶偏微分方程模型和传统的三类二阶偏微分方程的导出; 三是讨论微分方程求解方法时贯穿介绍了 Mathematica 等求解软件的使用问题. 本书第 1 章、第 2 章、第 4 章、第 5 章和第 6 章由王定江负责编写, 第 3 章、第 7 章、附录部分和数学软件求解等由沈守枫编写.

　　本书的出版得到浙江工业大学专著和研究生教材出版基金与信息与计算科学国家一流专业建设基金的资助, 本书在编写过程中得到浙江工业大学研究生院和理学院的大力支持, 金永阳教授、夏治南副教授和孟莉副教授等对本书提出了许多有益的建议, 在此一并致谢!

　　对书中的疏漏和不足之处, 恳请专家和热心读者批评指正.

编　者

2021 年 10 月

目　　录

第 1 章　常微分方程模型与解法

本章主要介绍几个线性常微分方程 (组) 模型及其基本求解方法, 1.5 节简单介绍非线性微分方程的几何分析法.

1.1　n 阶线性常微分方程模型

本节主要通过几个例子介绍 n 阶线性常微分方程建模和一些线性微分方程的求解方法.

1.1.1　建模举例

1. 运动问题

某人驾车在 A 处从静止开始, 均匀加速经过三个半小时到达 B 处时, 速度达到 70 千米/时, 问 A 到 B 有多远?

设汽车经过 t 小时行驶的距离为 $x(t)$, 再经过时间 Δt 后行驶的距离为 $x(t + \Delta t)$, 则 t 时刻在 Δt 时间段汽车的平均速度为

$$\frac{x(t + \Delta t) - x(t)}{\Delta t},$$

那么在 t 时刻汽车达到的速度为 $\lim\limits_{\Delta t \to 0} \dfrac{x(t + \Delta t) - x(t)}{\Delta t}$, 即 $\dfrac{\mathrm{d}x(t)}{\mathrm{d}t}$. 根据 "均匀加速", 说明汽车速度是时间的线性函数, 即有等式

$$\frac{\mathrm{d}x(t)}{\mathrm{d}t} = at + b,$$

积分求解得

$$x(t) = \frac{1}{2}at^2 + bt + c,$$

取时间 t 的单位为小时, "A 处从静止开始" 可表示为

$$x(0) = 0, \quad \left.\frac{\mathrm{d}x(t)}{\mathrm{d}t}\right|_{t=0} = 0,$$

"经过三个半小时到达 B 处时速度达到 70 千米/时" 可表示为

$$\left.\frac{\mathrm{d}x(t)}{\mathrm{d}t}\right|_{t=3.5} = 70,$$

最后求 "A 到 B 有多远", 即计算 $x(3.5) =?$

根据上面定解条件, 很容易计算出 $c = 0, b = 0, a = 20$, 因此 A 到 B 点的距离为

$$x(3.5) = \frac{1}{2}at^2 = 10 \times 3.5^2 = 122.5(千米).$$

2. 增长问题

某容器内培养的细菌在稳定的环境下增殖, 观察、统计知容器内细菌总数在 24 小时内由 1000 增长到 4000, 问 48 小时后总数达到多少?

设 $y(t)$ 表示容器内 t 时刻的细菌总数, 经过时间 Δt 后的数量为 $y(t + \Delta t)$, 令增殖率为 b, t 时刻单位时间细菌增殖数量为 $by(t)$, Δt 时间段内新增殖细菌数量为 $by(t)\Delta t$, 同样记死亡率为 μ, 则 Δt 时间段内死亡细菌数量为 $\mu y(t)\Delta t$, 假设封闭环境细胞无移入和移出, 则 $t + \Delta t$ 时刻的细胞数量应等于 t 时刻的数量 $y(t)$ 加上 Δt 时间段内增殖数量再减去死亡数量, 即

$$y(t + \Delta t) = y(t) + by(t)\Delta t - \mu y(t)\Delta t.$$

若记 $r = b - \mu$ 为净增长率, 则有

$$y(t + \Delta t) = y(t) + ry(t)\Delta t$$

或

$$\frac{y(t + \Delta t) - y(t)}{\Delta t} = ry(t).$$

对上式两端当 $\Delta t \to 0$ 时取极限, 则有

$$\frac{\mathrm{d}y(t)}{\mathrm{d}t} = ry(t),$$

当 r 为常数时, 易求出该微分方程的通解为

$$y(t) = ce^{rt} \quad (c \text{ 为任意常数}).$$

根据 "细菌总数在 24 小时内由 1000 增长到 4000" 有

$$y(0) = 1000, \quad y(24) = 4000,$$

即有 $y(0) = ce^0 = c = 1000$ 和 $y(24) = 1000e^{24r} = 4000$, 所以有

$$c = 1000, \quad r = \frac{1}{12}\ln 2,$$

故

$$y(t) = 1000e^{\frac{1}{12}t\ln 2},$$

所以 48 小时后细菌总数为

$$y(48) = 1000e^{4\ln 2} = 16000.$$

注 该模型主要描述单一种群的规模或数量较大且看成随时间连续变化时种群的增长问题, 最早由英国人口学家 Malthus 建立, 用于预测总人口发展变化, 模型中的时间单位可根据实际情况选取.

3. 核废料处置问题

随着人们和平利用的核能越来越多, 如何处理核废料逐渐变成我们关注的重要问题. 开始人们处理核废燃料时, 采用装桶沉深海底的方法. 通过实验已知当圆桶与海底碰撞速度达到 12.2m/s 时桶会破裂, 若将废料桶沉到深 91.5m 的海里, 核废料桶是否会破裂?

设核废料桶重量为 W, 质量为 M, 体积为 V, 下落过程所受阻力为 D, 在海水中所受浮力为 B, 则废料桶下落所受的合力为 $F = W - B - D$, 设 $y(t)$ 表示 t 时刻核废料桶下落的距离, 下落的速度为 $v(t) = \dfrac{\mathrm{d}y(t)}{\mathrm{d}t}$, 下落的加速度为 $\dfrac{\mathrm{d}^2y(t)}{\mathrm{d}t^2}$, 根据牛顿第二运动定律有

$$W - B - D = M\frac{\mathrm{d}^2y(t)}{\mathrm{d}t^2}$$

或写成

$$\frac{\mathrm{d}^2y(t)}{\mathrm{d}t^2} = \frac{1}{M}(W - B - D) = \frac{g}{W}(W - B - D),$$

即

$$\frac{\mathrm{d}^2y(t)}{\mathrm{d}t^2} = \frac{g}{W}(W - B - D).$$

下落所受阻力 D 与下落速度成正比, $D = hv(t) = h\dfrac{\mathrm{d}y(t)}{\mathrm{d}t}$, 若海水比重为 k, 则废料桶所受浮力 $B = kV$, 则有关于 $y(t)$ 的二阶线性常微分方程模型为

$$\frac{\mathrm{d}^2y(t)}{\mathrm{d}t^2} + \frac{gh}{W}\frac{\mathrm{d}y(t)}{\mathrm{d}t} = \frac{g}{W}(W - kV)$$

或化为

$$
\begin{cases}
\dfrac{\mathrm{d}v(t)}{\mathrm{d}t} + \dfrac{gh}{W}v(t) = \dfrac{g}{W}(W - kV), \\[2mm]
v(0) = 0.
\end{cases}
$$

这是关于 $v(t)$ 的一阶线性常微分方程的初值问题.

4. 化学反应方程

化学反应中各种物质浓度的变化也可以用微分方程表示出来. 设有化学物质 A 和 B, 经反应后生成物质 C, 设反应速度常数为 k_1 (可以根据实验数据确定), 大多数化学反应遵循质量守恒定律, 当温度不变时, 化学反应速度与参加反应物质的质量或浓度成正比, 化学反应速度指的是反应物质浓度对时间的变化率. 假设 $a(t), b(t), c(t)$ 分别表示 t 时刻 A, B, C 三种物质的浓度, 则可表示为

$$
\begin{cases}
\dfrac{\mathrm{d}a}{\mathrm{d}t} = -k_1 ab, \\[2mm]
\dfrac{\mathrm{d}b}{\mathrm{d}t} = -k_1 ab, \\[2mm]
\dfrac{\mathrm{d}c}{\mathrm{d}t} = k_1 ab.
\end{cases}
$$

上述前两式的负号表示反应物质 A 或 B 的浓度越来越少.

若一个分子的 A 物质与两个分子的 B 物质反应生成一个分子的 C 物质, 则化学反应方程可表示为

$$
\begin{cases}
\dfrac{\mathrm{d}a}{\mathrm{d}t} = -k_1 ab^2, \\[2mm]
\dfrac{\mathrm{d}b}{\mathrm{d}t} = -k_1 ab^2, \\[2mm]
\dfrac{\mathrm{d}c}{\mathrm{d}t} = k_1 ab^2.
\end{cases}
$$

由前述几个数学建模例子, 我们可总结微分方程数学建模的主要准则:

(1) 选择确定出描述实际问题的数量指标. 确定的数量指标应该是代表该实际问题最核心的可以量化的, 随某个量 (如时间变量) 可以连续变化的指标. 如描述某量变化规律的 "速度" 指标是最常用的, 因为在实际问题中, "速度""增长""减少""衰变""改变""边际"(经济学) 等可以看成随时间连续变化的量, 知道了单位时间的改变量 (变化率), 基本就知道了我们要研究的某量的变化规律.

(2) 遵循物质变化准则和运动变化规律. 任何实际问题都有遵循或依赖的原理, 如净变化率等于输入率减去输出率、质量守恒定律、牛顿运动定律等.

(3) 要有对应的定解条件, 就是在某一特定时刻的已知信息. 这些条件可以确定出解中的待定常数, 把解确定出来. 这些条件与建立的微分方程一起构成完整的数学模型.

(4) 要与实际情况做验证, 修正有关信息. 模型解出的结果与实际数据对照, 调整数据修改模型.

数学建模主要步骤:

(1) 根据实际问题, 找出核心指标为待求未知量, 设定数学符号把文字语言转化为符号语言;

(2) 根据遵循的运动规律或所依赖的原理, 得到这些数学符号所满足的关系等式 (包含微分或导数的等式即微分方程);

(3) 确立定解条件——初始条件、边界条件或其他条件;

(4) 求解微分方程定解问题 (通解、定解), 并将求得的解与实际数据进行比较检验, 验证并改进模型, 解释实际现象并预测发展趋势.

例 1.1 有一个 10 升容积的水桶, 盛满溶解了 2.5 千克盐的盐水, 现将每升含盐 1 千克的盐水以 3 升/分的速度注入该桶中, 并让搅拌均匀的混合液以同样速率流出. 问 (1) 8 分钟后流出的盐水其盐的浓度多少? (2) 足够长时间后桶内盐有多少?

解 该问题直接问的就是 t 时刻桶内盐的数量, 所以直接设 t 时刻桶内盐的数量为 $x(t)$, 根据桶内盐随时间的变化规律为

$$\text{“净变化率 = 流入率 - 流出率”},$$

即有

$$\frac{\mathrm{d}x(t)}{\mathrm{d}t} = 1 \times 3 - \frac{x(t)}{10} \times 3,$$

即有桶中盐的数量变化的一阶线性非齐次常微分方程

$$\frac{\mathrm{d}x(t)}{\mathrm{d}t} = 3 - \frac{3}{10}x(t),$$

可解出通解为

$$x(t) = 10\left(1 - Ce^{-\frac{3}{10}t}\right) \quad \text{(这里 } C \text{ 为任意常数)}.$$

已知 $x(0) = 2.5$ (初始条件), 代入通解可确定 $C = \frac{3}{4}$, 因此, 任意 t 时刻桶内盐的数量为

$$x(t) = 10 - \frac{15}{2}e^{-\frac{3}{10}t}.$$

所以, 有

(1) 8 分钟后流出的盐水其盐的浓度为 $\dfrac{x(8)}{10} = 1 - \dfrac{3}{4}\mathrm{e}^{-2.4}$;

(2) 足够长时间后, 即当 $t \to +\infty$ 时, 桶内盐有 $x(t) \to 10$ 千克.

上面例子中建立的微分方程 $\dfrac{\mathrm{d}x(t)}{\mathrm{d}t} = 3 - \dfrac{3}{10}x(t)$ 描述的是开始运动后即 $t > 0$ 时的运动规律, 再附加上初始状态 (即给出的初始条件) $x(0) = 2.5$, 则构成描述该问题的完整数学模型:

$$
\begin{cases}
\dfrac{\mathrm{d}x(t)}{\mathrm{d}t} = 3 - \dfrac{3}{10}x(t), & t > 0, \\
x(0) = 2.5.
\end{cases}
$$

1.1.2　求解方法

1. 基本概念

微分方程是由自变量、未知函数及其导数构成的关系等式. 未知函数的自变量只有一个的微分方程称为**常微分方程**; 自变量个数为两个或两个以上的微分方程称为**偏微分方程**; 未知函数最高阶导数的阶数称为微分方程的**阶数**. n 阶常微分方程的一般形式可表示为

$$
F(t, x(t), x'(t), \cdots, x^{(n)}(t)) = 0. \tag{1.1.1}
$$

如果方程 (1.1.1) 的左端是 $x(t), x'(t), \cdots, x^{(n)}(t)$ 的线性组合式, 则称 (1.1.1) 为 n 阶**线性常微分方程**, 否则称为**非线性常微分方程**.

一般 n 阶线性常微分方程具有形式

$$
x^{(n)}(t) + a_1(t)x^{(n-1)}(t) + \cdots + a_{n-1}(t)x'(t) + a_n(t)x(t) = f(t), \tag{1.1.2}
$$

这里 $a_1(t), a_2(t), \cdots, a_n(t), f(t)$ 都是自变量 t 的已知函数. 通常称 (1.1.2) 为 n 阶非齐次线性常微分方程; 如果 $f(t) \equiv 0$, 则称 (1.1.2) 为对应的 n 阶**齐次线性常微分方程**.

如果存在函数 $x = \varphi(t)$ 满足方程 (1.1.1), 则称 $x = \varphi(t)$ 为方程 (1.1.1) 的**解**; 如果等式 $\psi(t, x(t)) = 0$ 决定的隐函数为方程 (1.1.1) 的解, 则称 $\psi(t, x(t)) = 0$ 为方程 (1.1.1) 的**隐式解**.

2. 解的性质

对于 n 阶齐次线性常微分方程

$$
x^{(n)}(t) + a_1(t)x^{(n-1)}(t) + \cdots + a_{n-1}(t)x'(t) + a_n(t)x(t) = 0, \tag{1.1.3}
$$

容易证明成立下面叠加原理.

线性性质 若 $x_1(t), x_2(t), \cdots, x_k(t)$ 是方程 (1.1.3) 的 k 个解, 则它们的线性组合

$$c_1 x_1(t) + c_2 x_2(t) + \cdots + c_k x_k(t)$$

也是方程 (1.1.3) 的解, 这里 $c_1, c_2, \cdots, c_k$ 是任意常数.

齐次方程 (1.1.3) 的通解 如果 $x_1(t), x_2(t), \cdots, x_n(t)$ 是方程 (1.1.3) 的 n 个线性无关解, 则方程 (1.1.3) 的通解可表示为

$$x(t) = c_1 x_1(t) + c_2 x_2(t) + \cdots + c_n x_n(t),$$

其中 $c_1, c_2, \cdots, c_n$ 是任意常数.

3. 常系数齐次方程的代数解法

对于 n 阶齐次常系数线性方程

$$x^{(n)}(t) + a_1 x^{(n-1)}(t) + \cdots + a_{n-1} x'(t) + a_n x(t) = 0, \tag{1.1.4}$$

我们试求指数形式 $\mathrm{e}^{\lambda t}$ 的解, 其中 λ 为待定常数. 把 $x(t) = \mathrm{e}^{\lambda t}$ 代入方程 (1.1.4) 得到

$$\left(\mathrm{e}^{\lambda t}\right)^{(n)} + a_1 \left(\mathrm{e}^{\lambda t}\right)^{(n-1)} + \cdots + a_{n-1} \left(\mathrm{e}^{\lambda t}\right)' + a_n \mathrm{e}^{\lambda t} = 0,$$

即

$$(\lambda^n + a_1 \lambda^{n-1} + \cdots + a_{n-1}\lambda + a_n)\mathrm{e}^{\lambda t} = 0.$$

因此, $x(t) = \mathrm{e}^{\lambda t}$ 为方程 (1.1.4) 的解, 其充分必要条件为 λ 是 n 次代数方程

$$\lambda^n + a_1 \lambda^{n-1} + \cdots + a_{n-1}\lambda + a_n = 0 \tag{1.1.5}$$

的根. 称一元 n 次代数方程 (1.1.5) 为方程 (1.1.4) 对应的**特征方程**.

根据特征方程 (1.1.5) 根的情况, 可得到方程 (1.1.4) 的基本解组和通解形式.

1) 若 n 次特征方程 (1.1.5) 刚好有 n 个互不相同的根 $\lambda_1, \lambda_2, \cdots, \lambda_n$ 则微分方程 (1.1.4) 有 n 个解:

$$\mathrm{e}^{\lambda_1 t}, \mathrm{e}^{\lambda_2 t}, \cdots, \mathrm{e}^{\lambda_n t}.$$

这 n 个解线性无关, 构成一个基本解组. 因为这 n 个解对应的 Wronski (朗斯基) 行列式

$$W(t) = \begin{vmatrix} \mathrm{e}^{\lambda_1 t} & \mathrm{e}^{\lambda_2 t} & \cdots & \mathrm{e}^{\lambda_n t} \\ \left(\mathrm{e}^{\lambda_1 t}\right)' & \left(\mathrm{e}^{\lambda_2 t}\right)' & \cdots & \left(\mathrm{e}^{\lambda_n t}\right)' \\ \vdots & \vdots & & \vdots \\ \left(\mathrm{e}^{\lambda_1 t}\right)^{(n-1)} & \left(\mathrm{e}^{\lambda_2 t}\right)^{(n-1)} & \cdots & \left(\mathrm{e}^{\lambda_n t}\right)^{(n-1)} \end{vmatrix}$$

$$
= \begin{vmatrix} e^{\lambda_1 t} & e^{\lambda_2 t} & \cdots & e^{\lambda_n t} \\ \lambda_1 e^{\lambda_1 t} & \lambda_2 e^{\lambda_2 t} & \cdots & \lambda_n e^{\lambda_n t} \\ \vdots & \vdots & & \vdots \\ \lambda_1^{n-1} e^{\lambda_1 t} & \lambda_2^{n-1} e^{\lambda_2 t} & \cdots & \lambda_n^{n-1} e^{\lambda_n t} \end{vmatrix}
$$

$$
= e^{(\lambda_1 + \lambda_2 + \cdots + \lambda_n)t} \begin{vmatrix} 1 & 1 & \cdots & 1 \\ \lambda_1 & \lambda_2 & \cdots & \lambda_n \\ \vdots & \vdots & & \vdots \\ \lambda_1^{n-1} & \lambda_2^{n-1} & \cdots & \lambda_n^{n-1} \end{vmatrix} \neq 0.
$$

(1) 当 $\lambda_1, \lambda_2, \cdots, \lambda_n$ 均为实数时, 则微分方程 (1.1.4) 的通解为

$$
x(t) = c_1 e^{\lambda_1 t} + c_2 e^{\lambda_2 t} + \cdots + c_n e^{\lambda_n t},
$$

其中 $c_1, c_2, \cdots, c_n$ 为任意常数.

(2) 当特征方程 (1.1.5) 有复根时, 则必成对出现, 对应一对共轭复根 $\alpha \pm i\beta$, 其对应方程 (1.1.4) 的两个复值解

$$
e^{(\alpha + i\beta)t} = e^{\alpha t}(\cos \beta t + i \sin \beta t),
$$

$$
e^{(\alpha - i\beta)t} = e^{\alpha t}(\cos \beta t - i \sin \beta t).
$$

因为复值解的实部和虚部也是方程的解, 所以, 特征方程 (1.1.5) 的一对共轭复根 $\alpha \pm i\beta$, 同样对应方程 (1.1.4) 的两个实值解

$$
e^{\alpha t} \cos \beta t, \quad e^{\alpha t} \sin \beta t.
$$

2) 若 n 次特征方程 (1.1.5) 有重根 (实或复根)

下面对重实根和重复根分别讨论.

(1) 当特征方程 (1.1.5) 有 k_i 重实根 λ_i 时, 可以验证方程 (1.1.4) 对应有 k_i 个解:

$$
e^{\lambda_i t}, te^{\lambda_i t}, \cdots, t^{k_i - 1} e^{\lambda_i t}.
$$

假设特征方程 (1.1.5) 有互不相同的根 $\lambda_1, \lambda_2, \cdots, \lambda_m$, 其重数分别为 $k_1, k_2, \cdots, k_m$, 且满足 $k_1 + k_2 + \cdots + k_m = n$, 则方程 (1.1.4) 对应地有下面的解:

$$
e^{\lambda_1 t}, te^{\lambda_1 t}, \cdots, t^{k_1 - 1} e^{\lambda_1 t};
$$

$$
e^{\lambda_2 t}, te^{\lambda_2 t}, \cdots, t^{k_2 - 1} e^{\lambda_2 t};
$$

$$
\cdots \cdots
$$

$$e^{\lambda_m t}, te^{\lambda_m t}, \cdots, t^{k_m-1}e^{\lambda_m t}.$$

可以用反证法证明这 n 个解线性无关, 从而构成方程 (1.1.4) 的一个基本解组.

(2) 当特征方程 (1.1.5) 有重复根时, 可由前述得到基本解组. 假如 (1.1.5) 有一个 k 重复根 $\lambda = \alpha + i\beta$ 时, 则其共轭 $\bar{\lambda} = \alpha - i\beta$ 也是 k 重根, 可类同得到方程 (1.1.4) 对应的 $2k$ 个实值解:

$$e^{\alpha t}\cos\beta t, te^{\alpha t}\cos\beta t, \cdots, t^{k-1}e^{\alpha t}\cos\beta t;$$

$$e^{\alpha t}\sin\beta t, te^{\alpha t}\sin\beta t, \cdots, t^{k-1}e^{\alpha t}\sin\beta t.$$

例 1.2 求方程 $x^{(3)}(t) + x(t) = 0$ 的通解.

解 该方程对应的特征方程为 $\lambda^3 + 1 = 0$, 其三个根为

$$\lambda_1 = -1, \quad \lambda_2 = \frac{1}{2} + i\frac{\sqrt{3}}{2}, \quad \lambda_3 = \frac{1}{2} - i\frac{\sqrt{3}}{2}.$$

因此, 该方程有一基本解组: $e^{-t}, e^{\frac{1}{2}t}\cos\frac{\sqrt{3}}{2}t, e^{\frac{1}{2}t}\sin\frac{\sqrt{3}}{2}t$, 故通解为

$$x(t) = c_1 e^{-t} + c_2 e^{\frac{1}{2}t}\sin\frac{\sqrt{3}}{2}t + c_3 e^{\frac{1}{2}t}\cos\frac{\sqrt{3}}{2}t,$$

其中 c_1, c_2, c_3 为任意常数.

我们也可以直接使用数学软件如 Mathematica, Maple 和 MATLAB 等计算. 对于这个例子, Mathematica 程序为

$$\text{In}[1] := \text{DSolve}\,[\text{x}'''[\text{t}] + \text{x}[\text{t}] = 0, \text{x}[\text{t}], \text{t}]$$

$$\text{Out}[1] = \left\{\left\{\text{x}[\text{t}] \to e^{-t}\text{C}[1] + e^{t/2}\text{C}[3]\,\text{Cos}\left[\frac{\sqrt{3}t}{2}\right] + e^{t/2}\text{C}[2]\,\text{Sin}\left[\frac{\sqrt{3}t}{2}\right]\right\}\right\}$$

Maple 程序为

```
> restart:
> alias(x=x(t)):
> with(PDEtools):with(student):
> ode:=diff(x,t$3)+x=0;
```

$$ode := \frac{\partial^3}{\partial t^3}x + x = 0$$

```
> dsolve(ode);
```

$$x = {}\_C1e^{-t} + {}\_C2e^{\frac{1}{2}t}\sin\left(\frac{1}{2}\sqrt{3}t\right) + {}\_C3e^{\frac{1}{2}t}\cos\left(\frac{1}{2}\sqrt{3}t\right)$$

这里所用的程序命令都可以通过帮助文件查询得到.

Euler (欧拉) 方程

下面形式的常微分方程通常称为 **Euler 方程**：

$$u^n x^{(n)}(u) + a_1 u^{n-1} x^{(n-1)}(u) + \cdots + a_{n-1} u x'(u) + a_n x(u) = 0, \qquad (1.1.6)$$

这里 $a_1, a_2, \cdots, a_n$ 是常数, 该方程可通过自变量变换化为常系数齐次线性方程, 作自变量变换

$$u = \mathrm{e}^t,$$

则对一切自然数 k 有

$$x^{(k)}(u) = \frac{\mathrm{d}^k x}{\mathrm{d} u^k} = \mathrm{e}^{-kt} \left(\frac{\mathrm{d}^k x}{\mathrm{d} t^k} + \beta_1 \frac{\mathrm{d}^{k-1} x}{\mathrm{d} t^{k-1}} + \cdots + \beta_{k-1} \frac{\mathrm{d} x}{\mathrm{d} t} \right)$$

或

$$u^k x^{(k)}(u) = u^k \frac{\mathrm{d}^k x}{\mathrm{d} u^k} = \frac{\mathrm{d}^k x}{\mathrm{d} t^k} + \beta_1 \frac{\mathrm{d}^{k-1} x}{\mathrm{d} t^{k-1}} + \cdots + \beta_{k-1} \frac{\mathrm{d} x}{\mathrm{d} t},$$

其中 $\beta_1, \beta_2, \cdots, \beta_{k-1}$ 都是常数, 取 $k = 1, 2, \cdots, n$, 将上面关系式代入 Euler 方程 (1.1.6), 则可将 (1.1.6) 化为常系数齐次线性方程

$$\frac{\mathrm{d}^n x}{\mathrm{d} t^n} + b_1 \frac{\mathrm{d}^{n-1} x}{\mathrm{d} t^{n-1}} + \cdots + b_{n-1} \frac{\mathrm{d} x}{\mathrm{d} t} + b_n x = 0, \qquad (1.1.7)$$

这里 $b_1, b_2, \cdots, b_n$ 是常数, 求出该常系数齐次线性方程 (1.1.7) 的解后再代回原来自变量即可得 Euler 方程 (1.1.6) 的通解.

另外, 因为常系数方程 (1.1.7) 有形如 $x = \mathrm{e}^{\lambda t}$ 的解, 所以对 Euler 方程 (1.1.6), 也可直接求形如 $x = u^\lambda$ 的解. 将 $x = u^\lambda$ 代入 Euler 方程 (1.1.6) 并约去因子 u^λ, 就得到确定 λ 的代数方程

$$\lambda(\lambda - 1) \cdots (\lambda - n + 1) + a_1 \lambda(\lambda - 1) \cdots (\lambda - n + 2) + \cdots + a_n = 0, \qquad (1.1.8)$$

这里方程 (1.1.8) 与常系数方程 (1.1.7) 的特征方程相同. 方程 (1.1.8) 的 k 重实根 λ_0 对应 Euler 方程 (1.1.6) 的 k 个解

$$u^{\lambda_0}, u^{\lambda_0} \ln u, u^{\lambda_0} \ln^2 u, \cdots, u^{\lambda_0} \ln^{k-1} u;$$

而方程 (1.1.8) 的 k 重复根 $\lambda = \alpha + \mathrm{i}\beta$ 对应 Euler 方程 (1.1.6) 的 $2k$ 个实值解

$$u^\alpha \cos(\beta \ln u), u^\alpha \ln u \cos(\beta \ln u), \cdots, u^\alpha \ln^{k-1} u \cos(\beta \ln u);$$

$$u^\alpha \sin(\beta \ln u), u^\alpha \ln u \sin(\beta \ln u), \cdots, u^\alpha \ln^{k-1} u \sin(\beta \ln u).$$

例 1.3 求解 Euler 方程 $u^2 \dfrac{\mathrm{d}^2 x}{\mathrm{d}u^2} + 3u \dfrac{\mathrm{d}x}{\mathrm{d}u} + 5x = 0$.

解 设 $x = u^\lambda$, 代入方程得

$$\lambda(\lambda - 1) + 3\lambda + 5 = 0, \quad \text{即} \quad \lambda^2 + 2\lambda + 5 = 0.$$

求得 $\lambda_{1,2} = -1 \pm 2\mathrm{i}$, 故该方程通解为

$$x(u) = u^{-1}[c_1 \cos(2 \ln u) + c_2 \sin(2 \ln u)] \quad (u > 0),$$

这里 c_1, c_2 为任意常数.

直接使用数学软件 Mathematica, 我们可得

$\mathrm{In}[2] := \mathrm{DSolve}\,[\mathrm{u}^\wedge 2 * \mathrm{x}''[\mathrm{u}] + 3 * \mathrm{u} * \mathrm{x}'[\mathrm{u}] + 5 * \mathrm{x}[\mathrm{u}] == 0, \mathrm{x}[\mathrm{u}], \mathrm{u}]$

$\mathrm{Out}[2] = \left\{ \left\{ \mathrm{x}[\mathrm{u}] \to \dfrac{\mathrm{C}[2]\,\mathrm{Cos}[2\mathrm{Log}[\mathrm{u}]]}{\mathrm{u}} + \dfrac{\mathrm{C}[1]\,\mathrm{Sin}[2\mathrm{Log}[\mathrm{u}]]}{\mathrm{u}} \right\} \right\}$

直接使用数学软件 Maple, 我们可得

```
> restart:
> alias(x = x(u)):
> with(PDEtools):with(student):
> ode := u^2 * diff(x, u$2) + 3 * u * diff(x, u) + 5 * x = 0;
```

$$ode := u^2 \left(\frac{\partial^2}{\partial u^2} x \right) + 3u \left(\frac{\partial}{\partial u} x \right) + 5x = 0$$

```
> dsolve(ode);
```

$$x = \frac{\_C1 \sin(2 \ln(u))}{u} + \frac{\_C2 \cos(2 \ln(u))}{u}$$

4. 非齐次方程的常数变易法

1) 一阶非齐次线性方程的常数变易法

一阶非齐次线性方程

$$\frac{\mathrm{d}x}{\mathrm{d}t} = p(t)x + q(t), \tag{1.1.9}$$

这里 $p(t), q(t)$ 都是连续函数.

方程 (1.1.9) 对应的一阶齐次方程为

$$\frac{\mathrm{d}x}{\mathrm{d}t} = p(t)x. \tag{1.1.10}$$

对齐次方程 (1.1.10) 变量分离, 求得它的通解为

$$x = c\mathrm{e}^{\int p(t)\mathrm{d}t}, \tag{1.1.11}$$

其中 c 是任意常数. 下面用常数变易法求非齐次方程 (1.1.9) 的通解.

在 (1.1.11) 中将常数 c 变易为 t 的待定函数 $c(t)$ 后代入非齐次方程 (1.1.9), 求出满足 (1.1.9) 的函数 $c(t)$ 即可, 这即为**常数变易法**. 具体过程是首先令

$$x = c(t)\mathrm{e}^{\int p(t)\mathrm{d}t}, \tag{1.1.12}$$

对 (1.1.12) 式两端微分得

$$\frac{\mathrm{d}x}{\mathrm{d}t} = \frac{\mathrm{d}c(t)}{\mathrm{d}t}\mathrm{e}^{\int p(t)\mathrm{d}t} + c(t)p(t)\mathrm{e}^{\int p(t)\mathrm{d}t}. \tag{1.1.13}$$

将 (1.1.12), (1.1.13) 都代入 (1.1.9) 得到

$$\frac{\mathrm{d}c(t)}{\mathrm{d}t} = q(t)\mathrm{e}^{-\int p(t)\mathrm{d}t},$$

两端积分可求得

$$c(t) = \int q(t)\mathrm{e}^{-\int p(t)\mathrm{d}t}\mathrm{d}t + c_1, \tag{1.1.14}$$

其中 c_1 为任意常数. 再将 (1.1.14) 代入 (1.1.12) 即得非齐次方程 (1.1.9) 的通解

$$x(t) = \mathrm{e}^{\int p(t)\mathrm{d}t}\left(\int q(t)\mathrm{e}^{-\int p(t)\mathrm{d}t}\mathrm{d}t + c_1\right). \tag{1.1.15}$$

例如求一阶非齐次方程 $\frac{\mathrm{d}x}{\mathrm{d}t} = \frac{n}{t+1}x + \mathrm{e}^t(t+1)^n$ 的通解时, 首先求出对应齐次线性方程 $\frac{\mathrm{d}x}{\mathrm{d}t} = \frac{n}{t+1}x$ 的通解为 $x(t) = c(t+1)^n$; 其次将变易后的 $x(t) = c(t)(t+1)^n$ 代入原方程, 可求出 $c(t) = \mathrm{e}^t + c_1$, 故可得原非齐次方程通解 $x(t) = (t+1)^n(\mathrm{e}^t + c_1)$, 这里 c_1 为任意常数. 数学软件 Mathematica 程序显示如下:

$$\mathrm{In[2]} := \mathrm{DSolve}\left[\mathrm{x'[t]} == \frac{\mathrm{n}}{\mathrm{t}+1}\mathrm{x[t]} + \mathrm{e}^t(\mathrm{t}+1)^n, \mathrm{x[t]}, \mathrm{t}\right]$$

$$\text{Out}[2] = \left\{\left\{\text{x}[\text{t}] \to e^t(1+t)^n + (1+t)^n C[1]\right\}\right\}$$

注 Bernoulli 方程

$$\frac{\mathrm{d}x}{\mathrm{d}t} = p(t)x + q(t)x^n,$$

令

$$y(t) = x(t)^{1-n},$$

则化为关于 $y(t)$ 的非齐次线性方程

$$\frac{\mathrm{d}y}{\mathrm{d}t} = (1-n)p(t)y + (1-n)q(t).$$

2) n 阶非齐次线性方程的常数变易法

对于 n 阶非齐次线性方程 (1.1.2),

$$x^{(n)}(t) + a_1(t)x^{(n-1)}(t) + \cdots + a_{n-1}(t)x'(t) + a_n(t)x(t) = f(t).$$

下面用常数变易法求其通解.

设 (1.1.2) 对应的齐次线性方程 (1.1.3) 的基本解组为 $x_1(t), x_2(t), \cdots, x_n(t)$, 方程 (1.1.3) 的通解可表示为

$$x(t) = c_1 x_1(t) + c_2 x_2(t) + \cdots + c_n x_n(t).$$

将其中的任意常数 $c_1, c_2, \cdots, c_n$ 都变易为自变量 t 的待定函数, 则有

$$x(t) = c_1(t)x_1(t) + c_2(t)x_2(t) + \cdots + c_n(t)x_n(t). \tag{1.1.16}$$

把 (1.1.16) 代入方程 (1.1.2), 得到包含 n 个待定函数 $c_1(t), c_2(t), \cdots, c_n(t)$ 的一个等式, 用下面方法再找 $n-1$ 个含有待定函数 $c_1(t), c_2(t), \cdots, c_n(t)$ 的等式后来求出待定函数.

对 (1.1.16) 两端关于 t 微分得

$$x'(t) = c_1(t)x_1'(t) + c_2(t)x_2'(t) + \cdots + c_n(t)x_n'(t)$$
$$+ x_1(t)c_1'(t) + x_2(t)c_2'(t) + \cdots + x_n(t)c_n'(t).$$

令

$$x_1(t)c_1'(t) + x_2(t)c_2'(t) + \cdots + x_n(t)c_n'(t) = 0, \tag{1.1.17$_1$}$$

则有

$$x'(t) = c_1(t)x_1'(t) + c_2(t)x_2'(t) + \cdots + c_n(t)x_n'(t). \tag{1.1.18$_1$}$$

两端关于 t 再微分后, 同上面做法, 还令其中含有 $c_1'(t), c_2'(t), \cdots, c_n'(t)$ 的部分等于零, 有

$$x_1'(t)c_1'(t) + x_2'(t)c_2'(t) + \cdots + x_n'(t)c_n'(t) = 0, \tag{1.1.17}_2$$

又有

$$x''(t) = c_1(t)x_1''(t) + c_2(t)x_2''(t) + \cdots + c_n(t)x_n''(t), \tag{1.1.18}_2$$

类同有

$$x_1''(t)c_1'(t) + x_2''(t)c_2'(t) + \cdots + x_n''(t)c_n'(t) = 0. \tag{1.1.17}_3$$

如此反复, 有

$$x_1^{(n-2)}(t)c_1'(t) + x_2^{(n-2)}(t)c_2'(t) + \cdots + x_n^{(n-2)}(t)c_n'(t) = 0 \tag{1.1.17}_{n-1}$$

和

$$x^{(n-1)}(t) = c_1(t)x_1^{(n-1)}(t) + c_2(t)x_2^{(n-1)}(t) + \cdots + c_n(t)x_n^{(n-1)}(t). \tag{1.1.18}_{n-1}$$

最后关于 $(1.1.18)_{n-1}$ 两端再对 t 微分, 得到

$$x^{(n)}(t) = c_1(t)x_1^{(n)}(t) + c_2(t)x_2^{(n)}(t) + \cdots + c_n(t)x_n^{(n)}(t)$$
$$+ x_1^{(n-1)}(t)c_1'(t) + x_2^{(n-1)}(t)c_2'(t) + \cdots + x_n^{(n-1)}(t)c_n'(t). \tag{1.1.18}_n$$

将 $(1.1.16), (1.1.18)_1, (1.1.18)_2, \cdots, (1.1.18)_n$ 代入 $(1.1.2)$, 并注意到 $x_1(t), x_2(t), \cdots, x_n(t)$ 是 $(1.1.3)$ 的解, 有

$$x_1^{(n-1)}(t)c_1'(t) + x_2^{(n-1)}(t)c_2'(t) + \cdots + x_n^{(n-1)}(t)c_n'(t) = f(t). \tag{1.1.17}_n$$

现在把 $(1.1.17)_1, (1.1.17)_2, \cdots, (1.1.17)_n$ 这 n 个等式看成关于 $c_1'(t), c_2'(t), \cdots, c_n'(t)$ 的线性代数方程组, 它的系数行列式 $W[x_1(t), x_2(t), \cdots, x_n(t)]$ 不等于零 (因 $x_1(t), x_2(t), \cdots, x_n(t)$ 为线性无关的基本解组), 因此该代数方程组有唯一解

$$c_1'(t) = \varphi_1(t), c_2'(t) = \varphi_2(t), \cdots, c_n'(t) = \varphi_n(t),$$

分别积分得

$$c_i(t) = \int \varphi_i(t)\mathrm{d}t + \delta_i, \quad i = 1, 2, \cdots, n,$$

这里 $\delta_i(i=1,2,\cdots,n)$ 是任意常数, 将 $c_1(t), c_2(t), \cdots, c_n(t)$ 的表达式代入 $(1.1.16)$ 即得 n 阶非齐次方程 $(1.1.2)$ 的通解

$$x(t) = \sum_{i=1}^{n} \delta_i x_i(t) + \sum_{i}^{n} x_i(t) \int \varphi_i(t)\mathrm{d}t,$$

其中 $\delta_i (i = 1, 2, \cdots, n)$ 是任意常数. 若取常数 $\delta_i (i = 1, 2, \cdots, n)$ 的一组确定值即可得到方程的一个特解.

例 1.4　求非齐次方程 $\dfrac{\mathrm{d}^2 x}{\mathrm{d}t^2} + x = -\dfrac{1}{\sin t}$ 的通解.

解　对应齐次方程 $\dfrac{\mathrm{d}^2 x}{\mathrm{d}t^2} + x = 0$ 有基本解组 $\cos t, \sin t$, 用常数变易法, 令

$$x(t) = c_1(t) \cos t + c_2(t) \sin t,$$

两端关于 t 求导得

$$x'(t) = -c_1(t) \sin t + c_2(t) \cos t + \cos t c_1'(t) + \sin t c_2'(t).$$

令 $\cos t c_1'(t) + \sin t c_2'(t) = 0$, 此时再对 $x'(t) = -c_1(t) \sin t + c_2(t) \cos t$ 两端求导得

$$x''(t) = -c_1(t) \cos t - c_2(t) \sin t - \sin t c_1'(t) + \cos t c_2'(t).$$

代入方程后, 可得关于 $c_1'(t), c_2'(t)$ 的两个代数方程组

$$\begin{cases} \cos t c_1'(t) + \sin t c_2'(t) = 0, \\ -\sin t c_1'(t) + \cos t c_2'(t) = -\dfrac{1}{\sin t}, \end{cases}$$

解得

$$c_1'(t) = 1, \quad c_2'(t) = \frac{\cos t}{\sin t}.$$

积分后有

$$c_1(t) = t + \delta_1, \quad c_2(t) = \ln |\sin t| + \delta_2.$$

因此原方程通解为

$$x(t) = \delta_1 \cos t + \delta_2 \sin t + t \cos t + \sin t \ln |\sin t|,$$

其中 δ_1, δ_2 是任意常数.

直接使用数学软件 Mathematica, 可得

$$\mathrm{In}[1] := \mathrm{DSolve} \left[\mathrm{x}''[\mathrm{t}] + \mathrm{x}[\mathrm{t}] == \frac{1}{\mathrm{Sin}[\mathrm{t}]}, \mathrm{x}[\mathrm{t}], \mathrm{t} \right]$$

$$\mathrm{Out}[1] = \{\{\mathrm{x}[\mathrm{t}] \to -\mathrm{t}\,\mathrm{Cos}[\mathrm{t}] + \mathrm{C}[1]\,\mathrm{Cos}[\mathrm{t}] + \mathrm{C}[2]\,\mathrm{Sin}[\mathrm{t}] + \mathrm{Log}[\mathrm{Sin}[\mathrm{t}]]\,\mathrm{Sin}[\mathrm{t}]\}\}$$

5. 非齐次方程的 Laplace 变换法

对 n 阶非齐次常系数微分方程, 还可以应用 Laplace (拉普拉斯) 变换法求解.

设函数 $f(t)$ 在 $t \geqslant 0$ 上有定义, 若积分 $\int_0^{+\infty} f(t)\mathrm{e}^{-st}\mathrm{d}t$ 收敛, 则称

$$F(s) = \int_0^{+\infty} f(t)\mathrm{e}^{-st}\mathrm{d}t \tag{1.1.19}$$

为函数 $f(t)$ 的 Laplace 变换, $f(t)$ 为原函数, $F(s)$ 是复变数 s 的函数, 是像函数, 记为 $F(s) = L[f(t)]$, Laplace 变换的逆变换记为 $f(t) = L^{-1}[F(s)]$.

Laplace 变换的微分性质在微分方程求解中有重要应用, 若 $f(t)$ 在 $t \geqslant 0$ 上有定义且连续, 则有

$$L[f'(t)] = sL[f'(t)] - f(0),$$

一般地有

$$L[f^{(n)}(t)] = s^n L[f(t)] - s^{n-1}f(0) - s^{n-2}f'(0) - \cdots - f^{(n-1)}(0). \tag{1.1.20}$$

Laplace 变换可以直接求解常系数微分方程的初值问题

$$\begin{cases} x^{(n)}(t) + a_1 x^{(n-1)}(t) + \cdots + a_{n-1}x'(t) + a_n x(t) = f(t), \\ x(0) = q_0, x'(0) = q_1, \cdots, x^{(n-1)}(0) = q_{n-1}. \end{cases} \tag{1.1.21}$$

记

$$F(s) = L[f(t)], \quad X(s) = L[x(t)].$$

对 (1.1.21) 中方程两端关于 t 作 Laplace 变换, 由 Laplace 变换的线性和微分性质可得

$$s^n X(s) - s^{n-1}q_0 - s^{n-2}q_1 - \cdots - sq_{n-2} - q_{n-1}$$
$$+ a_1(s^{n-1}X(s) - s^{n-2}q_0 - s^{n-3}q_1 - \cdots - q_{n-2})$$
$$+ \cdots + a_{n-1}(sX(s) - q_0) + a_n X(s) = F(s).$$

令

$$A(s) = s^n + a_1 s^{n-1} + \cdots + a_{n-1}s + a_n,$$
$$B(s) = (s^{n-1} + a_1 s^{n-2} + \cdots + a_{n-2}s + a_{n-1})q_0$$
$$+ (s^{n-2} + a_1 s^{n-3} + \cdots + a_{n-3}s + a_{n-2})q_1$$

$$+ \cdots + (s + a_1)q_{n-2} + q_{n-1},$$

则有

$$A(s)X(s) = F(s) + B(s).$$

因此可解出像函数为

$$X(s) = \frac{F(s) + B(s)}{A(s)}.$$

再在两端作 Laplace 逆变换, 即得原初值问题的解

$$x(t) = L^{-1}[X(s)] = L^{-1}\left[\frac{F(s) + B(s)}{A(s)}\right],$$

这里 $A(s), B(s)$ 都是已知的多项式, 通过计算或查 Laplace 变换表可得解的表达式.

例 1.5 求初值问题

$$\begin{cases} x'''(t) + 3x''(t) + 3x'(t) + x(t) = 1, \\ x(0) = x'(0) = x''(0) = 0. \end{cases}$$

解 对方程两边作 Laplace 变换得

$$(s^3 + 3s^2 + 3s + 1)X(s) = \frac{1}{s},$$

所以 $x(t)$ 的像函数为

$$X(s) = \frac{1}{s(s+1)^3}.$$

因为

$$\frac{1}{s(s+1)^3} = \frac{1}{s} - \frac{1}{s+1} - \frac{1}{(s+1)^2} - \frac{1}{(s+1)^3},$$

通过查 Laplace 变换简表可求出该初值问题的解为

$$x(t) = L^{-1}[X(s)] = L^{-1}\left[\frac{1}{s(s+1)^3}\right]$$

$$= L^{-1}\left[\frac{1}{s} - \frac{1}{s+1} - \frac{1}{(s+1)^2} - \frac{1}{(s+1)^3}\right]$$

$$= 1 - e^{-t} - te^{-t} - \frac{1}{2}t^2e^{-t}$$

$$= 1 - \frac{1}{2}(t^2 + 2t + 2)\mathrm{e}^{-t}.$$

这里关于 Laplace 变换的 Mathematica 程序为

In[3] := LaplaceTransform $[1, t, s]$

　　　　　　LaplaceTransform $[\mathrm{x}'''[t], t, s]$

　　　　　　InverseLaplaceTransform $\left[\dfrac{1}{s(s+1)^3}, s, t \right]$

Out $[3] = \dfrac{1}{s}$

Out $[4] = \mathrm{s}^3\,\mathrm{LaplaceTransform}[\mathrm{x}[t], t, s] - \mathrm{s}^2\mathrm{x}[0] - \mathrm{sx}'[0] - \mathrm{x}''[0]$

Out $[5] = \dfrac{1}{2}\mathrm{e}^{-t}\left(-2 + 2\mathrm{e}^t - 2t - t^2\right)$

对于该初值问题也可以用 DSolve 命令直接解.

In[2] := DSolve$[\{\mathrm{x}'''[t] + 3*\mathrm{x}''[t] + 3*\mathrm{x}'[t] + \mathrm{x}[t] == 1,$
$\mathrm{x}[0] == 0, \mathrm{x}'[0] == 0, \mathrm{x}''[0] == 0\}, \mathrm{x}[t], t]$

Out$[2] = \left\{ \left\{ \mathrm{x}[t] \to \dfrac{1}{2}\mathrm{e}^{-t}\left(-2 + 2\mathrm{e}^t - 2t - t^2\right) \right\} \right\}$

6. 其他解法

对于高阶线性微分方程, 还有很多解法, 下面主要通过例子说明**幂级数解法**和**降阶解法**.

对于变系数方程, 很难用代数方法求解, 但若系数函数在一定条件下可以展成幂级数, 则可以尝试幂级数解法. 对于二阶变系数方程的初值问题

$$\begin{cases} \dfrac{\mathrm{d}^2x}{\mathrm{d}t^2} + a(t)\dfrac{\mathrm{d}x}{\mathrm{d}t} + b(t)x = 0, \\ x(t_0) = p_0, \quad x'(t_0) = p_1. \end{cases} \tag{1.1.22}$$

一般情况下, 若 (1.1.22) 中系数函数 $a(t), b(t)$ 都能展成 t 的幂级数且存在收敛区间时, (1.1.22) 中方程有幂级数形式的解

$$x(t) = \sum_{n=0}^{+\infty} r_n t^n.$$

特别, 若 $ta(t), t^2b(t)$ 都能展成 t 的幂级数且存在收敛区间时, (1.1.22) 中方程有幂级数形式的解

$$x(t) = t^{\alpha} \sum_{n=0}^{+\infty} r_n t^n,$$

这里 α 为待定常数, 可通过初始条件确定. 该结论证明可参考文献 (中山大学数学力学系常微分方程组, 1978).

例 1.6 求解初值问题

$$\begin{cases} \dfrac{\mathrm{d}^2 x}{\mathrm{d}t^2} - 2t \dfrac{\mathrm{d}x}{\mathrm{d}t} - 4x = 0, \\ x(0) = 0, \quad x'(0) = 1. \end{cases}$$

解　设有幂级数解

$$x(t) = \sum_{n=0}^{+\infty} r_n t^n = r_0 + r_1 t + r_2 t^2 + \cdots + r_n t^n + \cdots,$$

先由初始条件得 $r_0 = 0, r_1 = 1$, 从而有

$$x(t) = \sum_{n=0}^{+\infty} r_n t^n = t + r_2 t^2 + \cdots + r_n t^n + \cdots,$$

$$x'(t) = 1 + \sum_{n=2}^{+\infty} n r_n t^{n-1},$$

$$x''(t) = 2r_2 + \sum_{n=3}^{+\infty} n(n-1) r_n t^{n-2}.$$

代入方程左端, 合并 t 的同次幂项, 两端对应比较系数, 由各项系数等于零, 可得

$$r_{2k+1} = \frac{1}{k} \frac{1}{(k-1)!} = \frac{1}{k!}, \quad r_{2k} = 0.$$

因此, 原初值问题的解为

$$\begin{aligned} x(t) &= t + t^3 + \frac{1}{2!} t^5 + \cdots + \frac{1}{k!} t^{2k+1} + \cdots \\ &= t \left(1 + t^2 + \frac{1}{2!} t^4 + \cdots + \frac{1}{k!} t^{2k} + \cdots \right) \\ &= t e^{t^2}. \end{aligned}$$

对高阶微分方程, 常常利用变换化为低阶方程的求解问题, 这就是**降阶法**. 当方程不显含自变量或不显含未知函数时, 方程可以降阶. 对于变系数 n 阶齐次方

程, 若知道它的一个非零特解, 则可利用变换将方程降低一阶, 或若知道 k 个线性无关解, 则可经一系列变换使方程降低 k 阶, 得到一个 $n-k$ 阶的齐次线性方程.

特别对于二阶齐次线性方程, 若知道一个非零特解, 则可求出通解, 事实上, 假设 $x = x_1(t)$ 是下列二阶方程的一个非零解,

$$\frac{d^2x}{dt^2} + a(t)\frac{dx}{dt} + b(t)x = 0,$$

作变换

$$x = x_1(t)\int y(t)dt,$$

则可将方程化为一阶线性方程

$$x_1\frac{dy}{dt} + (2x_1' + a(t)x_1)y = 0,$$

解出

$$y = c\frac{1}{x_1^2(t)}e^{-\int a(t)dt}.$$

故有

$$x = x_1\left(c_1 + c\int\frac{1}{x_1^2(t)}e^{-\int a(t)dt}dt\right),$$

这里 c, c_1 为任意常数, 上式即为通解.

例 1.7 求解第二宇宙速度方程

$$m\frac{d^2r}{dt^2} = -k\frac{mM}{r^2},$$

这里 M 和 m 分别表示地球和物体 (如火箭) 的质量, r 表示地球中心与物体重心之间的距离, k 为万有引力系数, 作用于物体的万有引力 $F = k\frac{mM}{r^2}$, 由牛顿第二定律得到该方程, 负号表示物体加速度为负值.

解 可选取初始条件: $t = 0, r(0) = R, r'(0) = V_0$, 其中 R 为地球半径 (63×10^5 米), V_0 为物体发射速度. 该方程不显含自变量 t, 令 $\frac{dr}{dt} = V$, 则方程降阶为

$$V\frac{dV}{dr} = -k\frac{M}{r^2},$$

直接解得

$$\frac{V^2}{2} = k\frac{M}{r} + c.$$

由初始条件 $t=0, r=R, V=V_0$, 则可确定出常数 c 的值

$$c = \frac{V_0^2}{2} - k\frac{M}{R}.$$

因此

$$\frac{V^2}{2} = \frac{kM}{r} + \left(\frac{V_0^2}{2} - \frac{kM}{R}\right).$$

随着 r 逐步增大, $\dfrac{kM}{r}$ 可变得任意小, 因此有

$$\frac{V_0^2}{2} - \frac{kM}{R} \geqslant 0.$$

从而物体在地面的最小发射速度为

$$V_0 = \sqrt{\frac{2kM}{R}}.$$

在地球表面, $r=R$, 重力加速度 g ($g=9.81$ 米/秒^2) 满足

$$F = mg = k\frac{mM}{R^2}.$$

所以有

$$V_0 = \sqrt{\frac{2kM}{R}} = \sqrt{2gR} = \sqrt{2 \times 9.81 \times 63 \times 10^5} \approx 11.2 \times 10^3 \ (\text{米/秒}).$$

这就是我们发射物体到太空要摆脱地球引力需要的最小速度 (称为第二宇宙速度).

1.2 常系数线性微分方程组

本节先介绍一些用微分方程组描述的数学模型, 再介绍线性常微分方程组的求解方法, 并给出一般的求解公式.

1.2.1 建模举例

1. 作战模型

描述两支部队作战, 最早建立的作战模型是在第一次世界大战期间, 由 F. W. Lanchester 提出的微分方程组模型 (Lucas, 1998).

设 $x(t), y(t)$ 分别表示 t 时刻甲、乙两支部队的数量 (或力量), 将 $x(t), y(t)$ 看成关于时间 t 的连续函数, 则它们的变化率满足

$$变化率 = 补充率 - 自然损失率 - 战斗损失率,$$

设 $f(t), g(t)$ 分别表示 t 时刻甲、乙两支部队的增援补充率, 由疾病等非战斗因素构成的自然损失率与本部队数量成正比, 分别为 $ax(t), vy(t)$, 战斗损失率主要取决于对方战斗力的强弱, 分别与对方部队数量成正比, 即甲、乙部队的战斗损失率分别为 $by(t)$, $ux(t)$, 这里系数 a, b, u, v 取为非负损失率常数, 则有甲、乙部队作战模型

$$\begin{cases} \dfrac{\mathrm{d}x(t)}{\mathrm{d}t} = -ax(t) - by(t) + f(t), \\[2mm] \dfrac{\mathrm{d}y(t)}{\mathrm{d}t} = -ux(t) - vy(t) + g(t). \end{cases}$$

这个模型通常描述两支正规军正面战斗, 该模型成功地应用于第二次世界大战时的 "硫磺岛战役".

若是甲、乙两支游击队作战, 则战斗损失率同时与双方部队数量成正比, 即有甲、乙两支游击队作战模型

$$\begin{cases} \dfrac{\mathrm{d}x(t)}{\mathrm{d}t} = -ax(t) - bx(t)y(t) + f(t), \\[2mm] \dfrac{\mathrm{d}y(t)}{\mathrm{d}t} = -ux(t) - vx(t)y(t) + g(t). \end{cases}$$

同样则有正规军与游击队作战模型为

$$\begin{cases} \dfrac{\mathrm{d}x(t)}{\mathrm{d}t} = -ax(t) - bx(t)y(t) + f(t), \\[2mm] \dfrac{\mathrm{d}y(t)}{\mathrm{d}t} = -ux(t) - vy(t) + g(t). \end{cases}$$

2. 物种变化模型

自然界的物种互相依存又互相制约构成平衡的生态系统, 描述两个物种依存变化的规律常常采用常微分方程组. 设 $x(t), y(t)$ 分别表示 t 时刻甲、乙两物种的数量, 一个物种的个体对该物种的变化率产生净贡献率 r, 即个体对变化率的贡献 r, 则该物种全部总数的变化率满足

$$变化率 = 个体对变化率的贡献 \ r \times 个体总数.$$

这里 "个体对变化率的贡献 r" 包含着两物种之间的依存制约关系, 通常与两物种的数量 $x(t), y(t)$ 都有关, 一般都是非线性关系, "拿不准时就线性化". 假设 r 是 $x(t), y(t)$ 的线性函数, 即 $r = a_0 + a_1 x(t) + a_2 y(t)$, 则根据甲、乙物种互相依存制约关系, 有下面模型:

$$\begin{cases} \dfrac{\mathrm{d}x(t)}{\mathrm{d}t} = (a_0 + a_1 x(t) + a_2 y(t))x(t), \\ \dfrac{\mathrm{d}y(t)}{\mathrm{d}t} = (b_0 + b_1 x(t) + b_2 y(t))y(t). \end{cases}$$

这里六个系数的意义: ① a_0, b_0 分别表示两物种在无干扰下的自然增长, $a_0 x(t)$, $b_0 y(t)$ 是它们的自然增长率; ② a_1 表示甲物种在自身增长率上的作用, $a_1 > 0$ 说明自身数量对变化率是正平方增长, $a_1 < 0$ 说明自身密度制约, 对变化率是负平方增长, b_2 类同系数 a_1; ③ a_2, b_1 表示意义类同, 表示一个物种在另一个物种增长率上的作用, 常称为双物种群居系数或简称干扰系数. $b_1 > 0$, $a_2 > 0$ 说明乙物种和甲物种是互惠关系; $b_1 < 0$, $a_2 < 0$ 说明两物种相互捕食现象发生, 或对共需资源发生竞争; $b_1 > 0$, $a_2 < 0$ (或 $b_1 < 0, a_2 > 0$) 说明甲物种是乙物种的食物 (或乙物种是甲物种的食物).

该模型就是数学生态学中最著名的 Lotka-Volterra 模型 (A. J. Lotka, 1924; V. Volterra, 1926), 如今它已被成功地应用到许多领域, 如描述化学氧化反应、技术进步、军事问题的对抗等. 一个该模型应用的著名例子是描述第一次世界大战期间地中海食用鱼 (食饵) 与软骨鱼 (捕食者) 种群数量的变化规律: 意大利生物学家 Umberto D. Ancona 从统计数据 (1914—1923) 发现第一次世界大战期间当捕鱼数量减少后, 为什么出现捕食者 (软骨鱼) 的数量增长最快? 意大利数学家 V. Volterra 建立上述模型并通过分析求解很好地解释了这个现象. 另外, 这个模型也很好解释了大面积喷洒农药对害虫和益虫的影响差异 (Lucas, 1998).

Volterra 研究的食用鱼 (食饵) 与软骨鱼 (捕食者) 模型为

$$\begin{cases} \dfrac{\mathrm{d}x(t)}{\mathrm{d}t} = ax(t) - bx(t)y(t), \\ \dfrac{\mathrm{d}y(t)}{\mathrm{d}t} = -cy(t) + hx(t)y(t). \end{cases}$$

这是一个非线性系统, 他研究了系统的周期解、平衡点及稳定性等 (1.4 节讨论), 还进一步研究了添加捕捞项模型的性质, 理论上解释了减少捕捞 (少喷洒农药) 会对捕食者 (益虫) 有益.

上述非线性物种模型作为近似可对应于近似线性系统

$$\begin{cases} \dfrac{\mathrm{d}x(t)}{\mathrm{d}t} = ax(t) + by(t) + f(t), \\[2mm] \dfrac{\mathrm{d}y(t)}{\mathrm{d}t} = cx(t) + hy(t) + g(t). \end{cases}$$

3. 线性传染病模型

对某种传染病, 将人群分成三类: 正常易感染者、已染病者、注射过疫苗或感染痊愈后的免疫者.

设 $S(t), I(t), R(t)$ 分别表示 t 时刻正常类、染病类和免疫类人群的数量, λ, h, ν 分别表示 t 时刻对应人群传染、免疫和治愈的常数系数, 则 $\lambda S(t)$ 表示 t 时刻正常易感人群单位时间被传染得病的人数, $hS(t)$ 表示 t 时刻正常易感人群单位时间转为免疫类的人数, $\nu I(t)$ 表示 t 时刻单位时间治愈后转为正常类的人数, 短期内忽略死亡, 研究范围内总人数不变, 则有下面关系:

$$\begin{cases} \dfrac{\mathrm{d}S(t)}{\mathrm{d}t} = -\lambda S(t) - hS(t), \\[2mm] \dfrac{\mathrm{d}I(t)}{\mathrm{d}t} = \lambda S(t) - \nu I(t), \\[2mm] \dfrac{\mathrm{d}R(t)}{\mathrm{d}t} = hS(t) + \nu I(t). \end{cases}$$

这个模型简称为传染病的 SIR 模型, 是一个常系数线性常微分方程组.

1.2.2　求解方法

1. 方程与记号

非齐次**变系数**线性常微分方程组的一般形式可表示为

$$\begin{cases} \dfrac{\mathrm{d}x_1}{\mathrm{d}t} = a_{11}(t)x_1 + a_{12}(t)x_2 + \cdots + a_{1n}(t)x_n + f_1(t), \\[2mm] \dfrac{\mathrm{d}x_2}{\mathrm{d}t} = a_{21}(t)x_1 + a_{22}(t)x_2 + \cdots + a_{2n}(t)x_n + f_2(t), \\ \qquad\qquad\qquad\qquad \cdots\cdots \\ \dfrac{\mathrm{d}x_n}{\mathrm{d}t} = a_{n1}(t)x_1 + a_{n2}(t)x_2 + \cdots + a_{nn}(t)x_n + f_n(t). \end{cases} \tag{1.2.1}$$

如果方程组 (1.2.1) 的右端中 $f_1(t), f_2(t), \cdots, f_n(t)$ 全等于零, 则称 (1.2.1) 为

齐次线性常微分方程组, 即

$$\begin{cases} \dfrac{\mathrm{d}x_1}{\mathrm{d}t} = a_{11}(t)x_1 + a_{12}(t)x_2 + \cdots + a_{1n}(t)x_n, \\[2mm] \dfrac{\mathrm{d}x_2}{\mathrm{d}t} = a_{21}(t)x_1 + a_{22}(t)x_2 + \cdots + a_{2n}(t)x_n, \\[2mm] \qquad\qquad \cdots\cdots \\[2mm] \dfrac{\mathrm{d}x_n}{\mathrm{d}t} = a_{n1}(t)x_1 + a_{n2}(t)x_2 + \cdots + a_{nn}(t)x_n. \end{cases} \tag{1.2.2}$$

若引进记号

$$A(t) = \begin{pmatrix} a_{11}(t) & a_{12}(t) & \cdots & a_{1n}(t) \\ a_{21}(t) & a_{22}(t) & \cdots & a_{2n}(t) \\ \vdots & \vdots & & \vdots \\ a_{n1}(t) & a_{n2}(t) & \cdots & a_{nn}(t) \end{pmatrix},$$

$$F(t) = \begin{pmatrix} f_1(t) \\ f_2(t) \\ \vdots \\ f_n(t) \end{pmatrix}, \quad X(t) = \begin{pmatrix} x_1 \\ x_2 \\ \vdots \\ x_n \end{pmatrix},$$

方程组 (1.2.1) 可表示为

$$X'(t) = A(t)X(t) + F(t). \tag{1.2.3}$$

如果 $F(t) \equiv 0$, 则有齐次形式

$$X'(t) = A(t)X(t). \tag{1.2.4}$$

如果 (1.2.3), (1.2.4) 中的 $A(t)$ 的所有元素都与 t 无关, 则有**常系数**线性方程组

$$X'(t) = AX(t) + F(t) \tag{1.2.5}$$

和

$$X'(t) = AX(t), \tag{1.2.6}$$

这里

$$A = \begin{pmatrix} a_{11} & a_{12} & \cdots & a_{1n} \\ a_{21} & a_{22} & \cdots & a_{2n} \\ \vdots & \vdots & & \vdots \\ a_{n1} & a_{n2} & \cdots & a_{nn} \end{pmatrix}.$$

1.1 节讨论的 n 阶常系数线性微分方程 (1.1.2):

$$x^{(n)}(t) + a_1 x^{(n-1)}(t) + \cdots + a_{n-1} x'(t) + a_n x(t) = f(t)$$

可以转化为常系数线性微分方程组的形式.

事实上, 令

$$\begin{cases} x_1(t) = x(t), \\ x_2(t) = x'(t), \\ \quad\cdots\cdots \\ x_n(t) = x^{(n-1)}(t). \end{cases}$$

则化为线性常微分方程组

$$\begin{cases} \dfrac{\mathrm{d}x_1}{\mathrm{d}t} = x_2, \\[2mm] \dfrac{\mathrm{d}x_2}{\mathrm{d}t} = x_3, \\[2mm] \quad\cdots\cdots \\[2mm] \dfrac{\mathrm{d}x_{n-1}}{\mathrm{d}t} = x_n, \\[2mm] \dfrac{\mathrm{d}x_n}{\mathrm{d}t} = -a_n x_1 - a_{n-1} x_2 - \cdots - a_1 x_n + f(t), \end{cases}$$

或表示为

$$X'(t) = \begin{pmatrix} 0 & 1 & 0 & \cdots & 0 \\ 0 & 0 & 1 & \cdots & 0 \\ \vdots & \vdots & \vdots & & \vdots \\ 0 & 0 & 0 & \cdots & 1 \\ -a_n & -a_{n-1} & -a_{n-2} & \cdots & -a_1 \end{pmatrix} X(t) + \begin{pmatrix} 0 \\ 0 \\ \vdots \\ 0 \\ f(t) \end{pmatrix}.$$

因此, 可将 n 阶线性微分方程转化为线性方程组进行讨论并求解.

n 阶非齐次常系数线性微分方程的初值问题

$$\begin{cases} x^{(n)}(t) + a_1 x^{(n-1)}(t) + \cdots + a_{n-1} x'(t) + a_n x(t) = f(t), \\ x(0) = q_0, x'(0) = q_1, \cdots, x^{(n-1)}(0) = q_{n-1}. \end{cases}$$

对应可化为非齐次线性微分方程组的初值问题

$$
\begin{cases}
\dfrac{\mathrm{d}x_1}{\mathrm{d}t} = x_2, \\[2mm]
\dfrac{\mathrm{d}x_2}{\mathrm{d}t} = x_3, \\[2mm]
\quad\cdots\cdots \\[2mm]
\dfrac{\mathrm{d}x_{n-1}}{\mathrm{d}t} = x_n, \\[2mm]
\dfrac{\mathrm{d}x_n}{\mathrm{d}t} = -a_n x_1 - a_{n-1} x_2 - \cdots - a_1 x_n + f(t), \\[2mm]
x_1(0) = q_0, x_2(0) = q_1, \cdots, x_n(0) = q_{n-1}.
\end{cases}
$$

本节主要讨论常系数线性微分方程组的解法.

2. 常系数微分方程组

1) 解的性质

常系数线性方程组 (1.2.5), (1.2.6) 的解, 同 n 阶线性常微分方程 (1.1.2), (1.1.3) 一样, 也有线性方程共有的下面性质.

线性性质 若 $X_1(t), X_2(t), \cdots, X_k(t)$ 是方程组 (1.2.6) 的 k 组解, 则它们的线性组合

$$c_1 X_1(t) + c_2 X_2(t) + \cdots + c_k X_k(t)$$

也是方程组 (1.2.6) 的解, 这里 $c_1, c_2, \cdots, c_k$ 是任意常数.

方程组 (1.2.6) 的通解 如果 $X_1(t), X_2(t), \cdots, X_n(t)$ 是方程组 (1.2.6) 的 n 组线性无关解, 则方程组 (1.2.6) 的通解可表示为

$$X(t) = c_1 X_1(t) + c_2 X_2(t) + \cdots + c_n X_n(t), \tag{1.2.7}$$

其中 $c_1, c_2, \cdots, c_n$ 是任意常数.

注 齐次线性方程组 (1.2.6) 一定存在 n 组线性无关解, 证明见文献 (中山大学数学力学系常微分方程组, 1978).

方程组 (1.2.5) 解的结构 如果 $X_1(t), X_2(t), \cdots, X_n(t)$ 是方程组 (1.2.5) 对应的齐次方程组 (1.2.6) 的 n 组线性无关解, 而 $\bar{X}(t)$ 是方程组 (1.2.5) 的特解, 则非齐次方程组 (1.2.5) 的通解可表示为

$$X(t) = c_1 X_1(t) + c_2 X_2(t) + \cdots + c_n X_n(t) + \bar{X}(t), \tag{1.2.8}$$

其中 $c_1, c_2, \cdots, c_n$ 是任意常数.

当知道方程组 (1.2.6) 的一组线性无关解 $X_1(t), X_2(t), \cdots, X_n(t)$ 时, 它们构成的矩阵

$$\Phi(t) = (X_1(t), X_2(t), \cdots, X_n(t))$$

称为方程组 (1.2.6) 的一个**基解矩阵**.

通过基解矩阵利用**常数变易法**可求出方程组 (1.2.5) 的一个**特解** $\bar{X}(t)$. 由基解矩阵表示齐次方程组 (1.2.6) 的通解为

$$X(t) = (X_1(t), X_2(t), \cdots, X_n(t)) \begin{pmatrix} c_1 \\ c_2 \\ \vdots \\ c_n \end{pmatrix} = \Phi(t)C.$$

将常数向量 C 变易为 t 的函数向量 $C(t)$, 把 $X(t) = \Phi(t)C(t)$ 代入非齐次方程组 (1.2.5), 求待定函数 $C(t)$, 此时有

$$\Phi'(t)C(t) + \Phi(t)C'(t) = A\Phi(t)C(t) + F(t).$$

因为 $\Phi'(t) = A\Phi(t)$, 代入上式有 $\Phi(t)C'(t) = F(t)$. 因 $\Phi(t)$ 为基解矩阵且非奇异, 故有 $C'(t) = \Phi^{-1}(t)F(t)$, 两端对 t 从 t_0 到 t 积分 ($C(t_0) = 0$), 则有

$$C(t) = \int_{t_0}^{t} \Phi^{-1}(s)F(s)\mathrm{d}s.$$

因此方程组 (1.2.5) 有形如

$$\bar{X}(t) = \Phi(t) \int_{t_0}^{t} \Phi^{-1}(s)F(s)\mathrm{d}s$$

的解, 反之, 易证上式一定是方程组 (1.2.5) 满足初始条件 $\bar{X}(t_0) = 0$ 的解.

一般地, 若知道了齐次方程组 (1.2.6) 的一个基解矩阵 $\Phi(t)$, 则非齐次方程组 (1.2.5) 的通解为

$$X(t) = \Phi(t)C + \Phi(t) \int_{t_0}^{t} \Phi^{-1}(s)F(s)\mathrm{d}s, \tag{1.2.9}$$

其中 C 为任意常数向量.

满足初始条件 $\bar{X}(t_0) = X_0$ 的非齐次方程组 (1.2.5) 的解由下面公式给出:

$$X(t) = \Phi(t)\Phi^{-1}(t_0)X_0 + \Phi(t) \int_{t_0}^{t} \Phi^{-1}(s)F(s)\mathrm{d}s, \tag{1.2.10}$$

这里 (1.2.9), (1.2.10) 常常称为非齐次线性微分方程组 (1.2.5) 的**常数变易公式**.

2) 微分方程组的代数解法

由上面常数变易公式知道, 只要知道了对应齐次方程组的基解矩阵, 就可求非齐次方程组的特解, 从而可求通解, 也可求对应初值问题的解, 因此求解基解矩阵非常重要. 下面讨论常系数齐次线性微分方程组 (1.2.6) 的代数求解方法.

对 n 阶矩阵 A, 矩阵指数为

$$\exp A = \sum_{k=0}^{\infty} \frac{A^k}{k!} = E + A + A^2 + \cdots + \frac{A^m}{m!} + \cdots. \tag{1.2.11}$$

进一步, 级数

$$\exp At = \sum_{k=0}^{\infty} \frac{A^k t^k}{k!} = E + At + A^2 t^2 + \cdots + \frac{A^m t^m}{m!} + \cdots \tag{1.2.12}$$

对任何有限区间上的 t 都是一致收敛的. 事实上, 当 $|t| \leqslant c$ (c 为正常数) 时, 对任意正整数 k, 有

$$\left\| \frac{A^k t^k}{k!} \right\| \leqslant \frac{\|A\|^k |t|^k}{k!} \leqslant \frac{\|A\|^k c^k}{k!},$$

而数值级数 $\displaystyle\sum_{k=0}^{\infty} \frac{(\|A\| c)^k}{k!}$ 是收敛的, 因此, 级数 (1.2.12) 一致收敛.

矩阵指数有性质：

(1) $\exp A(t+s) = \exp At \exp As$;

(2) 如果 $AB = BA$, 则 $\exp(A+B)t = \exp At \exp Bt$;

(3) 若 $(\exp A)^{-1}$ 存在, 则 $(\exp A)^{-1} = \exp(-A)$;

(4) 若 T 非奇异, 则 $\exp(T^{-1}AT) = T^{-1}(\exp A)T$.

根据矩阵级数 (1.2.12), 对于齐次方程组 (1.2.6), 有下面结论.

定理 1.2.1 (1) 矩阵

$$\varPhi(t) = \exp At \tag{1.2.13}$$

为齐次方程组 (1.2.6) 的一基解矩阵, 且 $\varPhi(0) = E$;

(2) 齐次方程组 (1.2.6) 的通解可表示为

$$X(t) = (\exp At)C, \tag{1.2.14}$$

其中 C 为任意常向量.

证明　(1) 因为

$$\Phi'(t) = (\exp At)' = \sum_{k=0}^{\infty} \left(\frac{A^k t^k}{k!} \right)' = A + \frac{A^2 t}{1!} + \frac{A^3 t^2}{2!} + \cdots + \frac{A^k t^{k-1}}{(k-1)!} + \cdots$$

$$= A \left(E + \frac{At}{1!} + \frac{A^2 t^2}{2!} + \cdots + \frac{A^{k-1} t^{k-1}}{(k-1)!} + \cdots \right)$$

$$= A \exp At = A\Phi(t),$$

所以, (1.2.13) 为 (1.2.6) 的解矩阵, 又显然 $\Phi(0) = E$, 而 $\det \Phi(0) = \det E = 1$, 因此, (1.2.13) 是 (1.2.6) 的基解矩阵;

(2) $\Phi(t) = \exp At$ 为基解矩阵, 则它的列向量为一个基本解组, 故有通解表达式 (1.2.14).

下面介绍基解矩阵 $e^{At} = \exp At$ 的求解方法.

设齐次方程组 (1.2.6) 有形如

$$X(t) = e^{\lambda t} v \tag{1.2.15}$$

的解 $(v \neq 0)$, 将 (1.2.15) 代入 (1.2.6), 有

$$Av = \lambda v,$$

因此, 齐次方程组 (1.2.6) 有形如 (1.2.15) 的解当且仅当 λ 为 A 的特征值, v 为 A 的对应特征向量.

当 n 阶矩阵 A 有 n 个线性无关的特征向量 $v_1, v_2, \cdots, v_n$ 时 (特别地, 有 n 个互不相同的特征值 $\lambda_1, \lambda_2, \cdots, \lambda_n$ 时, 一定具有 n 个线性无关的特征向量), 设 n 个线性无关的特征向量对应的特征值分别为 $\lambda_1, \lambda_2, \cdots, \lambda_n$, 令

$$\Psi(t) = (e^{\lambda_1 t} v_1, e^{\lambda_2 t} v_2, \cdots, e^{\lambda_n t} v_n). \tag{1.2.16}$$

则 (1.2.16) 为 (1.2.6) 的一个解矩阵, 因为

$$\det \Psi(0) = \det(v_1, v_2, \cdots, v_n) \neq 0,$$

所以 (1.2.16) 为 (1.2.6) 的基解矩阵. 因 $\Phi(t) = \exp At$ 也为 (1.2.6) 的基解矩阵, 因此存在非奇异常数矩阵 C, 满足 $\Phi(t) = \Psi(t)C$, 即 $\exp At = \Psi(t)C$, 取 $t = 0$, 则得 $C = \Psi^{-1}(0)$, 故得到基解矩阵 $e^{At} = \exp At$ 的求解公式

$$\exp At = \Psi(t)\Psi^{-1}(0). \tag{1.2.17}$$

例 1.8 求解齐次方程组 $X'(t) = \begin{pmatrix} 1 & 12 \\ 3 & 1 \end{pmatrix} X(t)$ 的基解矩阵 $\exp At$.

解 矩阵 $A = \begin{pmatrix} 1 & 12 \\ 3 & 1 \end{pmatrix}$ 的特征值由 $|A - \lambda E| = 0$ 解得为 $\lambda_1 = 7, \lambda_2 = -5$, 对应的两个线性无关的特征向量分别可由 $(A - \lambda_1 E)v = 0$ 和 $(A - \lambda_2 E)v = 0$ 求得为

$$v_1 = \begin{pmatrix} 2 \\ 1 \end{pmatrix}, \quad v_2 = \begin{pmatrix} -2 \\ 1 \end{pmatrix},$$

所以, 一基解矩阵为

$$\Psi(t) = \begin{pmatrix} 2e^{7t} & -2e^{-5t} \\ e^{7t} & e^{-5t} \end{pmatrix}.$$

而

$$\Psi^{-1}(0) = \begin{pmatrix} 2 & -2 \\ 1 & 1 \end{pmatrix}^{-1} = \frac{1}{4} \begin{pmatrix} 1 & 2 \\ -1 & 2 \end{pmatrix},$$

故由 (1.2.17) 有

$$\begin{aligned}
\exp At = \Psi(t)\Psi^{-1}(0) &= \begin{pmatrix} 2e^{7t} & -2e^{-5t} \\ e^{7t} & e^{-5t} \end{pmatrix} \begin{pmatrix} 2 & -2 \\ 1 & 1 \end{pmatrix}^{-1} \\
&= \frac{1}{4} \begin{pmatrix} 2e^{7t} & -2e^{-5t} \\ e^{7t} & e^{-5t} \end{pmatrix} \begin{pmatrix} 1 & 2 \\ -1 & 2 \end{pmatrix} \\
&= \frac{1}{4} \begin{pmatrix} 2(e^{7t} + e^{-5t}) & 4(e^{7t} - e^{-5t}) \\ e^{7t} - e^{-5t} & 2(e^{7t} + e^{-5t}) \end{pmatrix}.
\end{aligned}$$

例 1.9 求齐次方程组 $X'(t) = \begin{pmatrix} 3 & 5 \\ -5 & 3 \end{pmatrix} X(t)$ 的通解.

解 矩阵

$$A = \begin{pmatrix} 3 & 5 \\ -5 & 3 \end{pmatrix}$$

的特征值由 $|\lambda E - A| = 0$ 解得 $\lambda_1 = 3 + 5i, \lambda_2 = 3 - 5i$, 求出对应的两个线性无关的特征向量为

$$v_1 = \begin{pmatrix} 1 \\ i \end{pmatrix}, \quad v_2 = \begin{pmatrix} i \\ 1 \end{pmatrix},$$

因此有基解矩阵为

$$\Psi(t) = \begin{pmatrix} e^{(3+5i)t} & ie^{(3-5i)t} \\ ie^{(3+5i)t} & e^{(3-5i)t} \end{pmatrix}.$$

故通解可表示为

$$X(t) = \begin{pmatrix} e^{(3+5i)t} & ie^{(3-5i)t} \\ ie^{(3+5i)t} & e^{(3-5i)t} \end{pmatrix} \begin{pmatrix} c_1 \\ c_2 \end{pmatrix},$$

其中 c_1, c_2 为任意常数.

我们利用 Mathematica 软件可得

$In[2] := DSolve[\{x_1'[t] == 3 * x_1[t] + 5 * x_2[t],$

$x_2'[t] == -5 * x_1[t] + 3 * x_2[t]\}, \{x_1[t], x_2[t]\}, t]$

$Out[2] = \{\{x_1[t] \rightarrow e^{3t}C[1] \, Cos[5t] + e^{3t}C[2] \, Sin[5t],$

$x_2[t] \rightarrow e^{3t}C[2] \, Cos[5t] - e^{3t}C[1] \, Sin[5t]\}\}$

当 n 阶矩阵 A 有 k 个互不相同的特征值 $\lambda_1, \lambda_2, \cdots, \lambda_k$ 对应的重数分别为 $n_1, n_2, \cdots, n_k$ (这里 $n_1 + n_2 + \cdots + n_k = n$) 时, 假设 A 只有 k $(k < n)$ 个线性无关的特征向量, 方程有 k 个形式为 $e^{\lambda t}v$ 的线性无关解, 为求其他线性无关解, 对每一特征值 λ_i, 求出满足

$$(A - \lambda_i E)^2 v = 0$$

而使得

$$(A - \lambda_i E)v \neq 0$$

的所有向量 v, 此时有

$$e^{At}v = e^{\lambda_i t}e^{(A-\lambda_i E)t}v = e^{\lambda_i t}(v + t(A - \lambda_i E)v)$$

为 (1.2.6) 的另一解. 如此继续, 再求出满足

$$(A - \lambda_i E)^3 v = 0$$

而使得

$$(A - \lambda_i E)^2 v \neq 0$$

的所有向量 v, 此时有

$$
e^{At}v = e^{\lambda_i t}\left[v + t(A - \lambda_i E)v + \frac{1}{2!}t^2(A - \lambda_i E)^2 v\right]
$$

为 (1.2.6) 的另一解. 一直继续到求出 n 个线性无关解为止, 从而得到基解矩阵.

例 1.10 求 $X'(t) = \begin{pmatrix} 1 & 1 & 0 \\ 0 & 1 & 0 \\ 0 & 0 & 2 \end{pmatrix} X(t)$ 的基解矩阵.

解 易看出矩阵

$$
A = \begin{pmatrix} 1 & 1 & 0 \\ 0 & 1 & 0 \\ 0 & 0 & 2 \end{pmatrix}
$$

的两个不同特征值 $\lambda_1 = 1, \lambda_2 = 2$, 其中 $\lambda_1 = 1$ 是二重根.

当 $\lambda_1 = 1$ 时, 求它对应的特征向量 $v = (v_1, v_2, v_3)^T$, 由 $(A - E)v = 0$, 即

$$
\begin{pmatrix} 0 & 1 & 0 \\ 0 & 0 & 0 \\ 0 & 0 & 1 \end{pmatrix} \begin{pmatrix} v_1 \\ v_2 \\ v_3 \end{pmatrix} = \begin{pmatrix} 0 \\ 0 \\ 0 \end{pmatrix}
$$

得到对应的一个线性无关特征向量 $v_1 = (1, 0, 0)^T$, 因此得到一个方程的非零解

$$
X_1(t) = e^t \begin{pmatrix} 1 \\ 0 \\ 0 \end{pmatrix}.
$$

继续求满足 $(A - E)^2 v = 0$ 而 $(A - E)v \neq 0$ 的非零向量 v_2, 由

$$
(A - E)^2 v = \begin{pmatrix} 0 & 0 & 0 \\ 0 & 0 & 0 \\ 0 & 0 & 1 \end{pmatrix} \begin{pmatrix} v_1 \\ v_2 \\ v_3 \end{pmatrix} = \begin{pmatrix} 0 \\ 0 \\ 0 \end{pmatrix}
$$

得到一个非零向量 $v_2 = (0, 1, 0)^T$ (也可选 $v_2 = (1, 1, 0)^T$), 因此有另一线性无关解

$$
X_2(t) = e^{At} \begin{pmatrix} 0 \\ 1 \\ 0 \end{pmatrix} = e^t e^{(A-E)t} \begin{pmatrix} 0 \\ 1 \\ 0 \end{pmatrix}
$$

$$= \mathrm{e}^t (E + t(A - E)) \begin{pmatrix} 0 \\ 1 \\ 0 \end{pmatrix}$$

$$= \mathrm{e}^t \begin{pmatrix} 0 \\ 1 \\ 0 \end{pmatrix} + t\mathrm{e}^t \begin{pmatrix} 1 \\ 0 \\ 0 \end{pmatrix} = \mathrm{e}^t \begin{pmatrix} t \\ 1 \\ 0 \end{pmatrix}.$$

当 $\lambda_2 = 2$ 时, 求它对应的特征向量 $v = (v_1, v_2, v_3)^{\mathrm{T}}$, 由 $(A - 2E)v = 0$, 即

$$\begin{pmatrix} -1 & 1 & 0 \\ 0 & -1 & 0 \\ 0 & 0 & 0 \end{pmatrix} \begin{pmatrix} v_1 \\ v_2 \\ v_3 \end{pmatrix} = \begin{pmatrix} 0 \\ 0 \\ 0 \end{pmatrix}$$

得到对应的一个线性无关特征向量 $v_3 = (0, 0, 1)^{\mathrm{T}}$, 因此得到一个方程的第三个线性无关解

$$X_3(t) = \mathrm{e}^{2t} \begin{pmatrix} 0 \\ 0 \\ 1 \end{pmatrix}.$$

故得到该方程的一基解矩阵

$$\Psi(t) = (X_1(t), X_2(t), X_3(t))$$

$$= \left(\begin{pmatrix} \mathrm{e}^t \\ 0 \\ 0 \end{pmatrix}, \begin{pmatrix} t\mathrm{e}^t \\ \mathrm{e}^t \\ 0 \end{pmatrix}, \begin{pmatrix} 0 \\ 0 \\ \mathrm{e}^{2t} \end{pmatrix} \right) = \begin{pmatrix} \mathrm{e}^t & t\mathrm{e}^t & 0 \\ 0 & \mathrm{e}^t & 0 \\ 0 & 0 & \mathrm{e}^{2t} \end{pmatrix}.$$

当 n 阶矩阵 A 有 k 个互不相同的特征值 $\lambda_1, \lambda_2, \cdots, \lambda_k$ 对应的重数分别为 $n_1, n_2, \cdots, n_k$ (这里 $n_1 + n_2 + \cdots + n_k = n$) 时, 也可用矩阵论中的 Jordan (若尔当) 标准形求基解矩阵 $\exp At$ 相对简洁.

矩阵

$$J_j = \begin{pmatrix} \lambda_j & 1 & & \\ & \lambda_j & \ddots & \\ & & \ddots & 1 \\ & & & \lambda_j \end{pmatrix} \quad (j = 1, 2, \cdots, k)$$

称为 **Jordan 块**, 由 Jordan 块对应的分块对角阵

$$
J = \begin{pmatrix} J_1 & & & \\ & J_2 & & \\ & & \ddots & \\ & & & J_k \end{pmatrix}
$$

称为 **Jordan 标准形**. 由矩阵论知, 对于 n 阶矩阵 A, 必存在非奇异矩阵 T 使得

$$
T^{-1}AT = J, \tag{1.2.18}
$$

即 n 阶矩阵 A 一定与 Jordan 标准形相似.

　　Jordan 标准形和 Jordan 块矩阵对应的矩阵指数分别为

$$
\exp Jt = \begin{pmatrix} \exp J_1 t & & & \\ & \exp J_2 t & & \\ & & \ddots & \\ & & & \exp J_k t \end{pmatrix},
$$

$$
\exp J_j t = \mathrm{e}^{\lambda_j t} \begin{pmatrix} 1 & t & \frac{1}{2!}t^2 & \cdots & \frac{1}{(n_j-1)!}t^{n_j-1} \\ & 1 & t & \cdots & \frac{1}{(n_j-2)!}t^{n_j-2} \\ & & \ddots & \ddots & \vdots \\ & & & \ddots & t \\ & & & & 1 \end{pmatrix}.
$$

由 (1.2.18) 有

$$
T^{-1}AT = J \quad 或 \quad A = TJT^{-1}.
$$

因此, 基解矩阵为

$$
\exp At = \exp(TJT^{-1})t = T(\exp Jt)T^{-1}. \tag{1.2.19}
$$

当然矩阵

$$
\Psi(t) = T\exp Jt \tag{1.2.20}
$$

也是基解矩阵.

对于常数变易公式 (1.2.10), 当基解矩阵为 $\varPhi(t) = \exp At$ 时, 有 $\varPhi^{-1}(s) = \exp(-sA)$, $\varPhi(t)\varPhi^{-1}(s) = \exp((t-s)A)$, 因此, 满足初始条件 $\bar{X}(t_0) = X_0$ 的解为

$$X(t) = \exp((t-t_0)A)X_0 + \int_{t_0}^{t} \exp((t-s)A)F(s)\mathrm{d}s. \tag{1.2.21}$$

例 1.11 利用 Jordan 标准形求 $X'(t) = \begin{pmatrix} 1 & 1 & 0 \\ 0 & 1 & 0 \\ 0 & 0 & 2 \end{pmatrix} X(t)$ 的基解矩阵.

解 易看出矩阵

$$A = \begin{pmatrix} 1 & 1 & 0 \\ 0 & 1 & 0 \\ 0 & 0 & 2 \end{pmatrix}$$

的 Jordan 标准形即为自身, 也就是存在可逆阵 E, 使得

$$E^{-1}AE = A = \begin{pmatrix} 1 & 1 & 0 \\ 0 & 1 & 0 \\ 0 & 0 & 2 \end{pmatrix}.$$

矩阵 A 的两个不同特征值 $\lambda_1 = 1, \lambda_2 = 2$, 其中 $\lambda_1 = 1$ 是二重根, 它们分别对应 Jordan 块

$$J_1 = \begin{pmatrix} 1 & 1 \\ 0 & 1 \end{pmatrix}, \quad J_2 = (2),$$

有

$$\exp J_1 t = \mathrm{e}^t \begin{pmatrix} 1 & t \\ 0 & 1 \end{pmatrix}, \quad \exp J_2 t = \left(\mathrm{e}^{2t} \right).$$

所以

$$\exp Jt = \begin{pmatrix} \mathrm{e}^t & t\mathrm{e}^t & 0 \\ 0 & \mathrm{e}^t & 0 \\ 0 & 0 & \mathrm{e}^{2t} \end{pmatrix}.$$

故基解矩阵

$$\exp At = E(\exp Jt)E^{-1} = \exp Jt = \begin{pmatrix} \mathrm{e}^t & t\mathrm{e}^t & 0 \\ 0 & \mathrm{e}^t & 0 \\ 0 & 0 & \mathrm{e}^{2t} \end{pmatrix}.$$

例 1.12 求解非齐次方程组的初值问题 $\begin{cases} x_1'(t) = x_1(t) + x_2(t) + \mathrm{e}^{-t}, \\ x_2'(t) = x_2(t), \\ x_1(0) = -1, x_2(0) = 1. \end{cases}$

解 非齐次方程组的初值问题又可表示为

$$X'(t) = \begin{pmatrix} 1 & 1 \\ 0 & 1 \end{pmatrix} X(t) + \begin{pmatrix} \mathrm{e}^{-t} \\ 0 \end{pmatrix}, \quad X(0) = \begin{pmatrix} -1 \\ 1 \end{pmatrix}.$$

可求出对应齐次方程组

$$\begin{cases} x_1'(t) = x_1(t) + x_2(t), \\ x_2'(t) = x_2(t) \end{cases}$$

的基解矩阵为

$$\Phi(t) = \begin{pmatrix} \mathrm{e}^t & t\mathrm{e}^{-t} \\ 0 & \mathrm{e}^t \end{pmatrix},$$

它的逆矩阵为

$$\Phi^{-1}(s) = \begin{pmatrix} 1 & -s \\ 0 & 1 \end{pmatrix} \mathrm{e}^{-s}.$$

因此, 由常数变易公式 (1.2.10), 所求初值问题的解为

$$X(t) = \Phi(t)\Phi^{-1}(t_0)X_0 + \Phi(t) \int_{t_0}^t \Phi^{-1}(s)F(s)\mathrm{d}s$$

$$= \begin{pmatrix} \mathrm{e}^t & t\mathrm{e}^t \\ 0 & \mathrm{e}^t \end{pmatrix} \begin{pmatrix} 1 & 0 \\ 0 & 1 \end{pmatrix} \begin{pmatrix} -1 \\ 1 \end{pmatrix}$$

$$+ \begin{pmatrix} \mathrm{e}^t & t\mathrm{e}^t \\ 0 & \mathrm{e}^t \end{pmatrix} \int_{t_0}^t \begin{pmatrix} 1 & -s \\ 0 & 1 \end{pmatrix} \mathrm{e}^{-s} \begin{pmatrix} \mathrm{e}^{-s} \\ 0 \end{pmatrix} \mathrm{d}s$$

$$= \begin{pmatrix} \mathrm{e}^t & t\mathrm{e}^t \\ 0 & \mathrm{e}^t \end{pmatrix} \begin{pmatrix} -1 \\ 1 \end{pmatrix} + \begin{pmatrix} \mathrm{e}^t & t\mathrm{e}^t \\ 0 & \mathrm{e}^t \end{pmatrix} \begin{pmatrix} \dfrac{1}{2}(1 - \mathrm{e}^{-2t}) \\ 0 \end{pmatrix}$$

$$= \begin{pmatrix} (t-1)e^t \\ e^t \end{pmatrix} + \begin{pmatrix} \frac{1}{2}(e^t - e^{-t}) \\ 0 \end{pmatrix} = \begin{pmatrix} te^t - \frac{1}{2}(e^t + e^{-t}) \\ e^t \end{pmatrix}.$$

我们给出如下的 Mathematica 求解程序:

In[1] := DSolve [

　　　　$\{x_1'[t] == x_1[t] + x_2[t] + e^{-t}$,

　　　　$x_2'[t] == x_2[t], x_1[0] == -1,$

　　　　$x_2[0] == 1\}, \{x_1[t], x_2[t]\}$,

　　　　t]

Out[1] = $\left\{ \left\{ x_1[t] \to \frac{1}{2}e^{-t}\left(-1 - e^{2t} + 2e^{2t}t\right), x_2[t] \to e^t \right\} \right\}$

3) Laplace 变换法

Laplace 变换法不仅可以求解常系数高阶线性微分方程, 也可以求解一阶线性微分方程组的初值问题.

$$\begin{cases} X'(t) = AX(t) + F(t), \\ X(0) = X^0. \end{cases} \tag{1.2.22}$$

　　记

$$L[X(t)] = \tilde{X}(s), \quad L[F(t)] = \tilde{F}(s),$$

由微分性质, 有 $L[X'(t)] = s\tilde{X}(s) - X_0$, 对 (1.2.22) 中非齐次方程两端作 Laplace 变换, 有

$$L[X'(t)] = AL[X(t)] + L[F(t)],$$

即有

$$s\tilde{X}(s) - X^0 = A\tilde{X}(s) + \tilde{F}(s),$$

$$(sE - A)\tilde{X}(s) = X^0 + \tilde{F}(s),$$

若 $(sE - A)^{-1}$ 存在, 则

$$\tilde{X}(s) = (sE - A)^{-1}(X^0 + \tilde{F}(s)),$$

两边取 Laplace 逆变换, 则得解

$$X(t) = L^{-1}[(sE - A)^{-1}(X^0 + \tilde{F}(s))].$$

例 1.13 求解初值问题

$$X'(t) = \begin{pmatrix} 1 & 4 \\ 1 & 1 \end{pmatrix} X(t) + e^t \begin{pmatrix} 1 \\ 1 \end{pmatrix}, \quad X(0) = \begin{pmatrix} 2 \\ 1 \end{pmatrix}.$$

解 令

$$L[X(t)] = L\left[\begin{pmatrix} x_1(t) \\ x_2(t) \end{pmatrix}\right] = \begin{pmatrix} L[x_1(t)] \\ L[x_2(t)] \end{pmatrix} = \begin{pmatrix} \tilde{x}_1(t) \\ \tilde{x}_2(t) \end{pmatrix} = \tilde{X}(s),$$

对方程等式两端取 Laplace 变换, 得到

$$s\tilde{X}(s) - \begin{pmatrix} 2 \\ 1 \end{pmatrix} = \begin{pmatrix} 1 & 4 \\ 1 & 1 \end{pmatrix} \tilde{X}(s) + \frac{1}{s-1} \begin{pmatrix} 1 \\ 1 \end{pmatrix},$$

写成分量形式为

$$\begin{cases} (s-1)\tilde{x}_1(s) - 4\tilde{x}_2(s) = 2 + \dfrac{1}{s-1}, \\ -\tilde{x}_1(s) + (s-1)\tilde{x}_2(s) = 1 + \dfrac{1}{s-1}. \end{cases}$$

解出

$$\begin{cases} \tilde{x}_1(s) = \dfrac{2}{s-3} + \dfrac{1}{s^2-1} + \dfrac{6}{(s^2-1)(s-3)}, \\ \tilde{x}_2(s) = \dfrac{1}{s-1} + \dfrac{3}{s^2-1} + \dfrac{11}{(s-1)(s+1)(s-3)}. \end{cases}$$

有 $\dfrac{2}{s-3} = L[2e^{3t}]$ 和 $\dfrac{1}{s^2-1} = L\left[\dfrac{e^t - e^{-t}}{2}\right].$

由于

$$\frac{p}{(s-1)(s+1)(s-3)} = \frac{a}{(s-1)} + \frac{b}{(s+1)} + \frac{c}{(s-3)},$$

则有

$$a(s+1)(s-3) + b(s-1)(s-3) + c(s+1)(s-1) = p.$$

此时分别取 $s = 1, -1, 3$, 有 $a = -\dfrac{p}{4}, b = \dfrac{p}{8}, c = \dfrac{p}{8}$, 因此得到

$$x_1(t) = L^{-1}[\tilde{x}_1(s)] = 2e^{3t} + \frac{1}{2}(e^t - e^{-t}) + L^{-1}\left[-\frac{3}{2}\frac{1}{s-1} + \frac{3}{4}\frac{1}{s+1} + \frac{3}{4}\frac{1}{s-3}\right]$$

$$= 2\mathrm{e}^{3t} + \frac{1}{2}\left(\mathrm{e}^{t} - \mathrm{e}^{-t}\right) - \frac{3}{2}\mathrm{e}^{t} + \frac{3}{4}\mathrm{e}^{3t},$$

$$x_2(t) = L^{-1}\left[\tilde{x}_2(s)\right] = L^{-1}\left[\frac{1}{s-1} + \frac{3}{s^2-1} - \frac{11}{4}\frac{1}{s-1} + \frac{11}{8}\frac{1}{s+1} + \frac{11}{8}\frac{1}{s-3}\right]$$

$$= L^{-1}\left[\frac{3}{s^2-1} - \frac{7}{4}\frac{1}{s-1} + \frac{11}{8}\frac{1}{s+1} + \frac{11}{8}\frac{1}{s-3}\right]$$

$$= \frac{3}{2}\left(\mathrm{e}^{t} - \mathrm{e}^{-t}\right) - \frac{7}{4}\mathrm{e}^{t} + \frac{11}{8}\mathrm{e}^{-t} + \frac{11}{8}\mathrm{e}^{3t}.$$

Laplace 变换还可以直接求解高阶常系数线性微分方程组, 如下例.

例 1.14　试求下列高阶线性微分方程组的初值问题

$$\begin{cases} x_1''(t) - 2x_1'(t) - x_2'(t) + 2x_2(t) = 0, \\ x_1'(t) - 2x_1(t) + x_2'(t) = -2\mathrm{e}^{-t}, \\ x_1(0) = 3, x_1'(0) = 2, x_2(0) = 0. \end{cases}$$

解　设

$$L[x_1(t)] = \tilde{x}_1(s), \quad L[x_2(t)] = \tilde{x}_2(s).$$

对方程组中两等式两边做 Laplace 变换, 有

$$\begin{cases} (s^2\tilde{x}_1(s) - 3s - 2) - 2(s\tilde{x}_1(s) - 3) - s\tilde{x}_2(s) + 2\tilde{x}_2(s) = 0, \\ (s\tilde{x}_1(s) - 3) - 2\tilde{x}_1(s) + s\tilde{x}_2(s) = \dfrac{-2}{s+1}, \end{cases}$$

整理得

$$\begin{cases} (s^2 - 2s)\tilde{x}_1(s) - (s-2)\tilde{x}_2(s) = 3s - 4, \\ (s-2)\tilde{x}_1(s) + s\tilde{x}_2(s) = \dfrac{3s+1}{s+1}, \end{cases}$$

解出

$$\begin{cases} \tilde{x}_1(s) = \dfrac{3s^2 - 4s - 1}{(s+1)(s-1)(s-2)} = \dfrac{1}{s-1} + \dfrac{1}{s+1} + \dfrac{1}{s-2}, \\ \tilde{x}_2(s) = \dfrac{2}{(s-1)(s+1)} = \dfrac{1}{s-1} - \dfrac{1}{s+1}. \end{cases}$$

再取 Laplace 逆变换, 则得到原初值问题的解

$$\begin{cases} x_1(t) = \mathrm{e}^{t} + \mathrm{e}^{-t} + \mathrm{e}^{2t}, \\ x_2(t) = \mathrm{e}^{t} - \mathrm{e}^{-t}. \end{cases}$$

3. 作战模型之应用

$$\begin{cases} \dfrac{\mathrm{d}x(t)}{\mathrm{d}t} = -ax(t) - by(t) + f(t), \\[2mm] \dfrac{\mathrm{d}y(t)}{\mathrm{d}t} = -ux(t) - vy(t) + g(t). \end{cases}$$

硫磺岛作战模型求解: 硫磺岛战斗的一个多月里, 美军多次增兵, 日军无增援, 忽略非战斗力减员, 采用的作战模型为

$$\begin{cases} \dfrac{\mathrm{d}x(t)}{\mathrm{d}t} = -by(t) + p(t), \\[2mm] \dfrac{\mathrm{d}y(t)}{\mathrm{d}t} = -cx(t), \end{cases}$$

这里 $x(t), y(t)$ 分别表示美军、日军 t 时刻数量, b, c 分别表示日军、美军的战斗效率系数, $p(t)$ 表示美军 t 时刻增兵数量. 这是一个线性非齐次常微分方程组.

下面先用转化的二阶非齐次线性方程通过常数变易法求解.

由第二式求导后将第一式代入, 即

$$\frac{\mathrm{d}^2 y(t)}{\mathrm{d}t^2} = -c\frac{\mathrm{d}x(t)}{\mathrm{d}t}, \quad \frac{\mathrm{d}x(t)}{\mathrm{d}t} = -by(t) + p(t),$$

得

$$\frac{\mathrm{d}^2 y(t)}{\mathrm{d}t^2} - cby(t) = -cp(t).$$

假设战斗开始前硫磺岛上美军、日军的士兵人数分别为 $x_0, y_0 (t = 0, x_0 = 0)$, 则这个二阶常系数非齐次线性方程通过常数变易法可求得解

$$y(t) = \frac{1}{2}y_0(\mathrm{e}^{\beta t} + \mathrm{e}^{-\beta t}) + 2\gamma \left(\mathrm{e}^{\beta t} \int_0^t p(s)\mathrm{e}^{-\beta s}\mathrm{d}s - \mathrm{e}^{-\beta t} \int_0^t p(s)\mathrm{e}^{\beta s}\mathrm{d}s \right)$$

或

$$y(t) = y_0 \cosh(\beta t) - \gamma \int_0^t p(s)\sinh(\beta(t-s))\mathrm{d}s,$$

其中 $\beta = \sqrt{bc}, \gamma = \sqrt{\dfrac{c}{b}}$, 这里

$$\cosh(\beta t) = \frac{1}{2}(\mathrm{e}^{\beta t} + \mathrm{e}^{-\beta t}), \quad \sinh(\beta t) = \frac{1}{2}(\mathrm{e}^{\beta t} - \mathrm{e}^{-\beta t}),$$

$$\sinh(\beta t - \beta s) = \sinh(\beta t)\cosh(\beta s) - \cosh(\beta t)\sinh(\beta s).$$

由 $x(t) = -\dfrac{1}{c}\dfrac{\mathrm{d}y(t)}{\mathrm{d}t}$ 可得

$$x(t) = -\frac{1}{\gamma}y_0\sinh(\beta t) + \int_0^t p(s)\cosh(\beta(t-s))\mathrm{d}s.$$

因此, 美军、日军作战模型的解为

$$\begin{cases} x(t) = -\dfrac{1}{\gamma}y_0\sinh(\beta t) + \displaystyle\int_0^t p(s)\cosh(\beta(t-s))\mathrm{d}s, \\[3mm] y(t) = y_0\cosh(\beta t) - \gamma\displaystyle\int_0^t p(s)\sinh(\beta(t-s))\mathrm{d}s. \end{cases}$$

下面根据记录的战争数据 (表 1.1, 表 1.2; Lucas, 1998), 确定战斗力系数 b, c, 这里 b, c 分别表示日军、美军的平均战斗效率系数.

表 1.1 硫磺岛战役美军伤亡人数

兵种	死亡人数 (失踪、被击毙等)	受伤人数	战斗疲劳人数	总计
陆战队	5913	17272	2618	25803
海军舰艇	633	1153		1786
海军卫生员	195	529		724
海军修建营	51	218		269
医生和牙医	2	12		14
陆军部队	9	28		37
总计	6803	19212	2618	28633

表 1.2 硫磺岛战役日军伤亡人数 (大约)

兵种	死亡人数 (失踪、被击毙等)	被俘人数	其他	总计
海军陆战队	20000	216		20216
陆军	?	867		
总计		1083		

下面根据实际数据确定系统模型中双方的战斗力系数 b, c, 由

$$\frac{\mathrm{d}y(t)}{\mathrm{d}t} = -cx(t)$$

有

$$y(t) = y_0 - c \int_0^t x(\tau)\mathrm{d}\tau.$$

根据美军上尉 C. Morehouse 在战争期间记录的美军日伤亡数据, 有 $x(i)$ 的值, 战争最终 36 天结束, 但从第 28 天到第 36 天只是零星战斗, 当 $t = 36$ 天时, 可计算出

$$c = \frac{y_0 - y(t)}{\int_0^t x(\tau)\mathrm{d}\tau} = \frac{y_0 - y(36)}{\int_0^{36} x(\tau)\mathrm{d}\tau} = \frac{21500}{\int_0^{36} x(\tau)\mathrm{d}\tau} \approx \frac{21500}{\sum_{i=1}^{36} x(i)} = \frac{21500}{2037000} \approx 0.0106,$$

故可计算出战争期间每天日军剩余参战兵员数为

$$y(i) = 21500 - 0.0106 \sum_{k=1}^{i} x(k), \quad i = 1, 2, \cdots, 36.$$

而由

$$\frac{\mathrm{d}x(t)}{\mathrm{d}t} = -by(t) + f(t)$$

积分可得

$$x(t) = x_0 - b \int_0^t y(\tau)\mathrm{d}\tau + \int_0^t f(\tau)\mathrm{d}\tau,$$

根据美军上尉 C. Morehouse 在战争期间记录的日统计表, 实际到 28 天时美军 (美军剩余参战兵员 52735 人) 已取胜, 后几天基本没伤亡, 为求出 b, 只需取 $t = 28$ 天即可 (前面取 36 天, 主要是为计算出直到最后结束战斗日军剩余人数), 因此

$$x(28) = 0 - b \int_0^{28} y(\tau)\mathrm{d}\tau + 73000,$$

所以

$$b = \frac{73000 - x(28)}{\int_0^{28} y(\tau)\mathrm{d}\tau} \approx \frac{73000 - 52735}{\sum_{i=1}^{28} y(i)} = \frac{73000 - 52735}{372500} \approx 0.0544.$$

根据实际数据计算出的 b, c 的值和美军增援函数 $p(t)$ 的值, 代入模型后计算出美军 36 天内每天兵员数的理论值与实际数值吻合很好 (图 1.1).

下面再利用线性非齐次常微分方程组的代数方法求解该硫磺岛作战模型.

$$\begin{cases} \dfrac{\mathrm{d}x(t)}{\mathrm{d}t} = -by(t) + p(t), \\[2mm] \dfrac{\mathrm{d}y(t)}{\mathrm{d}t} = -cx(t), \end{cases}$$

这里 $x(t), y(t)$ 分别表示美军和日军的参战兵员数量, $p(t)$ 为美军的增援函数, 日军自始至终没有增援, 根据战争记载资料, 美军增援函数为

$$p(t) = \begin{cases} 54000, & 0 \leqslant t < 1, \\ 0, & 1 \leqslant t < 2, \\ 6000, & 2 \leqslant t < 3, \\ 0, & 3 \leqslant t < 5, \\ 13000, & 5 \leqslant t < 6, \\ 0, & 6 \leqslant t < 36. \end{cases}$$

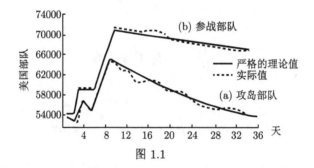

图 1.1

根据资料记载, 日军岛上驻军 21500 人, 美军战斗开始时岛上无兵, 因此初始条件为 $x(0) = 0, y(0) = 21500$, 该战争模型可表示为非齐次线性常微分方程的初值问题

$$\begin{cases} X' = AX + F(t), \\ X(0) = \begin{pmatrix} 0 \\ 21500 \end{pmatrix}. \end{cases}$$

其中

$$X(t) = \begin{pmatrix} x(t) \\ y(t) \end{pmatrix}, \quad A = \begin{pmatrix} 0 & -b \\ -c & 0 \end{pmatrix}, \quad F(t) = \begin{pmatrix} p(t) \\ 0 \end{pmatrix}.$$

下面用代数方法求解该微分方程组的初值问题.

先求对应齐次系统 $X' = AX$ 的基解矩阵, 即求解

$$X' = \begin{pmatrix} 0 & -b \\ -c & 0 \end{pmatrix} X.$$

由矩阵 A 的特征方程 $|A - \lambda E| = 0$ 即

$$\begin{vmatrix} -\lambda & -b \\ -c & -\lambda \end{vmatrix} = 0,$$

易得 A 的特征值 $\lambda_1 = \sqrt{bc}, \lambda_2 = -\sqrt{bc}$, 对应的特征向量可求得

$$v_1 = \left(-\sqrt{\frac{b}{c}}, 1 \right)^{\mathrm{T}}, \quad v_2 = \left(1, \sqrt{\frac{c}{b}} \right)^{\mathrm{T}},$$

所以系统的基解矩阵为

$$\Phi(t) = \begin{pmatrix} -\sqrt{\dfrac{b}{c}}\mathrm{e}^{\sqrt{bc}t} & \mathrm{e}^{-\sqrt{bc}t} \\ \mathrm{e}^{\sqrt{bc}t} & \sqrt{\dfrac{c}{b}}\mathrm{e}^{-\sqrt{bc}t} \end{pmatrix}.$$

再利用常数变易法求原非齐次系统初值问题的解为

$$X(t) = \Phi(t)\Phi^{-1}(0)X(0) + \Phi(t)\int_0^t \Phi^{-1}(s)F(s)\mathrm{d}s$$

$$= -\frac{1}{2} \begin{pmatrix} -\sqrt{\dfrac{b}{c}}\mathrm{e}^{\sqrt{bc}t} & \mathrm{e}^{-\sqrt{bc}t} \\ \mathrm{e}^{\sqrt{bc}t} & \sqrt{\dfrac{c}{b}}\mathrm{e}^{-\sqrt{bc}t} \end{pmatrix} \begin{pmatrix} \sqrt{\dfrac{c}{b}} & -1 \\ -1 & -\sqrt{\dfrac{b}{c}} \end{pmatrix} \begin{pmatrix} 0 \\ 21500 \end{pmatrix}$$

$$+ \begin{pmatrix} -\sqrt{\dfrac{b}{c}}\mathrm{e}^{\sqrt{bc}t} & \mathrm{e}^{-\sqrt{bc}t} \\ \mathrm{e}^{\sqrt{bc}t} & \sqrt{\dfrac{c}{b}}\mathrm{e}^{-\sqrt{bc}t} \end{pmatrix} \int_0^t \left(-\frac{1}{2} \right) \begin{pmatrix} \sqrt{\dfrac{c}{b}}\mathrm{e}^{-\sqrt{bc}s} & \mathrm{e}^{-\sqrt{bc}s} \\ \mathrm{e}^{\sqrt{bc}s} & -\sqrt{\dfrac{b}{c}}\mathrm{e}^{-\sqrt{bc}s} \end{pmatrix}$$

$$\cdot \begin{pmatrix} p(s) \\ 0 \end{pmatrix} \mathrm{d}s$$

$$= \begin{pmatrix} -10750\sqrt{\dfrac{b}{c}}\left(\mathrm{e}^{\sqrt{bc}t}+\mathrm{e}^{-\sqrt{bc}t}\right) + \int_0^t \dfrac{1}{2}\left(\mathrm{e}^{\sqrt{bc}(t-s)}+\mathrm{e}^{-\sqrt{bc}(t-s)}\right)p(s)\mathrm{d}s \\ 10750\left(\mathrm{e}^{\sqrt{bc}t}+\mathrm{e}^{-\sqrt{bc}t}\right) - \sqrt{\dfrac{c}{b}}\int_0^t \dfrac{1}{2}\left(\mathrm{e}^{\sqrt{bc}(t-s)}-\mathrm{e}^{-\sqrt{bc}(t-s)}\right)p(s)\mathrm{d}s \end{pmatrix}.$$

故该战争模型的解为

$$X(t) = \begin{pmatrix} x(t) \\ y(t) \end{pmatrix}$$

$$= \begin{pmatrix} -10750\sqrt{\dfrac{b}{c}}(\mathrm{e}^{\sqrt{bc}t} + \mathrm{e}^{-\sqrt{bc}t}) + \displaystyle\int_0^t \dfrac{1}{2}(\mathrm{e}^{\sqrt{bc}(t-s)} + \mathrm{e}^{-\sqrt{bc}(t-s)})p(s)\mathrm{d}s \\ 10750(\mathrm{e}^{\sqrt{bc}t} + \mathrm{e}^{-\sqrt{bc}t}) - \sqrt{\dfrac{c}{b}}\displaystyle\int_0^t \dfrac{1}{2}(\mathrm{e}^{\sqrt{bc}(t-s)} - \mathrm{e}^{-\sqrt{bc}(t-s)})p(s)\mathrm{d}s \end{pmatrix},$$

这里 $c = 0.0106, b = 0.0544$.

由上面解的表达式计算出的美军每天的兵员数量 $x(t)$ 的值与美军上尉 C. Morehouse 在战争期间记录的日统计实际数据非常吻合 (实际战斗的日军数据由于日军记录官死亡不知), 见图 1.1.

注　硫磺岛位于东京以南 1080 千米, 面积仅 21 平方千米, 由于战略地位重要, 美日进行了双方伤亡都很大的硫磺岛战斗. 1945 年 2 月 19 日, 美军在大规模的外围包围轰炸 (日军都隐藏在天然和人造的地洞内, 轰炸对日军影响不大) 后开始攻岛, 到 3 月 26 日战斗结束, 美军全部占领该岛, 到 5 月中旬清扫战场结束.

1.3　变系数与周期线性系统

本节首先给出变系数和非线性微分方程模型的实例, 其次介绍变系数与周期线性微分方程组的理论与求解方法, 最后主要通过例子说明非线性常微分方程组的定性分析方法.

1.3.1　建模举例

1. 变系数传染病模型

设 $S(t), I(t), R(t)$ 分别表示 t 时刻正常类、染病类和免疫类人群的数量, $\mu(t)$, $\lambda(t), h(t), \nu(t)$ 分别表示 t 时刻人群的自然死亡、传染、免疫和治愈的系数函数, 则 $\mu(t)S(t), \mu(t)I(t), \mu(t)R(t)$ 分别表示 t 时刻三类人群单位时间自然死亡数量, $\lambda(t)S(t)$ 表示 t 时刻正常易感人群单位时间被传染得病的人数, $h(t)S(t)$ 表示 t 时刻正常易感人群单位时间转为免疫类的人数, $\nu(t)I(t)$ 表示 t 时刻单位时间治愈后转为正常类的人数, 因此有下面关系:

$$\begin{cases} \dfrac{\mathrm{d}S(t)}{\mathrm{d}t} = -\mu(t)S(t) - \lambda(t)S(t) - h(t)S(t) + \nu(t)I(t), \\[2mm] \dfrac{\mathrm{d}I(t)}{\mathrm{d}t} = -\mu(t)I(t) + \lambda(t)S(t) - \nu(t)I(t), \\[2mm] \dfrac{\mathrm{d}R(t)}{\mathrm{d}t} = -\mu(t)R(t) + h(t)S(t). \end{cases}$$

这个模型简称为传染病的 SIR 模型, 这是一个**变系数 (时变)** 线性常微分方程组. 当死亡率、传染率、免疫率和治愈率 $\mu(t), \lambda(t), h(t), \nu(t)$ 都有相同周期 T 时, 则该模型为**周期线性系统**.

2. 非线性传染病模型

实际上传染病模型中单位时间染病人数不但与正常易感人群有关, 更与染病人数多少有关, 应该与 t 时刻正常类和染病类人数的乘积成正比, 即出现非线性项 $\lambda S(t)I(t)$, 假设短期内模型中系数取为常数, 不考虑自然死亡, 则有下面非线性模型:

$$
\begin{cases}
\dfrac{\mathrm{d}S(t)}{\mathrm{d}t} = -\lambda S(t)I(t) - hS(t), \\[2mm]
\dfrac{\mathrm{d}I(t)}{\mathrm{d}t} = \lambda S(t)I(t) - \nu I(t), \\[2mm]
\dfrac{\mathrm{d}R(t)}{\mathrm{d}t} = hS(t) + \nu I(t).
\end{cases}
$$

这是一个常系数**非线性**常微分方程组.

1.3.2 求解理论与方法

1. 线性时变系统

变系数齐次线性常微分方程组的一般形式为

$$
\begin{cases}
\dfrac{\mathrm{d}x_1}{\mathrm{d}t} = a_{11}(t)x_1 + a_{12}(t)x_2 + \cdots + a_{1n}(t)x_n, \\[2mm]
\dfrac{\mathrm{d}x_2}{\mathrm{d}t} = a_{21}(t)x_1 + a_{22}(t)x_2 + \cdots + a_{2n}(t)x_n, \\[2mm]
\qquad\qquad\qquad \cdots\cdots \\[2mm]
\dfrac{\mathrm{d}x_n}{\mathrm{d}t} = a_{n1}(t)x_1 + a_{n2}(t)x_2 + \cdots + a_{nn}(t)x_n.
\end{cases}
$$

若记

$$
A(t) = \begin{pmatrix}
a_{11}(t) & a_{12}(t) & \cdots & a_{1n}(t) \\
a_{21}(t) & a_{22}(t) & \cdots & a_{2n}(t) \\
\vdots & \vdots & & \vdots \\
a_{n1}(t) & a_{n2}(t) & \cdots & a_{nn}(t)
\end{pmatrix}, \quad
X(t) = \begin{pmatrix}
x_1 \\
x_2 \\
\vdots \\
x_n
\end{pmatrix},
$$

则上述方程组可表示为

$$
X'(t) = A(t)X(t). \tag{1.3.1}
$$

变系数非齐次线性常微分方程组的一般形式

$$\begin{cases} \dfrac{\mathrm{d}x_1}{\mathrm{d}t} = a_{11}(t)x_1 + a_{12}(t)x_2 + \cdots + a_{1n}(t)x_n + f_1(t), \\[2mm] \dfrac{\mathrm{d}x_2}{\mathrm{d}t} = a_{21}(t)x_1 + a_{22}(t)x_2 + \cdots + a_{2n}(t)x_n + f_2(t), \\[2mm] \qquad\qquad\qquad \cdots\cdots \\[2mm] \dfrac{\mathrm{d}x_n}{\mathrm{d}t} = a_{n1}(t)x_1 + a_{n2}(t)x_2 + \cdots + a_{nn}(t)x_n + f_n(t) \end{cases}$$

可表示为

$$X'(t) = A(t)X(t) + F(t). \tag{1.3.2}$$

1.1 节讨论的 n 阶线性常微分方程 (1.1.2)

$$x^{(n)}(t) + a_1(t)x^{(n-1)}(t) + \cdots + a_{n-1}(t)x'(t) + a_n(t)x(t) = f(t),$$

同样可以转化为变系数线性微分方程组的形式.

事实上, 令

$$\begin{cases} x_1(t) = x(t), \\ x_2(t) = x'(t), \\ \qquad \cdots\cdots \\ x_n(t) = x^{(n-1)}(t), \end{cases}$$

则 (1.1.2) 式可化为线性微分方程组

$$\begin{cases} \dfrac{\mathrm{d}x_1}{\mathrm{d}t} = x_2, \\[2mm] \dfrac{\mathrm{d}x_2}{\mathrm{d}t} = x_3, \\[2mm] \qquad \cdots\cdots \\[2mm] \dfrac{\mathrm{d}x_{n-1}}{\mathrm{d}t} = x_n, \\[2mm] \dfrac{\mathrm{d}x_n}{\mathrm{d}t} = -a_n(t)x_1 - a_{n-1}(t)x_2 - \cdots - a_1(t)x_n + f(t), \end{cases}$$

或表示为

$$X'(t) = \begin{pmatrix} 0 & 1 & 0 & \cdots & 0 \\ 0 & 0 & 1 & \cdots & 0 \\ \vdots & \vdots & \vdots & & \vdots \\ 0 & 0 & 0 & \cdots & 1 \\ -a_n(t) & -a_{n-1}(t) & -a_{n-2}(t) & \cdots & -a_1(t) \end{pmatrix} X(t) + \begin{pmatrix} 0 \\ 0 \\ \vdots \\ 0 \\ f(t) \end{pmatrix}.$$

因此, n 阶变系数线性微分方程同样可转化为变系数线性方程组进行讨论并求解.

同常系数线性方程组一样, 变系数线性方程组的解也有相同的性质.

线性性质 若 $X_1(t), X_2(t), \cdots, X_k(t)$ 是方程组 (1.3.1) 的 k 组解, 则它们的线性组合

$$c_1 X_1(t) + c_2 X_2(t) + \cdots + c_k X_k(t)$$

也是方程组 (1.3.1) 的解, 这里 $c_1, c_2, \cdots, c_k$ 是任意常数.

定义 1.3.1 由定义在区间 $J = (\alpha, \beta)$ 上的 n 个向量函数

$$X_1(t) = (x_{11}(t), x_{21}(t), \cdots, x_{n1}(t))^{\mathrm{T}}, \cdots, X_n(t) = (x_{1n}(t), x_{2n}(t), \cdots, x_{nn}(t))^{\mathrm{T}}$$

构成的行列式

$$W(t) = |(X_1(t), X_2(t), \cdots, X_n(t))| = \begin{vmatrix} x_{11}(t) & x_{12}(t) & \cdots & x_{1n}(t) \\ x_{21}(t) & x_{22}(t) & \cdots & x_{2n}(t) \\ \vdots & \vdots & & \vdots \\ x_{n1}(t) & x_{n2}(t) & \cdots & x_{nn}(t) \end{vmatrix} \tag{1.3.3}$$

称为这些向量函数的 **Wronski** (朗斯基) **行列式.**

Wronski 行列式 (1.3.3) 和齐次系统 (1.3.1) 的解向量 $X_1(t), X_2(t), \cdots, X_n(t)$ 之间有下面重要性质.

Liouville (刘维尔) **公式** 设 $X_1(t), X_2(t), \cdots, X_n(t)$ 为齐次系统 (1.3.1) 的 n 个解, 对任意 $t_0 \in J$, 则有

$$W(t) = W(t_0) \exp\left(\int_{t_0}^{t} \mathrm{tr}A(s)\mathrm{d}s\right), \quad t \in J. \tag{1.3.4}$$

证明　根据行列式求导, 有

$$
\frac{\mathrm{d}W(t)}{\mathrm{d}t} = \begin{vmatrix} x'_{11}(t) & x'_{12}(t) & \cdots & x'_{1n}(t) \\ x_{21}(t) & x_{22}(t) & \cdots & x_{2n}(t) \\ \vdots & \vdots & & \vdots \\ x_{n1}(t) & x_{n2}(t) & \cdots & x_{nn}(t) \end{vmatrix} + \begin{vmatrix} x_{11}(t) & x_{12}(t) & \cdots & x_{1n}(t) \\ x'_{21}(t) & x'_{22}(t) & \cdots & x'_{2n}(t) \\ \vdots & \vdots & & \vdots \\ x_{n1}(t) & x_{n2}(t) & \cdots & x_{nn}(t) \end{vmatrix}
$$

$$
+ \cdots + \begin{vmatrix} x_{11}(t) & x_{12}(t) & \cdots & x_{1n}(t) \\ x_{21}(t) & x_{22}(t) & \cdots & x_{2n}(t) \\ \vdots & \vdots & & \vdots \\ x'_{n1}(t) & x'_{n2}(t) & \cdots & x'_{nn}(t) \end{vmatrix}
$$

$$
= \begin{vmatrix} \sum_{j=1}^{n} a_{1j}x_{j1} & \sum_{j=1}^{n} a_{1j}x_{j2} & \cdots & \sum_{j=1}^{n} a_{1j}x_{jn} \\ x_{21}(t) & x_{22}(t) & \cdots & x_{2n}(t) \\ \vdots & \vdots & & \vdots \\ x_{n1}(t) & x_{n2}(t) & \cdots & x_{nn}(t) \end{vmatrix}
$$

$$
+ \begin{vmatrix} x_{11}(t) & x_{12}(t) & \cdots & x_{1n}(t) \\ \sum_{j=1}^{n} a_{2j}x_{j1} & \sum_{j=1}^{n} a_{2j}x_{j2} & \cdots & \sum_{j=1}^{n} a_{2j}x_{jn} \\ \vdots & \vdots & & \vdots \\ x_{n1}(t) & x_{n2}(t) & \cdots & x_{nn}(t) \end{vmatrix}
$$

$$
+ \cdots + \begin{vmatrix} x_{11}(t) & x_{12}(t) & \cdots & x_{1n}(t) \\ x_{21}(t) & x_{22}(t) & \cdots & x_{2n}(t) \\ \vdots & \vdots & & \vdots \\ \sum_{j=1}^{n} a_{nj}x_{j1} & \sum_{j=1}^{n} a_{nj}x_{j2} & \cdots & \sum_{j=1}^{n} a_{nj}x_{jn} \end{vmatrix}
$$

$$
= (a_{11}(t) + a_{22}(t) + \cdots + a_{nn}(t))W(t),
$$

即

$$
\frac{\mathrm{d}W(t)}{\mathrm{d}t} = (a_{11}(t) + a_{22}(t) + \cdots + a_{nn}(t))W(t).
$$

将上式从 t_0 到 t 积分, 即得

$$W(t) = W(t_0) \exp\left(\int_{t_0}^t \sum_{j=1}^n a_{jj}(s)\mathrm{d}s\right) = W(t_0)\exp\left(\int_{t_0}^t \mathrm{tr}A(s)\mathrm{d}s\right), \quad t \in J.$$

定理 1.3.1 若向量函数 $X_1(t), X_2(t), \cdots, X_n(t)$ 在 $t \in J$ 时线性相关, 则它们对应的 Wronski 行列式 $W(t) \equiv 0, t \in J$.

证明 若 $X_1(t), X_2(t), \cdots, X_n(t)$ $(t \in J)$ 线性相关, 则存在不全为零的常数 $k_1, k_2, \cdots, k_n$, 使得有

$$k_1 X_1(t) + k_2 X_2(t) + \cdots + k_n X_n(t) = 0.$$

把上述等式看成以 $k_1, k_2, \cdots, k_n$ 为未知量的齐次线性代数方程组, 该方程组存在非零解, 因此它的系数行列式应为零, 即有 $X_1(t), X_2(t), \cdots, X_n(t)$ 对应的 Wronski 行列式

$$W(t) = |(X_1(t), X_2(t), \cdots, X_n(t))| \equiv 0, \quad t \in J.$$

定理 1.3.2 若齐次方程组 (1.3.1) 的解向量 $X_1(t), X_2(t), \cdots, X_n(t)(t \in J)$ 线性无关, 则它们对应的 Wronski 行列式 $W(t) \neq 0, t \in J$.

证明 假如对某个 $t_0 \in J$, 有 $W(t_0) = 0$, 则以 $k_1, k_2, \cdots, k_n$ 为未知量的齐次线性代数方程组

$$k_1 X_1(t_0) + k_2 X_2(t_0) + \cdots + k_n X_n(t_0) = 0$$

的系数行列式即为 $W(t_0)$, 由于 $W(t_0) = 0$, 因此该方程组有非零解 $\bar{k}_1, \bar{k}_2, \cdots, \bar{k}_n$, 根据齐次线性微分方程解的线性性质, 则

$$X(t) = \bar{k}_1 X_1(t) + \bar{k}_2 X_2(t) + \cdots + \bar{k}_n X_n(t)$$

也是 (1.3.1) 的解, 易知这个解满足初始条件 $X(t_0) = 0$; 另外, 满足初始条件 $X(t_0) = 0$ 的零解也是 (1.3.1) 的解, 由微分方程解的唯一性定理知 $X(t) \equiv 0$, 故有

$$\bar{k}_1 X_1(t) + \bar{k}_2 X_2(t) + \cdots + \bar{k}_n X_n(t) \equiv 0, \quad t \in J,$$

而 $\bar{k}_1, \bar{k}_2, \cdots, \bar{k}_n$ 不全为零, 这与 $X_1(t), X_2(t), \cdots, X_n(t)$ 线性无关的假设矛盾.

由上述两个定理可知, (1.3.1) 的 n 个解 $X_1(t), X_2(t), \cdots, X_n(t)$ 对应的 Wronski 行列式 $W(t)$, 或者恒等于零, 或者恒不为零. 因此, (1.3.1) 的 n 个解 $X_1(t)$, $X_2(t), \cdots, X_n(t)$ 线性无关的充分必要条件是它们的 Wronski 行列式 $W(t)$ 对一切 $t \in J$ 都不等于零.

定理 1.3.3　齐次方程组 (1.3.1) 一定存在 n 个线性无关的解 $X_1(t), X_2(t),$ $\cdots, X_n(t)$.

证明　若取 $t_0 \in J$, 由微分方程解的唯一性定理, 方程组 (1.3.1) 分别满足下面 n 个初始条件:

$$X_1(t_0) = \begin{pmatrix} 1 \\ 0 \\ 0 \\ \vdots \\ 0 \end{pmatrix}, X_2(t_0) = \begin{pmatrix} 0 \\ 1 \\ 0 \\ \vdots \\ 0 \end{pmatrix}, \cdots, X_n(t_0) = \begin{pmatrix} 0 \\ 0 \\ \vdots \\ 0 \\ 1 \end{pmatrix}$$

的 n 个解 $X_1(t), X_2(t), \cdots, X_n(t)$ 一定存在, 而这 n 个解对应的 Wronski 行列式 $W(t_0) = 1 \neq 0$, 故 n 个解 $X_1(t), X_2(t), \cdots, X_n(t)$ 线性无关.

注　由此定理知齐次方程组 (1.3.1) 存在 n 组线性无关解, 再由线性性质可知, 所有解构成一个解线性空间.

方程组 (1.3.1) 的通解　如果 $X_1(t), X_2(t), \cdots, X_n(t)$ 是方程组 (1.3.1) 的 n 组线性无关解, 则方程组 (1.3.1) 的通解可表示为

$$X(t) = c_1 X_1(t) + c_2 X_2(t) + \cdots + c_n X_n(t), \tag{1.3.5}$$

其中 $c_1, c_2, \cdots, c_n$ 是任意常数.

方程组 (1.3.2) 解的结构　如果 $X_1(t), X_2(t), \cdots, X_n(t)$ 是方程组 (1.3.2) 对应的齐次方程组 (1.3.1) 的 n 组线性无关解, 而 $\bar{X}(t)$ 是方程组 (1.3.2) 的特解, 则非齐次方程组 (1.3.2) 的通解可表示为

$$X(t) = c_1 X_1(t) + c_2 X_2(t) + \cdots + c_n X_n(t) + \bar{X}(t), \tag{1.3.6}$$

其中 $c_1, c_2, \cdots, c_n$ 是任意常数.

当知道方程组 (1.3.1) 的一组线性无关解 $X_1(t), X_2(t), \cdots, X_n(t)$ 时, 它们构成的矩阵

$$\Phi(t) = (X_1(t), X_2(t), \cdots, X_n(t))$$

称为方程组 (1.3.1) 的一个**基解矩阵**.

若 $\Phi(t), \Phi_1(t)$ 为方程组 (1.3.1) 的两个基解矩阵, 可以证明: 一定存在一个非奇异的常数矩阵 P 使得有 $\Phi_1(t) = \Phi(t)P$. 见陆启韶等 (2010) 的文献.

设 $\Phi(t)$ 为方程组 (1.3.1) 的任一个基解矩阵, 称

$$\Psi(t; t_0) \triangleq \Phi(t)\Phi^{-1}(t_0), \quad t, t_0 \in J \tag{1.3.7}$$

为齐次线性系统 (1.3.1) 的**状态转移矩阵**.

由于 $\Phi^{-1}(t_0)$ 为非奇异常值矩阵, 因此状态转移矩阵也是一个基解矩阵. 状态转移矩阵与基解矩阵的选取无关. 事实上, 若设 $\Phi_1(t)$, $\Phi_2(t)$ 为方程组 (1.3.1) 的两个基解矩阵, 则存在非奇异常数矩阵 P, 使得 $\Phi_2(t) = \Phi_1(t)P$, 因此

$$\Psi(t; t_0) \triangleq \Phi_2(t)\Phi_2^{-1}(t_0) = \Phi_1(t)P(\Phi_1(t_0)P)^{-1}$$

$$= \Phi_1(t)PP^{-1}\Phi_1^{-1}(t_0) = \Phi_1(t)\Phi_1^{-1}(t_0).$$

定理 1.3.4 齐次线性系统 (1.3.1) 的状态转移矩阵 $\Psi(t; t_0)(t, t_0 \in J)$ 具有下面性质:

(1) $\Psi(t_0; t_0) = I$ (单位矩阵);

(2) $\Psi(t_1; t_2) = \Psi(t_1; t)\Psi(t; t_2)$ $(t, t_1, t_2 \in J)$; $\qquad$ (1.3.8)

(3) $\Psi^{-1}(t; t_0)(t, t_0 \in J)$ 存在, 且 $\Psi^{-1}(t; t_0) = \Psi(t_0; t)$; $\qquad$ (1.3.9)

(4) $\Psi(t; t_0)$ 为下面线性矩阵微分系统初值问题

$$\begin{cases} U'(t) = A(t)U, & t \in J, \\ U(t_0) = I, & t_0 \in J \end{cases} \qquad (1.3.10)$$

的唯一解. 这里 U 为 n 阶未知矩阵.

证明 设 $\Phi(t)$ 为方程组 (1.3.1) 的一个基解矩阵, 则

(1) $\Psi(t_0; t_0) = \Phi(t_0)\Phi^{-1}(t_0) = I$;

(2) $\Psi(t_1; t_2) = \Phi(t_1)\Phi^{-1}(t_2) = \Phi(t_1)\Phi^{-1}(t)\Phi(t)\Phi^{-1}(t_2) = \Psi(t_1; t)\Psi(t; t_2)$;

(3) 因为行列式 $\det\Psi(t; t_0) = \det(\Phi(t)\Phi^{-1}(t_0)) \neq 0(t, t_0 \in J)$, 故 $\Psi^{-1}(t; t_0)$ 存在, 又

$$\Psi^{-1}(t; t_0) = (\Phi(t)\Phi^{-1}(t_0))^{-1} = \Phi(t_0)\Phi^{-1}(t) = \Psi(t_0; t);$$

(4) 因为

$$\frac{\mathrm{d}}{\mathrm{d}t}\Psi(t; t_0) = \frac{\mathrm{d}}{\mathrm{d}t}[\Phi(t)\Phi^{-1}(t_0)] = \Phi'(t)\Phi^{-1}(t_0)$$

$$= A(t)\Phi(t)\Phi^{-1}(t_0) = A(t)\Psi(t; t_0),$$

$$\Psi(t_0; t_0) = \Phi(t_0)\Phi^{-1}(t_0) = I,$$

所以 $\Psi(t; t_0)$ 是 (1.3.10) 的解, 由解的唯一性定理, $\Psi(t; t_0)$ 是 (1.3.10) 的唯一解. 证完.

由此可知, 若 $\Psi(t; t_0)$ 是 (1.3.10) 的状态转移矩阵, 则初值问题

$$
\begin{cases}
X'(t) = A(t)X, & t \in J, \\
X(t_0) = X_0, & t_0 \in J
\end{cases}
$$

的解可表示为

$$
X(t; t_0, X_0) = \Psi(t; t_0)X_0, \quad t \in J. \tag{1.3.11}
$$

(1.3.11) 式说明, 系统在 t 时刻的状态 $X(t; t_0, X_0)$ 由 t_0 时刻的状态 X_0 通过 $\Psi(t; t_0)$ 转移而来, 因此称 $\Psi(t; t_0)$ 为系统的状态转移矩阵.

记 $A(t)$ 的转置矩阵为 $A^{\mathrm{T}}(t)$, 则有 (1.3.1) 的线性**共轭系统**

$$
X'(t) = -A^{\mathrm{T}}(t)X(t). \tag{1.3.12}
$$

对于系统 (1.3.12) 有如下定理.

定理 1.3.5　设 $\Phi(t)$ 为方程组 (1.3.1) 的一个基解矩阵, 则 $(\Phi^{\mathrm{T}}(t))^{-1}$ 为对应共轭系统 (1.3.12) 的基解矩阵.

证明　因为 $\Phi(t)$ 为基解矩阵, 且满足 $\Phi^{-1}(t)\Phi(t) = I$, 两端关于 t 求导得

$$
\frac{\mathrm{d}\Phi^{-1}(t)}{\mathrm{d}t}\Phi(t) + \Phi^{-1}(t)\frac{\mathrm{d}\Phi(t)}{\mathrm{d}t} = 0,
$$

所以

$$
\begin{aligned}
\frac{\mathrm{d}\Phi^{-1}(t)}{\mathrm{d}t} &= -\Phi^{-1}(t)\frac{\mathrm{d}\Phi(t)}{\mathrm{d}t}\Phi^{-1}(t) \\
&= -\Phi^{-1}(t)A(t)\Phi(t)\Phi^{-1}(t) \\
&= -\Phi^{-1}(t)A(t),
\end{aligned}
$$

又 $(\Phi^{-1})^{\mathrm{T}} = (\Phi^{\mathrm{T}})^{-1}$, 因此

$$
\begin{aligned}
\frac{\mathrm{d}(\Phi^{\mathrm{T}})^{-1}}{\mathrm{d}t} &= \frac{\mathrm{d}(\Phi^{-1})^{\mathrm{T}}}{\mathrm{d}t} = \left(\frac{\mathrm{d}\Phi^{-1}}{\mathrm{d}t}\right)^{\mathrm{T}} \\
&= \left(-\Phi^{-1}(t)A(t)\right)^{\mathrm{T}} \\
&= -A^{\mathrm{T}}(t)(\Phi^{-1})^{\mathrm{T}} \\
&= -A(t)(\Phi^{\mathrm{T}})^{-1}.
\end{aligned}
$$

而 $(\Phi^{\mathrm{T}})^{-1}$ 显然非奇异, 故 $(\Phi^{\mathrm{T}})^{-1}$ 为共轭系统的基解矩阵.

进一步可证明下面定理.

定理 1.3.6 设 $\Phi(t)$ 为方程组 (1.3.1) 的一个基解矩阵, 而 $\Psi(t)$ 为对应共轭系统 (1.3.12) 的基解矩阵的充分必要条件是

$$\Psi^{\mathrm{T}}(t)\Phi(t) = C, \quad t \in J, \tag{1.3.13}$$

这里 C 是某个非奇异常值矩阵.

2. 常数变易公式

下面求非齐次时变系统 (1.3.2) 的解.

用基解矩阵表示齐次方程组 (1.3.1) 的通解为

$$X(t) = (X_1(t), X_2(t), \cdots, X_n(t)) \begin{pmatrix} c_1 \\ c_2 \\ \vdots \\ c_n \end{pmatrix} = \Phi(t)C. \tag{1.3.14}$$

若给出 (1.3.1) 的一个基解矩阵, 则可利用**常数变易法**求出非齐次方程组 (1.3.2) 的一个特解 $\bar{X}(t)$.

将齐次方程组 (1.3.1) 的通解

$$X(t) = (X_1(t), X_2(t), \cdots, X_n(t)) \begin{pmatrix} c_1 \\ c_2 \\ \vdots \\ c_n \end{pmatrix} = \Phi(t)C$$

中的常数向量 C 变异为 t 的向量函数 $C(t)$, 把 $X(t) = \Phi(t)C(t)$ 代入非齐次方程组 (1.3.2), 求待定函数 $C(t)$, 此时有

$$\Phi'(t)C(t) + \Phi(t)C'(t) = A(t)\Phi(t)C(t) + F(t).$$

因为 $\Phi'(t) = A(t)\Phi(t)$, 代入上式有 $\Phi(t)C'(t) = F(t)$, 因 $\Phi(t)$ 为基解矩阵非奇异, 故有 $C'(t) = \Phi^{-1}(t)F(t)$, 两端对 t 从 t_0 到 t 积分 $(C(t_0) = C_0)$, 则有

$$C(t) = C_0 + \int_{t_0}^{t} \Phi^{-1}(s)F(s)\mathrm{d}s.$$

因此方程组 (1.3.2) 有形如

$$\bar{X}(t) = \Phi(t)C_0 + \Phi(t)\int_{t_0}^{t} \Phi^{-1}(s)F(s)\mathrm{d}s$$

的解, 若要满足初始条件 $\bar{X}(t_0) = X_0$, 即要 $X_0 = \Phi(t_0)C_0$, 有 $C_0 = \Phi^{-1}(t_0)X_0$, 从而方程组 (1.3.2) 满足初始条件 $\bar{X}(t_0) = X_0$ 的解为

$$\bar{X}(t) = \Phi(t)\Phi^{-1}(t_0)X_0 + \Phi(t)\int_{t_0}^t \Phi^{-1}(s)F(s)\mathrm{d}s. \tag{1.3.15}$$

因此, 有如下定理.

定理 1.3.7　设齐次方程组 (1.3.1) 的一个基解矩阵为 $\Phi(t)$, 则:

(1) 非齐次方程组 (1.3.2) 的通解为

$$X(t) = \Phi(t)C + \Phi(t)\int_{t_0}^t \Phi^{-1}(s)F(s)\mathrm{d}s. \tag{1.3.16}$$

(2) 非齐次方程组 (1.3.2) 对应的初值问题

$$\begin{cases} X'(t) = A(t)X(t) + F(t), \\ X(t_0) = X_0 \end{cases} \tag{1.3.17}$$

的解为

$$X(t) = \Phi(t)\Phi^{-1}(t_0)X_0 + \Phi(t)\int_{t_0}^t \Phi^{-1}(s)F(s)\mathrm{d}s. \tag{1.3.18}$$

这里 (1.3.18) 常常称为非齐次线性方程组 (1.3.2) 的**常数变易公式**.

特别地, 对于非齐次常系数系统的初值问题

$$\begin{cases} X'(t) = AX(t) + F(t), \\ X(t_0) = X_0. \end{cases} \tag{1.3.19}$$

对应齐次系统的一个基解矩阵为 $\Phi(t) = \exp At$, 因此, (1.3.19) 的**常数变易公式**:

$$X(t) = \exp((t - t_0)A)X_0 + \int_{t_0}^t \exp((t - s)A)F(s)\mathrm{d}s. \tag{1.3.20}$$

另外, 由 n 阶变系数线性微分方程 (1.1.2) 与非齐次线性方程组 (1.3.2) 的等价性, 可以得到 n 阶变系数线性微分方程的**常数变易公式**.

n 阶变系数线性微分方程初值问题

$$\begin{cases} x^{(n)}(t) + a_1(t)x^{(n-1)}(t) + \cdots + a_{n-1}(t)x'(t) + a_n(t)x(t) = f(t), \\ x(t_0) = x'(t_0) = \cdots = x^{(n-1)}(t_0) = 0, \quad t_0 \in [a, b]. \end{cases} \tag{1.3.21}$$

设 $a_i(t)(i = 1, 2, \cdots, n), f(t)$ 在 $[a, b]$ 上连续, 若 $x_i(t)(i = 1, 2, \cdots, n)$ 为对应齐次方程

$$x^{(n)}(t) + a_1(t)x^{(n-1)}(t) + \cdots + a_{n-1}(t)x'(t) + a_n(t)x(t) = 0$$

的 n 个线性无关解 (基本解组), 由 (1.3.18) 或由常数变易法可得 (1.3.21) 的解为

$$\overline{x}(t) = \sum_{i=1}^{n} x_i(t) \int_{t_0}^{t} \frac{W_i[x_1(s), x_2(s), \cdots, x_n(s)]}{W[x_1(s), x_2(s), \cdots, x_n(s)]} f(s)\mathrm{d}s. \tag{1.3.22}$$

这里

$$W[x_1(t), x_2(t), \cdots, x_n(t)] = \begin{vmatrix} x_1(t) & x_2(t) & \cdots & x_n(t) \\ x_1'(t) & x_2'(t) & \cdots & x_n'(t) \\ \vdots & \vdots & & \vdots \\ x_1^{(n-1)}(t) & x_2^{(n-1)}(t) & \cdots & x_n^{(n-1)}(t) \end{vmatrix} \tag{1.3.23}$$

称为 $x_1(t), x_2(t), \cdots, x_n(t)$ 的 **Wronski 行列式**, 而 $W_i[x_1(t), x_2(t), \cdots, x_n(t)]$ 是在 Wronski 行列式中的第 i 列代以 $(0, 0, \cdots, 0, 1)^{\mathrm{T}}$ 后得到行列式, 此时 n 阶变系数线性微分方程 (1.1.2) 的任一解可表为

$$x(t) = c_1 x_1(t) + c_2 x_2(t) + \cdots + c_n x_n(t) + \overline{x}(t),$$

其中 $c_i(i = 1, 2, \cdots, n)$ 为任意常数.

特别对于二阶非齐次微分方程, 式 (1.3.22) 为

$$\overline{x}(t) = x_1(t) \int_{t_0}^{t} \frac{W_1[x_1(s), x_2(s)]}{W[x_1(s), x_2(s)]} f(s)\mathrm{d}s + x_2(t) \int_{t_0}^{t} \frac{W_2[x_1(s), x_2(s)]}{W[x_1(s), x_2(s)]} f(s)\mathrm{d}s$$

$$= x_1(t) \int_{t_0}^{t} \frac{\begin{vmatrix} 0 & x_2(s) \\ 1 & x_2'(s) \end{vmatrix}}{W[x_1(s), x_2(s)]} f(s)\mathrm{d}s + x_2(t) \int_{t_0}^{t} \frac{\begin{vmatrix} x_1(s) & 0 \\ x_1'(s) & 1 \end{vmatrix}}{W[x_1(s), x_2(s)]} f(s)\mathrm{d}s$$

$$= \int_{t_0}^{t} \frac{x_2(t)x_1(s) - x_1(t)x_2(s)}{W[x_1(s), x_2(s)]} f(s)\mathrm{d}s,$$

从而二阶非齐次微分方程的通解为

$$x(t) = c_1 x_1(t) + c_2 x_2(t) + \int_{t_0}^{t} \frac{x_2(t)x_1(s) - x_1(t)x_2(s)}{W[x_1(s), x_2(s)]} f(s)\mathrm{d}s, \tag{1.3.24}$$

其中 $c_i(i = 1, 2)$ 为任意常数.

例 1.15　已知非齐次方程组

$$X'(t) = \begin{pmatrix} \dfrac{1}{t} & -1 \\ \dfrac{1}{t^2} & \dfrac{2}{t} \end{pmatrix} X + \begin{pmatrix} t \\ -t^2 \end{pmatrix}, \quad t > 0.$$

对应的齐次方程组有一组解 $X_1(t) = (t^2, -t)^{\mathrm{T}}$, 求它的通解.

解　再求一组与 $X_1(t) = (t^2, -t)^{\mathrm{T}}$ 线性无关的解即可得到齐次方程组的基解矩阵, 对应的齐次方程组为

$$X'(t) = \begin{pmatrix} \dfrac{1}{t} & -1 \\ \dfrac{1}{t^2} & \dfrac{2}{t} \end{pmatrix} X, \quad t > 0 \quad \text{或} \quad \begin{cases} x'(t) = \dfrac{1}{t}x - y, \\ y'(t) = \dfrac{1}{t^2}x + \dfrac{2}{t}y, \end{cases} \quad t > 0.$$

令 $z = x + ty$, 则

$$\frac{\mathrm{d}z}{\mathrm{d}t} = \frac{\mathrm{d}x}{\mathrm{d}t} + \frac{\mathrm{d}}{\mathrm{d}t}(ty) = \frac{2}{t}z,$$

解出 $z = t^2$, 因此, $x = t^2 - ty$, 代入齐次方程中可解出 $y = t\ln t$, 又有 $x = t^2 - t^2\ln t$, 故得到对应齐次方程组的另一组解 $X_2(t) = (t^2 - t^2\ln t, t\ln t)^{\mathrm{T}}$, 两组解可构成一基解矩阵

$$\Phi(t) = (X_1(t), X_2(t)) = \begin{pmatrix} t^2 & t^2 - t^2\ln t \\ -t & t\ln t \end{pmatrix},$$

它的逆矩阵为

$$\Phi^{-1}(s) = \frac{1}{s^2}\begin{pmatrix} \ln s & s\ln s - s \\ 1 & s \end{pmatrix},$$

$$\Phi^{-1}(s)F(s) = \frac{1}{s^2}\begin{pmatrix} \ln s & s\ln s - s \\ 1 & s \end{pmatrix}\begin{pmatrix} s \\ -s^2 \end{pmatrix} = \frac{1}{s}\begin{pmatrix} \ln s - s^2\ln s + s^2 \\ 1 - s^2 \end{pmatrix}.$$

由 (1.3.16) 则得到原问题的通解 (取 $t_0 = 1$) 为

$$X(t) = \Phi(t)C + \Phi(t)\int_1^t \Phi^{-1}(s)F(s)\mathrm{d}s$$

$$= \begin{pmatrix} t^2 & t^2 - t^2\ln t \\ -t & t\ln t \end{pmatrix}\left[C + \int_1^t \frac{1}{s}\begin{pmatrix} \ln s - s^2\ln s + s^2 \\ 1 - s^2 \end{pmatrix}\mathrm{d}s\right]$$

$$= \begin{pmatrix} t^2 & t^2 - t^2 \ln t \\ -t & t \ln t \end{pmatrix} C + \begin{pmatrix} \dfrac{t^2}{2} \ln t - \dfrac{t^2}{2} (\ln t)^2 + \dfrac{t^4}{4} - \dfrac{t^2}{4} \\ \dfrac{t}{2} (\ln t)^2 + \dfrac{t}{2} \ln t - \dfrac{3t^3}{4} - \dfrac{3t}{4} \end{pmatrix},$$

其中 C 为任意常数向量.

我们直接用 Maple 软件计算如下:

> restart:
> alias(x1 = x1(t), x2 = x2(t)):
> with(PDEtools):with(student):
> ode: = [diff(x1, t) = 1/t * x1−x2 + t,
    diff(x2, t) = 1/t^2 * x1 + 2/t * x2−t^2];

$$ode := \left[\frac{\partial}{\partial t} x1 = \frac{x1}{t} - x2 + t, \frac{\partial}{\partial t} x2 = \frac{x1}{t^2} + \frac{2x2}{t} - t^2 \right]$$

> dsolve(ode);

$$\left\{ x1 = -\frac{1}{4} t^2 \left(2\ln(t)^2 - 4\ln(t)\_C1 - t^2 - 4\_C2 \right), x2 = \frac{1}{4} t(2\ln(t)^2 \right.$$
$$\left. - 4\ln(t)\_C1 - 3t^2 + 4\ln(t) - 4\_C1 - 4\_C2 + 4) \right\}$$

这里取的基解矩阵不一样.

例 1.16 求解 $x''(t) + a^2 x(t) = f(t)$.

解 对应齐次线性方程 $x''(t) + a^2 x(t) = 0$ 的两个线性无关解观察可求得

$$x_1(t) = \sin(at), \quad x_2(t) = \cos(at),$$

由式 (1.3.24) 可得原方程的通解 (取 $t_0 = 0$) 为

$$x(t) = c_1 \sin(at) + c_2 \cos(at) + \int_0^t \frac{(\cos(at)\sin(as) - \sin(at)\cos(as))f(s)}{\begin{vmatrix} \sin(as) & \cos(as) \\ a\cos(as) & -a\sin(as) \end{vmatrix}} \mathrm{d}s$$

$$= c_1 \sin(at) + c_2 \cos(at) - \frac{1}{a} \int_0^t (\cos(at)\sin(as) - \sin(at)\cos(as))f(s)\mathrm{d}s$$

$$= c_1 \sin(at) + c_2 \cos(at) + \frac{1}{a} \int_0^t f(s)\sin a(t-s)\mathrm{d}s.$$

我们直接用 Maple 软件计算如下:

> restart:
> alias(x = x(t), f = f(t)):
> with(PDEtools):with(student):
> ode:= diff(x, t$2) + a^2 * x = f;

$$ode := \frac{\partial^2}{\partial t^2} x + a^2 x = f$$

> dsolve(ode);

$$x = \sin(at)\_C2 + \cos(at)\_C1$$

$$+ \frac{\left(\int \cos(at) f \, \mathrm{d}t \right) \sin(at) - \left(\int \sin(at) f \, \mathrm{d}t \right) \cos(at)}{a}$$

1.3.3　周期系数线性系统

线性齐次周期系数系统

$$X'(t) = A(t)X(t), \quad t \in J, \quad X \in \mathbf{R}^n, \tag{1.3.25}$$

这里 $A(t)$ 在 J 上连续, 且以 T $(T > 0)$ 为周期的矩阵函数, 即

$$A(t) = A(t + T).$$

讨论周期系数系统, 要用到矩阵对数的概念, 定义矩阵的对数, 先看下面命题.

命题 1.3.1　对于 n 阶非奇异矩阵 B, 一定存在一个常值矩阵 A, 使得有 $\mathrm{e}^A = B$.

证明　见文献 (陆启韶等, 2010)[50].

定义 1.3.2　设 n 阶非奇异矩阵 B, 称满足 $\mathrm{e}^A = B$ 的矩阵 A 为矩阵 B 的**对数**, 记为 $A = \ln B$.

注 1　矩阵对数定义在复数域上, 矩阵 A 不唯一. 事实上, 当 A 为 B 的对数时, 则 $A + 2k\pi \mathrm{i} I$ $(k = 0, \pm 1, \pm 2, \cdots)$ 都是矩阵 B 的对数, 因有

$$\mathrm{e}^{A + 2k\pi \mathrm{i} I} = \mathrm{e}^A \mathrm{e}^{2k\pi \mathrm{i} I} = \mathrm{e}^A (\mathrm{e}^{2k\pi \mathrm{i}} I) = \mathrm{e}^A I = \mathrm{e}^A = B.$$

注 2　一实非奇异矩阵 B 的对数不一定是实矩阵. 如一阶矩阵 $B = -1$, 此时, $\ln B = (2k + 1)\pi \mathrm{i}$ $(k = 0, \pm 1, \pm 2, \cdots)$. 这里一般复数的对数定义为

$$\ln(a + b\mathrm{i}) = \ln |a + b\mathrm{i}| + \mathrm{i} \mathrm{Arg}(a + b\mathrm{i}). \tag{1.3.26}$$

定理 1.3.8　设 $\varPhi(t)$ 为线性齐次周期系数系统 (1.3.25) 的一个基解矩阵, 则 (1) $\varPhi(t + T)$ $(t \in J)$ 也是 (1.3.25) 的一个基解矩阵; (2) 对每个基解矩阵 $\varPhi(t)$, 存在可微的周期为 T 的非奇异矩阵函数 $P(t)$ 以及一个常值矩阵 R, 使得有

$$\Phi(t) = P(t)e^{Rt}. \tag{1.3.27}$$

证明 (1) 由于 $\Phi'(t) = A(t)\Phi(t)(t \in J)$ 和 $A(t) = A(t+T)$, 则

$$\Phi'(t+T) = A(t+T)\Phi(t+T) = A(t)\Phi(t+T), \quad t \in J.$$

又对基解矩阵 $\Phi(t)$, 对于一切 $t \in J = (-\infty, +\infty)$ 都有 $\det\Phi(t) \neq 0$, 故 $\det\Phi(t+T) \neq 0$, 所以 $\Phi(t+T)$ $(t \in J)$ 也是 (1.3.25) 的基解矩阵.

(2) $\Phi(t)$ 和 $\Phi(t+T)$ $(t \in J)$ 都是 (1.3.25) 的基解矩阵, 则存在一个非奇异常值矩阵 C, 使得有 $\Phi(t+T) = \Phi(t)C$ $(t \in J)$, 由矩阵对数的命题结论, 对非奇异矩阵 C, 存在常值矩阵 R 使得 $C = e^{RT}$, 有

$$R = T^{-1}\ln C,$$

取

$$P(t) = \Phi(t)e^{-tR},$$

则知它为非奇异可微函数矩阵, 又

$$P(t+T) = \Phi(t+T)e^{-(t+T)R} = \Phi(t)Ce^{-(t+T)R}$$
$$= \Phi(t)e^{TR}e^{-TR}e^{-tR} = \Phi(t)e^{-tR} = P(t),$$

故有可微的周期为 T 的非奇异矩阵函数 $P(t)$ 以及一个常值矩阵 R, 使得有

$$\Phi(t) = P(t)e^{Rt}.$$

线性齐次周期系数系统 (1.3.25) 与线性齐次常系数系统有下面关系.

定理 1.3.9 对于可微的周期为 T 的非奇异矩阵函数 $P(t)$ 以及一个常值矩阵 R, 在变换 $X(t) = P(t)Y(t)$ 下, 系统 (1.3.25) 可化为线性齐次常系数系统

$$\dot{Y}(t) = RY(t). \tag{1.3.28}$$

注 Y 上的一点表示相对于时间 t 的一阶导数, 其余类同.

证明 由 $X(t) = P(t)Y(t)$ 两边求导得

$$\dot{X} = \dot{P}(t)Y + P(t)\dot{Y},$$

由 (1.3.25) 有

$$A(t)P(t)Y = \dot{P}(t)Y + P(t)\dot{Y},$$

从而

$$\dot{Y} = P^{-1}(t)[A(t)P(t) - \dot{P}(t)]Y,$$

由于 $\Phi(t)$ 是 (1.3.25) 的基解矩阵, 并利用 $R = T^{-1}\ln C$, 则有

$$
\begin{aligned}
A(t)P(t) - \dot{P}(t) &= A(t)\Phi(t)\mathrm{e}^{-tR} - \dot{\Phi}(t)\mathrm{e}^{-tR} + \Phi(t)R\mathrm{e}^{-tR} \\
&= A(t)\Phi(t)\mathrm{e}^{-tR} - A(t)\Phi(t)\mathrm{e}^{-tR} + \Phi(t)\mathrm{e}^{-tR}R \\
&= \Phi(t)\mathrm{e}^{-tR}R = P(t)R,
\end{aligned}
$$

故有 (1.3.28).

注 1　线性齐次周期系数系统 (1.3.25) 可转化为线性齐次常系数系统, 但实际上需要求得基解矩阵 $\Phi(t)$, 再求得 $P(t)$ 以及常值矩阵 R, 运算并不简单.

注 2　基解矩阵 $\Phi(t)$ 不能唯一地确定矩阵 R, 但能唯一地确定矩阵 C, 不同的基解矩阵对应的矩阵 C 彼此相似. 事实上, 设两基解矩阵 $\Phi_1(t), \Phi_2(t)$, 则存在非奇异矩阵 S, 使得 $\Phi_2(t) = \Phi_1(t)S$, 又知存在矩阵 C_1, C_2 使得有

$$
\Phi_1(t+T) = \Phi_1(t)C_1, \quad \Phi_2(t+T) = \Phi_2(t)C_2.
$$

于是

$$
\Phi_1(t+T)S = \Phi_1(t)SC_2,
$$

即

$$
\Phi_1(t+T) = \Phi_1(t)SC_2S^{-1},
$$

故有

$$
C_1 = SC_2S^{-1},
$$

即两矩阵 C_1, C_2 相似.

定义 1.3.3　称矩阵 $C = \mathrm{e}^{RT}$ 的特征值 $\lambda_1, \lambda_2, \cdots, \lambda_n$ 为系统 (1.3.25) (或 $A(t)$) 的**特征乘数**; 而把矩阵 R 的特征值 $\rho_1, \rho_2, \cdots, \rho_n$ 称为系统 (1.3.25) (或 $A(t)$) 的**特征指数**.

由上述注 2 知, 特征乘数由系统唯一确定, 但特征指数不能由系统唯一确定. 因为矩阵 C 非奇异, 而 $\prod\limits_{i=1}^{n} \lambda_i = \det C \neq 0$, 所以系统的一切特征乘数都不为零.

定理 1.3.10　设 $\rho_1, \rho_2, \cdots, \rho_n$ 为系统 (1.3.25)(或 $A(t)$) 的特征指数, 则该系统的特征乘数为 $\mathrm{e}^{T\rho_1}, \mathrm{e}^{T\rho_2}, \cdots, \mathrm{e}^{T\rho_n}$.

证明　设 J 为矩阵 R 的 Jordan 标准形, 则存在非奇异常值矩阵 S, 使得

$$
S^{-1}RS = J = \mathrm{diag}(J_1, J_2, \cdots, J_l),
$$

有

$$C = \mathrm{e}^{RT} = \mathrm{e}^{TSJS^{-1}} = S\mathrm{e}^{TJ}S^{-1}.$$

由于矩阵 J 的特征值也为 $\rho_1, \rho_2, \cdots, \rho_n$, 因此 TJ 的特征值为 $T\rho_1, T\rho_2, \cdots, T\rho_n$, 又

$$\mathrm{e}^{TJ} = \mathrm{diag}(\mathrm{e}^{TJ_1}, \mathrm{e}^{TJ_2}, \cdots, \mathrm{e}^{TJ_l}),$$

可知 e^{TJ} 的特征值为 $\mathrm{e}^{T\rho_1}, \mathrm{e}^{T\rho_2}, \cdots, \mathrm{e}^{T\rho_n}$, 从而矩阵 C 的特征值为 $\mathrm{e}^{T\rho_1}, \mathrm{e}^{T\rho_2}, \cdots,$ $\mathrm{e}^{T\rho_n}$, 即系统的特征乘数为 $\mathrm{e}^{T\rho_1}, \mathrm{e}^{T\rho_2}, \cdots, \mathrm{e}^{T\rho_n}$.

设 λ 为矩阵 A 的一个特征值, 由 λ 对应的特征向量构成的线性子空间

$$L = \{X \mid AX = \lambda X\}$$

的维数称为特征值 λ 的**几何重数**.

下面定理给出了线性齐次周期系数系统 (1.3.25) 存在周期为 T 的非零解的充要条件.

定理 1.3.11 线性齐次周期系数系统 (1.3.25) 存在周期为 T 的非零解的充要条件是该系统至少有一个等于 1 的特征乘数, 或该系统至少有一个等于 0 的特征指数.

证明 设 $X_1(t)$ 为系统 (1.3.25) 周期为 T 的非零解, 基解矩阵为 $\Phi(t)$, 则存在一个非零向量 α, 使得

$$X_1(t) = \Phi(t)\alpha,$$

由 $X_1(t)$ 的周期性, 有

$$X_1(t) = X_1(t + T) = \Phi(t + T)\alpha = \Phi(t)C\alpha,$$

两等式相减有

$$C\alpha = \alpha,$$

所以矩阵 C 有等于 1 的一个特征值, 即系统有一个等于 1 的特征乘数. 反之亦然.

定理 1.3.12 对于线性齐次周期系数系统 (1.3.25), 如果 1 是矩阵 $C = \mathrm{e}^{RT}$ 的几何重数为 m 的特征值, 则该系统的周期为 T 的解构成的线性子空间的维数为 m.

证明 见文献 (陆启韶等, 2010)[54-55].

特征指数 (或特征乘数) 对于研究线性齐次周期系数系统非常重要, 但一般确定出来十分困难, 目前还没有太好的结果. 如果已知系统的 $n-1$ 个特征乘数 (或特征指数), 就可以确定它的第 n 个特征乘数 (或特征指数), 见下面定理.

定理 1.3.13 设线性齐次周期系数系统 (1.3.25) 的特征指数和特征乘数分别为 $\lambda_1, \lambda_2, \cdots, \lambda_n$ 和 $\rho_1, \rho_2, \cdots, \rho_n$, 则

(1) $$\prod_{i=1}^{n} \lambda_i = \exp\left[\int_0^T \mathrm{tr}A(s)\mathrm{d}s\right];$$ (1.3.29)

(2) $$\sum_{i=1}^{n} \rho_i = \frac{1}{T}\int_0^T \mathrm{tr}A(s)\mathrm{d}s \left(\mathrm{mod}\frac{2\pi\mathrm{i}}{T}\right) \text{ 或 } \sum_{i=1}^{n} \rho_i = \frac{1}{T}\left[2k\pi\mathrm{i} + \int_0^T \mathrm{tr}A(s)\mathrm{d}s\right].$$

(1.3.30)

这里 $a = b(\mathrm{mod}\ c)$ 表示 $a - b$ 为 c 的整数倍, 即 $a = b + kc$.

证明 (1) 设 $\varPhi(t)$ 为系统 (1.3.25) 的基解矩阵, 由 $\varPhi(T) = \varPhi(0)C$ 有

$$C = \varPhi^{-1}(0)\varPhi(T),$$

取行列式

$$\det C = \det \varPhi^{-1}(0) \det \varPhi(T).$$

由 Liouville 公式 (1.3.4) 有

$$\det \varPhi(t) = \det \varPhi(0) \exp\left[\int_0^T \mathrm{tr}A(s)\mathrm{d}s\right],$$

代入上式有

$$\det C = \exp\left[\int_0^T \mathrm{tr}A(s)\mathrm{d}s\right],$$

由于 $\lambda_1, \lambda_2, \cdots, \lambda_n$ 为矩阵 C 的特征值, 因此

$$\prod_{i=1}^{n} \lambda_i = \det C = \exp\left[\int_0^T \mathrm{tr}A(s)\mathrm{d}s\right].$$

(2) 由于 $\lambda_j = \mathrm{e}^{T\rho_j}(j = 1, 2, \cdots, n)$, 故

$$\rho_j = \frac{1}{T}\ln \lambda_j \left(\mathrm{mod}\frac{2\pi\mathrm{i}}{T}\right),$$

所以

$$\sum_{j=1}^{n} \rho_j = \frac{1}{T}\ln\prod_{j=1}^{n} \lambda_j \left(\mathrm{mod}\frac{2\pi\mathrm{i}}{T}\right)$$

$$= \frac{1}{T}\int_0^T \mathrm{tr}A(s)\mathrm{d}s \left(\mathrm{mod}\frac{2\pi\mathrm{i}}{T}\right).$$

应用中常常用下面数值方法确定特征乘数或特征指数.

先求出矩阵方程的初值问题

$$
\begin{cases}
\dot{\Phi}_1(t) = A(t)\Phi_1(t), \\
\Phi_1(0) = I
\end{cases}
\tag{1.3.31}
$$

在 $0 \leqslant t \leqslant T$ 上的数值解 $\Phi_1(t)$, 则有 $C = \Phi_1^{-1}(0)\Phi_1(T) = \Phi_1(T)$; 再用代数方法求出矩阵 C 的特征值 $\lambda_1, \lambda_2, \cdots, \lambda_n$, 即为系统的全部特征乘数.

1.4 非线性系统的近似线性系统

本节通过一些建立实际问题的非线性微分方程 (组) 模型主要说明非线性常微分方程组的定性分析方法.

1.4.1 建模举例

1. 单种群模型

给定一物种在稳定孤立范围内增长变化 (无迁出和迁入), 该种群规模数量较大, 可看成随时间连续变化, 它受自身密度制约, 统计发现单位时间因自身冲突减少数量与此时种群数量的平方成正比, 试建立描述该物种随时间变化的微分方程模型.

设 $p(t)$ 表示 t 时刻该种群的数量, a 表示该物种增殖率与自然死亡率之差, 则单位时间该物种自然增加的数量为 $ap(t)$, 单位时间因密度制约减少的数量为 $bp^2(t)$, 因此有

$$
\frac{\mathrm{d}p(t)}{\mathrm{d}t} = ap(t) - bp^2(t).
$$

这是一个关于未知函数 $p(t)$ 的非线性常微分方程, 常常称为种群增长的 Logistic 方程, 这个方程最早是由生物学家 Verhulst 于 1837 年建立的, 他用这个模型预测了很多国家的人口发展变化. 该方程可以描述受自身密度制约 (如因食物、能源等环境容量限制等因素造成的制约) 的动植物、微生物等物种的数量变化规律.

2. 传染病模型

对某种传染病, 若将人群分成两类: 正常易感染类、染病类. 设 $S(t), I(t)$ 分别表示 t 时刻正常易感染类、染病类人群的数量, $\alpha S(t)I(t)$ 表示易感者接触染病者单位时间病人增加数量, $\beta I(t)$ 表示染病者单位时间死亡减少数量, 则有 SI 模型

$$
\begin{cases}
\dfrac{\mathrm{d}S(t)}{\mathrm{d}t} = -\alpha S(t)I(t), \\
\dfrac{\mathrm{d}I(t)}{\mathrm{d}t} = \alpha S(t)I(t) - \beta I(t).
\end{cases}
$$

若对某类有预防疫苗的传染病, 可将人群分成三类: 正常易感染类、染病类、免疫类. 设 $S(t), I(t), R(t)$ 分别表示 t 时刻正常易感染类、染病类和免疫类人群的数量, $\alpha S(t)I(t)$ 表示易感者接触染病者单位时间病人增加数量, $\gamma I(t)$ 表示染病者单位时间治愈的数量, $\beta S(t)$ 表示易感者单位时间接种过疫苗的数量, 则有 SIR 模型

$$
\begin{cases}
\dfrac{\mathrm{d}S(t)}{\mathrm{d}t} = -\alpha S(t)I(t) - \beta S(t), \\[2mm]
\dfrac{\mathrm{d}I(t)}{\mathrm{d}t} = \alpha S(t)I(t) - \gamma I(t), \\[2mm]
\dfrac{\mathrm{d}R(t)}{\mathrm{d}t} = \beta S(t) + \gamma I(t).
\end{cases}
$$

对具有潜伏期的传染病 (如狂犬病等), 可将人群分成四类: 正常易感染类、潜伏类、染病类、免疫类. 设 $S(t), E(t), I(t), R(t)$ 分别表示 t 时刻正常易感染类、潜伏类、染病类和免疫类人群的数量, $\alpha S(t)I(t)$ 表示易感者接触染病者单位时间携带病毒者增加的数量, $\delta E(t)$ 表示潜伏类单位时间发病的数量, $\gamma I(t)$ 表示染病者单位时间治愈的数量, $\beta S(t)$ 表示易感者单位时间接种过疫苗的数量, 则有 SEIR 模型

$$
\begin{cases}
\dfrac{\mathrm{d}S(t)}{\mathrm{d}t} = -\alpha S(t)I(t) - \beta S(t), \\[2mm]
\dfrac{\mathrm{d}E(t)}{\mathrm{d}t} = \alpha S(t)I(t) - \delta E(t), \\[2mm]
\dfrac{\mathrm{d}I(t)}{\mathrm{d}t} = \delta E(t) - \gamma I(t), \\[2mm]
\dfrac{\mathrm{d}R(t)}{\mathrm{d}t} = \beta S(t) + \gamma I(t).
\end{cases}
$$

3. Volterra 模型

意大利数学家 V. Volterra 建立的食用鱼与软骨鱼种群数量的变化模型: 设 $x(t), y(t)$ 分别表示 t 时刻食用鱼与软骨鱼 (捕食者) 的数量, $ax(t)$ 表示单位时间增加的数量, $bx(t)y(t)$ 表示单位时间捕食者与食用鱼接触减少的数量, $cy(t)$ 表示单位时间食用鱼自然减少的数量, $hx(t)y(t)$ 表示单位时间捕食者因捕食食用鱼增加的数量, 考虑渔民捕捞力 (捕捞系数为 $k > 0$), $kx(t), ky(t)$ 分别表示单位时间捕食者与食用鱼因捕捞减少的数量, 则有带捕捞项的 Volterra 模型

$$
\begin{cases}
\dfrac{\mathrm{d}x(t)}{\mathrm{d}t} = ax(t) - bx(t)y(t) - kx(t), \\[2mm]
\dfrac{\mathrm{d}y(t)}{\mathrm{d}t} = -cy(t) + hx(t)y(t) - ky(t)
\end{cases}
$$

或

$$\begin{cases} \dot{x} = (a-k)x - bxy, \\ \dot{y} = -(c+k)y + hxy, \end{cases}$$

或进一步简化为

$$\begin{cases} \dot{x} = (a_1 - by)x, \\ \dot{y} = -(c_1 + hx)y. \end{cases}$$

一般地, 设 $x(t), y(t)$ 分别表示 t 时刻甲、乙两种群的数量, 则有 Lotka-Volterra 两种群关系模型

$$\begin{cases} \dfrac{\mathrm{d}x(t)}{\mathrm{d}t} = (a_{11} + a_{12}x(t) + a_{13}y(t))x(t), \\ \dfrac{\mathrm{d}y(t)}{\mathrm{d}t} = (a_{21} + a_{22}x(t) + a_{23}y(t))y(t), \end{cases}$$

这里 a_{ij} 系数的大小决定着两种群之间的相互依赖、相互制约和密度制约等相互关系.

4. 游击队与正规军作战模型

设 $x(t), y(t)$ 分别表示 t 时刻游击队与正规军参战兵员的数量, $bx(t)$ 表示单位时间正规军 (在游击队战斗力系数 b 作用下) 减少的数量, $ax(t)y(t)$ 表示单位时间游击队与正规军相遇作战, 游击队减员的数量, 若不考虑增援, 则有作战模型

$$\begin{cases} \dot{x} = -axy, \\ \dot{y} = -bx. \end{cases}$$

上述传染病模型、Volterra 模型和作战模型右边都有非线性项, 都是非线性常微分方程组. 可以利用非线性系统的定性分析 (几何分析) 方法, 也可以利用系统的 (在平衡点处) 线性近似系统进行讨论.

1.4.2 定性分析

1. 非线性系统的平衡点与稳定性

考虑二维非线性系统

$$\begin{cases} \dfrac{\mathrm{d}x(t)}{\mathrm{d}t} = P(x(t), y(t)), \\ \dfrac{\mathrm{d}y(t)}{\mathrm{d}t} = Q(x(t), y(t)) \end{cases}$$

或

$$\begin{cases} \dot{x}(t) = P(x(t), y(t)), \\ \dot{y}(t) = Q(x(t), y(t)). \end{cases} \tag{1.4.1}$$

把系统中的 $(x(t), y(t))$ 看作二维平面上的点, 对应的平面为相平面, (x, y) 称为**相点**, 其轨迹称为**相轨线**.

定义 1.4.1　若点 (x_0, y_0) 满足

$$\begin{cases} P(x_0, y_0) = 0, \\ Q(x_0, y_0) = 0, \end{cases}$$

则称 (x_0, y_0) 为系统 (1.4.1) 的**平衡点**. 显然平衡点是系统 (1.4.1) 的解.

(1.4.1) 中两式相除

$$\frac{\mathrm{d}y}{\mathrm{d}x} = \frac{Q(x, y)}{P(x, y)}.$$

在系统的平衡点处该导数值不确定, 方程的积分曲线在平衡点处没有确定的切线, 因此平衡点也常称为**奇点**.

易知 $(0, 0)$ 是常系数线性系统

$$\begin{cases} \dot{x}(t) = a_{11}x(t) + a_{12}y(t), \\ \dot{y}(t) = a_{21}x(t) + a_{22}y(t) \end{cases}$$

的平衡点.

前述的传染病模型

$$\begin{cases} \dfrac{\mathrm{d}S(t)}{\mathrm{d}t} = -\alpha S(t)I(t), \\ \dfrac{\mathrm{d}I(t)}{\mathrm{d}t} = \alpha S(t)I(t) - \beta I(t), \end{cases}$$

有一条直线 $I(t) = 0$ 上的点都是它的平衡点.

例 1.17　没有捕捞的 Volterra 系统

$$\begin{cases} \dfrac{\mathrm{d}x(t)}{\mathrm{d}t} = ax(t) - bx(t)y(t), \\ \dfrac{\mathrm{d}y(t)}{\mathrm{d}t} = -cy(t) + hx(t)y(t) \end{cases}$$

有两个平衡点：$(0, 0)$, $\left(\dfrac{c}{h}, \dfrac{a}{b}\right)$.

定义 1.4.2 设点 (x_0, y_0) 为系统 (1.4.1) 的平衡点, 若对于 (x_0, y_0) 的任一邻域 U, 存在包含 (x_0, y_0) 的一个属于 U 的邻域 U_1, 当 $(x(0), y(0)) \in U_1$ 时, 对一切 $t > 0$, 使得系统从 $(x(0), y(0))$ 出发的轨线 $(x(t), y(t)) \in U$, 则称平衡点 (x_0, y_0) 是**稳定**的; 否则称为**不稳定**; 当平衡点 (x_0, y_0) 稳定, 又有

$$\lim_{t \to +\infty} (x(t), y(t)) = (x_0, y_0),$$

则称平衡点 (x_0, y_0) 是**渐近稳定**的.

例 1.18 讨论线性常系数系统

$$\begin{cases} \dot{x}(t) = \lambda x(t), \\ \dot{y}(t) = \mu y(t) \end{cases}$$

平衡点 $(0, 0)$ 的稳定性.

解 该系统的通解为

$$\begin{cases} x(t) = c_1 e^{\lambda t}, \\ y(t) = c_2 e^{\mu t}. \end{cases}$$

下面讨论零平衡点 $(0, 0)$ 的稳定性.

(1) 当 $\lambda < \mu < 0$ 时, 因为

$$\lim_{t \to +\infty} (x(t), y(t)) = \lim_{t \to +\infty} (c_1 e^{\lambda t}, c_2 e^{\mu t}) = (0, 0),$$

所以, 平衡点 $(0, 0)$ 不但稳定, 同时还是渐近稳定的.

(2) 当 $\lambda = \mu < 0$ 时, 因为

$$\lim_{t \to +\infty} (x(t), y(t)) = \lim_{t \to +\infty} (c_1 e^{\lambda t}, c_2 e^{\mu t}) = (0, 0),$$

所以, 平衡点 $(0, 0)$ 还是渐近稳定的.

(3) 当 $\lambda < 0 < \mu$ 时, 因为

$$\lim_{t \to +\infty} y(t) = \lim_{t \to +\infty} c_2 e^{\mu t} = \infty,$$

所以, 平衡点 $(0, 0)$ 不稳定.

2. 非线性系统的近似线性系统

设 (x_0, y_0) 为系统 (1.4.1) 的平衡点, $P(x, y), Q(x, y)$ 连续可微, 讨论平衡点 (x_0, y_0) 附近解的性质, 经常利用系统 (1.4.1) 在平衡点 (x_0, y_0) 处的近似线性系统.

将函数 $P(x,y), Q(x,y)$ 分别在平衡点 (x_0, y_0) 处 Taylor 展开, 即

$$P(x,y) = P(x_0, y_0) + \frac{1}{1!}[P_x(x_0, y_0)(x - x_0) + P_y(x_0, y_0)(y - y_0)]$$

$$+ \frac{1}{2!}[P_{xx}(x_0, y_0)(x - x_0)^2 + P_{yy}(x_0, y_0)(y - y_0)^2] + \cdots$$

$$+ \frac{1}{n!}[P_x^{(n)}(x_0, y_0)(x - x_0)^n + P_y^{(n)}(x_0, y_0)(y - y_0)^n]$$

$$+ \frac{1}{n+1!}[P_x^{(n+1)}(x_0 + \theta(x - x_0), y_0 + \theta(y - y_0))(x - x_0)^{n+1}$$

$$+ P_y^{(n+1)}(x_0 + \theta(x - x_0), y_0 + \theta(y - y_0))(y - y_0)^{n+1}],$$

$$Q(x,y) = Q(x_0, y_0) + \frac{1}{1!}[Q_x(x_0, y_0)(x - x_0) + Q_y(x_0, y_0)(y - y_0)]$$

$$+ \frac{1}{2!}[Q_{xx}(x_0, y_0)(x - x_0)^2 + Q_{yy}(x_0, y_0)(y - y_0)^2] + \cdots$$

$$+ \frac{1}{n!}[Q_x^{(n)}(x_0, y_0)(x - x_0)^n + Q_y^{(n)}(x_0, y_0)(y - y_0)^n]$$

$$+ \frac{1}{n+1!}[Q_x^{(n+1)}(x_0 + \theta(x - x_0), y_0 + \theta(y - y_0))(x - x_0)^{n+1}$$

$$+ Q_y^{(n+1)}(x_0 + \theta(x - x_0), y_0 + \theta(y - y_0))(y - y_0)^{n+1}],$$

这里 $0 < \theta < 1$, 其中

$$\frac{1}{n+1!}[P_x^{(n+1)}(x_0 + \theta(x - x_0), y_0 + \theta(y - y_0))(x - x_0)^{n+1}$$

$$+ P_y^{(n+1)}(x_0 + \theta(x - x_0), y_0 + \theta(y - y_0))(y - y_0)^{n+1}],$$

$$\frac{1}{n+1!}[Q_x^{(n+1)}(x_0 + \theta(x - x_0), y_0 + \theta(y - y_0))(x - x_0)^{n+1}$$

$$+ Q_y^{(n+1)}(x_0 + \theta(x - x_0), y_0 + \theta(y - y_0))(y - y_0)^{n+1}]$$

分别为 Taylor 余项.

记

$$a_{11} = P_x(x_0, y_0), \quad a_{12} = P_y(x_0, y_0),$$
$$a_{21} = Q_x(x_0, y_0), \quad a_{22} = Q_y(x_0, y_0),$$

并将 $P(x,y), Q(x,y)$ 在平衡点 (x_0, y_0) 处 Taylor 展开式中二次以上的高阶项忽

略, 则有 (1.4.1) 对应的线性近似系统

$$\begin{cases} \dot{x} = a_{11}(x - x_0) + a_{12}(y - y_0), \\ \dot{y} = a_{21}(x - x_0) + a_{22}(y - y_0). \end{cases} \tag{1.4.2}$$

人们常常用线性系统 (1.4.2) 的性质近似代替非线性系统 (1.4.1) 在平衡点 (x_0, y_0) 处的性质, 特别是根据 (1.4.2) 的系数矩阵

$$A = \begin{pmatrix} a_{11} & a_{12} \\ a_{21} & a_{22} \end{pmatrix} = \begin{pmatrix} P_x(x_0, y_0) & P_y(x_0, y_0) \\ Q_x(x_0, y_0) & Q_y(x_0, y_0) \end{pmatrix}$$

的特征值情况讨论非线性系统 (1.4.1) 在平衡点 (x_0, y_0) 的稳定性, 当矩阵 A 的两个特征值都有非零实部时, 其在平衡点 (x_0, y_0) 附近非线性系统与线性近似系统具有相同的稳定性. 即有下面结果 (廖晓昕, 1999).

结论 (1) 当矩阵 A 的两个特征值都有负实部时, 非线性系统 (1.4.1) 的平衡点 (x_0, y_0) 是渐近稳定的; (2) 矩阵 A 的两个特征值只要有一个有正实部, 则平衡点 (x_0, y_0) 不稳定.

例 1.19 讨论系统

$$\begin{cases} \dot{x} = x + 4y - xy, \\ \dot{y} = 2x - 3y - 2x^2 + y^2 \end{cases}$$

的零解的稳定性.

解 系统有零平衡点 (0,0), 容易计算出

$$a_{11} = P_x'(0,0) = 1, \quad a_{12} = P_y'(0,0) = 4,$$

$$a_{21} = Q_x'(0,0) = 2, \quad a_{22} = Q_y'(0,0) = -3,$$

在零平衡点 (0,0) 处的线性近似系统为

$$\begin{cases} \dot{x} = x + 4y, \\ \dot{y} = 2x - 3y. \end{cases}$$

计算系数矩阵

$$A = \begin{pmatrix} 1 & 4 \\ 2 & -3 \end{pmatrix}$$

的特征值, 解特征方程 $|A - \lambda I| = 0$, 得两个特征值分别为

$$\lambda_1 = -1 - 2\sqrt{3} < 0, \quad \lambda_2 = -1 + 2\sqrt{3} > 0,$$

因此, 线性近似系统的零平衡点 $(0,0)$ 不稳定, 原非线性系统的零平衡点 $(0,0)$ 也不稳定.

3. 常系数线性系统的平衡点及分类

二维常系数线性系统

$$\dot{X} = AX, \tag{1.4.3}$$

$$A = \begin{pmatrix} a_{11} & a_{12} \\ a_{21} & a_{22} \end{pmatrix}.$$

当 A 的行列式 $|A| \neq 0$ 时, (1.4.3) 有唯一的平衡点 $(0,0)$; 当 A 的行列式 $|A| = 0$ 时, (1.4.3) 有一条直线的平衡点或有全平面的平衡点.

对于 (1.4.3) 中矩阵 A, 由线性代数知道, 一定存在可逆矩阵 T 使得 A 相似变换为以下三种形式之一:

$$(1)\ \begin{pmatrix} \lambda & 0 \\ 0 & \mu \end{pmatrix}, \quad (2)\ \begin{pmatrix} \lambda & 0 \\ 1 & \lambda \end{pmatrix}, \quad (3)\ \begin{pmatrix} \alpha & -\beta \\ \beta & \alpha \end{pmatrix}.$$

也就是系统 (1.4.3) 可经过线性变换 $X = TY$ 化为

$$\dot{Y} = BY, \tag{1.4.4}$$

这里矩阵 B 为上面三种形式之一.

这里 (1.4.4) 的解在 $O\text{-}Y_1Y_2$ 平面上和 (1.4.3) 的解在 $O\text{-}X_1X_2$ 平面上的相图具有相同的拓扑结构.

下面给出孤立平衡点 $(0,0)$ 的分类, 主要根据 A 的特征值情况进行讨论.

1) A 有异号特征值

此时

$$B = \begin{pmatrix} \lambda & 0 \\ 0 & \mu \end{pmatrix}, \quad \lambda < 0 < \mu,$$

系统 (1.4.4) 的解为

$$\begin{cases} x(t) = c_1 e^{\lambda t}, \\ y(t) = c_2 e^{\mu t}. \end{cases}$$

对于任意常数 c_1, c_2, 有相平面上的轨线如图 1.2. 这时的平衡点 $(0,0)$ 称为**鞍点**.

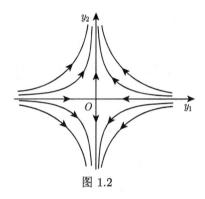

图 1.2

2) A 有负实部特征值

(1) A 有相异的负特征值.

此时

$$B = \begin{pmatrix} \lambda & 0 \\ 0 & \mu \end{pmatrix}, \quad \lambda < \mu < 0,$$

系统 (1.4.4) 的解为

$$\begin{cases} x(t) = c_1 e^{\lambda t}, \\ y(t) = c_2 e^{\mu t}. \end{cases}$$

对于任意常数 c_1, c_2, 有相平面上的轨线如图 1.3. 这时的平衡点 $(0, 0)$ 称为**结点**.

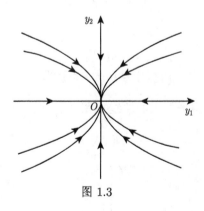

图 1.3

(2) A 有重负特征值.

此时

$$B = \begin{pmatrix} \lambda & 0 \\ 0 & \lambda \end{pmatrix}, \quad \lambda < 0,$$

系统 (1.4.4) 的解为

$$\begin{cases} x(t) = c_1 \mathrm{e}^{\lambda t}, \\ y(t) = c_2 \mathrm{e}^{\lambda t}. \end{cases}$$

对于任意常数 c_1, c_2, 有相平面上的轨线如图 1.4. 这时的平衡点 $(0, 0)$ 称为**临界结点**.

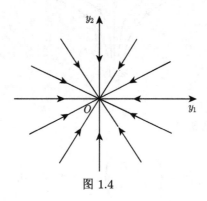

图 1.4

(3) A 有重负特征值, 矩阵不能对角化.

此时

$$B = \begin{pmatrix} \lambda & 0 \\ 1 & \lambda \end{pmatrix}, \quad \lambda < 0,$$

系统 (1.4.4) 的解为

$$\begin{cases} x(t) = c_1 \mathrm{e}^{\lambda t}, \\ y(t) = (c_1 t + c_2) \mathrm{e}^{\lambda t}. \end{cases}$$

对于任意常数 c_1, c_2, 有相平面上的轨线如图 1.5. 这时的平衡点 $(0, 0)$ 称为**非正常结点**.

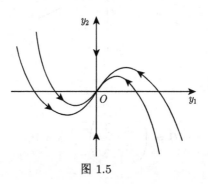

图 1.5

(4) A 有负实部的复特征值.

此时

$$B = \begin{pmatrix} \alpha & -\beta \\ \beta & \alpha \end{pmatrix}, \quad \alpha < 0,$$

系统 (1.4.4) 的解为

$$\begin{cases} x(t) = (c_1 \cos\beta t - c_2 \sin\beta t)\mathrm{e}^{\alpha t} = \mathrm{e}^{\alpha t} k \cos(\beta t + \phi), \\ y(t) = (c_1 \sin\beta t + c_2 \cos\beta t)\mathrm{e}^{\alpha t} = \mathrm{e}^{\alpha t} k \sin(\beta t + \phi). \end{cases}$$

对于任意常数 c_1, c_2, 有相平面上的轨线如图 1.6. 这时的平衡点 $(0, 0)$ 称为**焦点**.

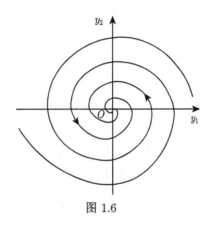

图 1.6

上述四种解曲线形状不同, 但都随自变量 t 增大而趋于原点, 所有这些奇点称为汇.

3) A 有正实部特征值

此时与上述具有负实部特征值四种情况对应, 轨线上箭头反向, 随自变量 t 增大而远离原点, 所有这些奇点称为源.

4) A 的特征值为纯虚数

此时

$$B = \begin{pmatrix} 0 & -\beta \\ \beta & 0 \end{pmatrix},$$

系统 (1.4.4) 的解为

$$\begin{cases} x(t) = c_1 \cos\beta t - c_2 \sin\beta t, \\ y(t) = c_1 \sin\beta t + c_2 \cos\beta t. \end{cases}$$

对于任意常数 c_1, c_2, 解有周期 $2\pi/\beta$, 解曲线为闭曲线, 有相平面上的轨线如图 1.7. 这时的平衡点 $(0,0)$ 称为**中心**.

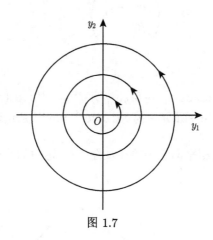

图 1.7

对于二维常系数线性系统

$$\dot{X} = AX,$$

$$A = \begin{pmatrix} a_{11} & a_{12} \\ a_{21} & a_{22} \end{pmatrix}.$$

记

$$p = -(a_{11} + a_{22}) = -\mathrm{tr}A, \quad q = a_{11}a_{22} - a_{12}a_{21} = |A|, \quad \Delta = p^2 - 4q,$$

则矩阵 A 的特征方程为

$$\lambda^2 + p\lambda + q = 0.$$

当 A 的行列式 $q = |A| \neq 0$ 时, (1.4.3) 的平衡点 $(0,0)$ 称为系统的**初等平衡点**; 当 A 的行列式 $|A| = 0$ 时, (1.4.3) 的平衡点 $(0,0)$ 称为系统的**高阶平衡点**.

对系统 (1.4.3) 的平衡点 $(0,0)$ 总结分类如下:

(1) 当 $q = |A| < 0$ 时, 平衡点 $(0,0)$ 是鞍点;

(2) 当 $q = |A| > 0, \Delta > 0$ 时, 平衡点 $(0,0)$ 是结点;

(3) 当 $q = |A| > 0, \Delta = 0$ 时, 平衡点 $(0,0)$ 是退化结点 (临界结点);

(4) 当 $q = |A| > 0, \Delta < 0$ 时, 平衡点 $(0,0)$ 是焦点;

(5) 当 $q = |A| > 0, p = 0$ 时, 平衡点 $(0,0)$ 是中心.

根据平面常系数线性系统平衡点的分类有平衡点 $(0,0)$ 的稳定性结果:

(1) 当 $p > 0, q > 0$ 即 $(a_{11} + a_{22}) < 0$ 时, 有矩阵 A 的特征值实部皆负, 此时 (1.4.3) 的平衡点 $(0,0)$ 是稳定的, 也是渐近稳定的 (此时称系统 (1.4.3) 的平衡点 $(0,0)$ 为汇);

(2) 当 $p < 0, q > 0$ 即 $(a_{11} + a_{22}) > 0$ 时, 有 A 的特征值实部至少有一为正, 此时系统的零平衡点 $(0,0)$ 不稳定 (此时称系统 (1.4.3) 的平衡点 $(0,0)$ 为源);

(3) 当 $p = 0, q > 0$, 即系统的零平衡点 $(0,0)$ 为中心时, 中心稳定但不渐近稳定;

(4) 当 $q < 0$, 即系统 (1.4.3) 的平衡点 $(0,0)$ 为鞍点时, 不稳定.

例 1.20 判断下面系统平衡点的类型, 并作出系统在平衡点附近的相图.

$$\begin{cases} \dot{x} = x + 3y, \\ \dot{y} = 2x - y. \end{cases}$$

解 系统有零平衡点 $(0,0)$, 系统矩阵

$$A = \begin{pmatrix} 1 & 3 \\ 2 & -1 \end{pmatrix},$$

则

$$p = -(1 - 1) = 0, \quad q = |A| = -7 < 0.$$

所以平衡点 $(0,0)$ 为鞍点. 要作出鞍点附近的轨线图, 需要确定过鞍点的分界线 $y = kx$, 由于

$$k = \left.\frac{\mathrm{d}y}{\mathrm{d}x}\right|_{y=kx} = \left.\frac{2x - y}{x + 3y}\right|_{y=kx} = \frac{2 - k}{1 + 3k},$$

所以

$$3k^2 + 2k - 2 = 0,$$

有

$$k_1 \approx 0.55, \quad k_1 \approx -1.2,$$

故两条分界线为

$$y = 0.55x, \quad y = -1.2x.$$

确定向量场的方向：在相平面上任取一点 $(1, 0)$, 在该点处向量 $\begin{pmatrix} \dot{x} \\ \dot{y} \end{pmatrix}_{(1,0)} =$

$\begin{pmatrix} 1 \\ 2 \end{pmatrix}$, 由此可画出箭头方向, 从而可画出零平衡点附近的相图如图 1.8.

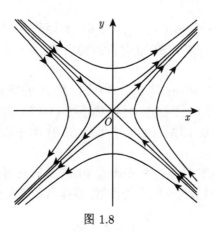

图 1.8

1.5　几个模型的定性分析

本节对 1.4 节开始提出的单种群模型、传染病模型、Volterra 模型和作战模型等作定性 (几何) 分析.

1. 单种群模型

若给出初始时刻 t_0 的种群数量为 p_0, 则可求解下面微分方程的初值问题:

$$
\begin{cases}
\dfrac{\mathrm{d}p(t)}{\mathrm{d}t} = -ap(t) - bp^2(t), \\
p(t_0) = p_0.
\end{cases}
$$

这个非线性方程可分离变量为

$$
\frac{\mathrm{d}p}{ap - bp^2} = \mathrm{d}t,
$$

两端积分

$$
\int_{p_0}^{p} \frac{\mathrm{d}p}{ap - bp^2} = \int_{t_0}^{t} \mathrm{d}t,
$$

上式左边

$$
\begin{aligned}
\int_{p_0}^{p} \frac{\mathrm{d}p}{ap - bp^2} &= \int_{p_0}^{p} \frac{\mathrm{d}p}{p(a - bp)} = \frac{1}{a} \int_{p_0}^{p} \left(\frac{1}{p} + \frac{b}{a - bp} \right) \mathrm{d}p \\
&= \frac{1}{a} \left(\int_{p_0}^{p} \frac{1}{p} \mathrm{d}p + \int_{p_0}^{p} \frac{b}{a - bp} \mathrm{d}p \right)
\end{aligned}
$$

$$= \frac{1}{a} \left(\ln \frac{p}{p_0} + \ln \left| \frac{a - bp_0}{a - bp} \right| \right)$$

$$= \frac{1}{a} \ln \left(\frac{p}{p_0} \left| \frac{a - bp_0}{a - bp} \right| \right),$$

上式右边为 $\int_{t_0}^{t} \mathrm{d}t = t - t_0$, 易知 $\dfrac{a - bp_0}{a - bp}$ 为正, 故有

$$\ln \left(\frac{p}{p_0} \frac{a - bp_0}{a - bp} \right) = a(t - t_0),$$

去对数整理后可得到

$$p(t) = \frac{ap_0 \mathrm{e}^{a(t-t_0)}}{a - bp_0 + bp_0 \mathrm{e}^{a(t-t_0)}}$$

或

$$p(t) = \frac{ap_0}{(a - bp_0)\mathrm{e}^{-a(t-t_0)} + bp_0}.$$

这就是该初值问题的解.

简单分析易知: (1) 当 $t \to \infty$ 时, $p(t) \to \dfrac{ap_0}{bp_0} = \dfrac{a}{b}$, 即无论初值如何, 最终种群规模趋于固定值 $\dfrac{a}{b}$, 这是环境容纳量. (2) 当 $0 < p_0 < \dfrac{a}{b}$ 时, $\dfrac{\mathrm{d}p}{\mathrm{d}t} > 0$, $p(t)$ 随 t 单调递增, 且当 $p(t) < \dfrac{a}{2b}$ 时, 因为

$$\frac{\mathrm{d}^2 p}{\mathrm{d}t^2} = a \frac{\mathrm{d}p}{\mathrm{d}t} - 2bp \frac{\mathrm{d}p}{\mathrm{d}t} = (a - 2bp)(a - bp) > 0,$$

所以 $\dfrac{\mathrm{d}p}{\mathrm{d}t}$ 随 t 单调递增, 反之, 当 $p(t) > \dfrac{a}{2b}$ 时 $\dfrac{\mathrm{d}p}{\mathrm{d}t}$ 随 t 单调递减, 因此 $p(t) = \dfrac{a}{2b}$ 对应种群增长曲线的拐点, 由开始的下凹快速增长变成上凸的缓慢增长 S 型曲线 (图 1.9). 也就是说当种群规模达到极限值的一半之前为一个加速增长期, 过了这个拐点增长速度开始减慢, 达到极限容纳量后开始减少最终趋于零.

注 生物数学家 G. F. Gause 用草履虫实验成功验证了该模型 (Lucas, 1998). 该模型可以对自然界很多具有密度制约的种群规模进行预测研究.

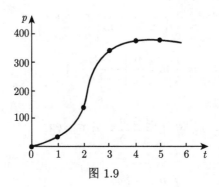

图 1.9

2. 传染病模型

对于下面用非线性微分方程组描述的传染病模型, 我们用定性 (几何) 分析法讨论.

$$\begin{cases} \dfrac{\mathrm{d}S(t)}{\mathrm{d}t} = -\alpha S(t)I(t), \\[2mm] \dfrac{\mathrm{d}I(t)}{\mathrm{d}t} = \alpha S(t)I(t) - \beta I(t). \end{cases}$$

首先, 由

$$\begin{cases} \alpha S(t)I(t) = 0, \\ \alpha S(t)I(t) - \beta I(t) = 0, \end{cases}$$

求得系统平衡点为 $I(t) = 0$ 上的所有点, 即 S 坐标轴上的所有点.

其次, 由模型有

$$\frac{\mathrm{d}I(t)}{\mathrm{d}S(t)} = -1 + \frac{\beta}{\alpha}\frac{1}{S(t)},$$

令 $t = 0$ 时, $S(0) = S_0, I(0) = I_0$, 则可解出

$$I(S) = S_0 + I_0 - S + \frac{\beta}{\alpha}\ln\frac{S}{S_0}.$$

当 $S > \dfrac{\beta}{\alpha}$ 时, 有 $\dfrac{\mathrm{d}I(t)}{\mathrm{d}S(t)} < 0$, $I(S)$ 单调减; 当 $S < \dfrac{\beta}{\alpha}$ 时, 有 $\dfrac{\mathrm{d}I(t)}{\mathrm{d}S(t)} > 0$, $I(S)$ 单调增. 因此有相图如图 1.10.

由此可知: 当易感染者人数不超过 $\dfrac{\beta}{\alpha}$ 时, 随着时间 $t \to +\infty$, 有 $I(t) \to 0$, 即染病者越来越少; 当易感染者人数超过 $\dfrac{\beta}{\alpha}$ 时, 染病者人数越来越多, 但当易感

者人数逐步减少到 $\dfrac{\beta}{\alpha}$ 时, 从该点开始染病者人数开始减少, 最终趋于零. 也就是说, 当我们发现一种传染病时, 及时做好隔离工作, 减少与染病者可能接触的易感者人群数量, 则最终会根除该传染病.

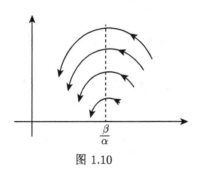

图 1.10

若考虑治愈率为 γ, 此时的传染病模型为

$$\begin{cases} \dfrac{\mathrm{d}S(t)}{\mathrm{d}t} = -\alpha S(t)I(t) + \gamma I(t), \\ \dfrac{\mathrm{d}I(t)}{\mathrm{d}t} = \alpha S(t)I(t) - (\gamma + \beta)I(t). \end{cases}$$

治愈率为 γ 时, 不考虑死亡时一染病者的平均传染周期为 $\dfrac{1}{\gamma}$, 若考虑死亡率 β, 则一染病者的平均传染周期为 $\dfrac{1}{\gamma + \beta}$, 这里 α 为传染系数, 表示所有易感者单位时间内与一个染病者接触而感染的人数, 那么 $\dfrac{\alpha}{\gamma + \beta}$ 表示一个染病者在患病周期内平均传染易感者的人数, 称为传染病的基本再生数, 记 $R_0 = \dfrac{\alpha}{\gamma + \beta}$.

3. 两物种变化模型

(1) 前面给出的两物种作用 Lotka-Volterra 模型:

$$\begin{cases} \dfrac{\mathrm{d}x(t)}{\mathrm{d}t} = (a_0 + a_1 x(t) + a_2 y(t))x(t), \\ \dfrac{\mathrm{d}y(t)}{\mathrm{d}t} = (b_0 + b_1 x(t) + b_2 y(t))y(t). \end{cases}$$

由

$$\begin{cases} x(a_0 + a_1 x + a_2 y) = 0, \\ y(b_0 + b_1 x + b_2 y) = 0, \end{cases}$$

可求得系统的四个平衡点

$$(0,0),\quad \left(0,-\frac{b_0}{b_2}\right),\quad \left(-\frac{a_0}{a_1},0\right),\quad \left(\frac{a_2b_0-a_0b_2}{a_1b_2-a_2b_1},\frac{a_0b_1-a_1b_0}{a_1b_2-a_2b_1}\right),$$

$$b_2\neq 0,\quad a_1\neq 0,\quad a_1b_2-a_2b_1\neq 0.$$

前三个平衡点都有 0, 说明都有至少一个物种灭绝, 我们不考虑, 下面讨论第四个非零平衡点

$$P(x^*,y^*)\quad \text{或}\quad P\left(\frac{a_2b_0-a_0b_2}{a_1b_2-a_2b_1},\frac{a_0b_1-a_1b_0}{a_1b_2-a_2b_1}\right),$$

这里

$$x^*=\frac{a_2b_0-a_0b_2}{a_1b_2-a_2b_1},\quad y^*=\frac{a_0b_1-a_1b_0}{a_1b_2-a_2b_1},$$

对应于实际意义, 该平衡点要存在, 必须为正平衡点, 需要系数满足条件:

(A) $(a_1b_2-a_2b_1)(a_2b_0-a_0b_2)>0$;　(B) $(a_1b_2-a_2b_1)(a_0b_1-a_1b_0)>0$.

对于正平衡点 $P(x^*,y^*)$, 如果 $(a_1b_2-a_2b_1)>0$, 且

$$a_1(a_2b_0-a_0b_2)+b_2(a_0b_1-a_1b_0)<0,$$

则平衡点 $P(x^*,y^*)$ 渐近稳定, 即此时系统的解 $(x(t),y(t))$ 会随着时间的推移稳定趋于该平衡点.

事实上, 作变换

$$u(t)=x(t)-x^*,\quad v(t)=y(t)-y^*,$$

可把系统线性化为

$$\begin{cases}\dfrac{\mathrm{d}u(t)}{\mathrm{d}t}=x^*a_1u(t)+x^*a_2v(t),\\[2mm]\dfrac{\mathrm{d}v(t)}{\mathrm{d}t}=y^*b_1u(t)+y^*b_2v(t).\end{cases}$$

利用 1.4 节常系数线性系统平衡点稳定性的结果, 可知该结论成立. 特别, 对于 $a_1<0,b_2<0$ 的密度制约系统, 正平衡点 $P(x^*,y^*)$ 一定渐近稳定. 进一步可以证明在此条件下系统不存在周期解.

(2) Volterra 模型.

对于食饵–捕食 (食用鱼–软骨鱼) 的 Volterra 模型

$$\begin{cases}\dot{x}=(a-by)x,\\ \dot{y}=(-c+hx)y.\end{cases}$$

易求得系统的两个平衡点 $(0,0)$, $\left(\dfrac{c}{h},\dfrac{a}{b}\right)$ (这里 a,b,c,h 为正常数).

当 $x(t)\equiv 0$ 时, 有 $y(t)\equiv y_0 e^{-ct}$, 说明无食物时捕食者随时间发展最终一定会灭绝; 当 $y(t)\equiv 0$ 时, 有 $x(t)\equiv x_0 e^{at}$, 说明无天敌猎物时捕食者随时间发展该食饵物种会无限繁殖. 上面这是系统的特殊解族, 特别地, x 轴和 y 轴也是系统的轨线.

下面讨论系统在第一象限内 $(x>0,y>0)$ 的解及其与平衡点 $\left(\dfrac{c}{h},\dfrac{a}{b}\right)$ 之间的关系. 系统中第二个方程除以第一个方程有

$$\frac{\mathrm{d}y}{\mathrm{d}x}=\frac{y(-c+hx)}{x(a-by)}$$

或

$$\frac{\mathrm{d}y}{\mathrm{d}x}=\frac{-c+hx}{x}\frac{y}{a-by},$$

分离变量

$$\frac{a-by}{y}\frac{\mathrm{d}y}{\mathrm{d}x}=\frac{-c+hx}{x},$$

积分得到

$$a\ln y-by+c\ln x-hx=k,$$

这里 k 为常数, 去掉对数可得系统在第一象限的解族曲线为

$$\frac{y^a}{e^{by}}\frac{x^c}{e^{hx}}=K,$$

这里 K 为任意常数. 可以证明该第一象限的解族曲线为封闭曲线 (Lucas, 1998), 如图 1.11.

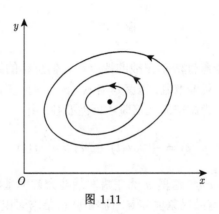

图 1.11

这说明在一定条件下, 系统在第一象限有周期解, 即围绕第一象限的非零平衡点 $\left(\dfrac{c}{h}, \dfrac{a}{b}\right)$ 构成多层循环周期解, 该非零平衡点是不稳定的.

4. 游击队与正规军作战模型

下面作战模型假设无增援也没有自然减员, 该模型

$$\begin{cases} \dot{x} = -axy, \\ \dot{y} = -bx \end{cases}$$

实际是齐次形式, 第二式除第一式得

$$\frac{\mathrm{d}y}{\mathrm{d}x} = \frac{b}{ay},$$

分离变量积分得解曲线为抛物线

$$x(t) = \frac{a}{2b}y^2(t) + M.$$

根据抛物线几何性质, 如图 1.12, 当 $M > 0$ 时, 正规军 y 获胜; 当 $M < 0$ 时, 游击队 x 获胜.

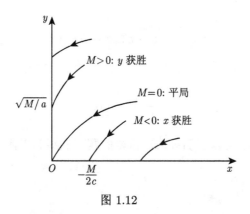

图 1.12

根据游击队具有隐蔽性流动作战的特点和人们总结的经验, 正规军数量必须远远大于游击队数量才可能取胜, 也就是当 $y_0 \gg x_0$ 时, 正规军才可取胜. 下面分析参战正规军数量大约为游击队几倍时才可能取胜. 由

$$y^2(t) = \frac{1}{a}(2bx(t) + M) > \frac{2b}{a}x(t),$$

其中常数 $M = 2bx_0 - ay_0^2$, 这里 a 为正规军战斗力效率系数, 通常与正规军士兵有效射速 v_y 和正规军有效射杀面积 s_{xy}(游击队员暴露面积) 的乘积成正比、与游

击队占领区面积 s_x 成反比, 即 $a = v_y \dfrac{s_{xy}}{s_x}$; b 为游击队战斗力效率系数, 通常用游击队士兵有效射速 v_x 和单个游击队员射击一次杀死一名对手的概率 p_x 的乘积表示, 即 $b = v_x p_x$.

如果正规军获胜, 需 $M < 0$, 根据 $M = 2bx_0 - ay_0^2$ 有

$$\left(\frac{y_0}{x_0}\right)^2 > \frac{2b}{a}\frac{1}{x_0} = 2\frac{v_x}{v_y}\frac{s_x p_x}{s_{xy}}\frac{1}{x_0},$$

设双方射速近似, 即 $\dfrac{v_x}{v_y} \approx 1$, 另假设游击队员射击一次射杀一名对手的概率为 $p_x \approx 0.1$, 一名游击队员隐蔽处身体易受攻击部分为 $s_{xy} \approx 0.2$ 平方米, 不妨设 $x_0 = 100$, 游击队占领区面积假设 $s_x = 10^4$ 平方米, 此时有

$$\left(\frac{y_0}{x_0}\right)^2 > 2\frac{10^4 \times 0.1}{0.2}\frac{1}{100} = 100,$$

即有

$$\frac{y_0}{x_0} > 10,$$

也就是说此种情况下双方战斗, 正规军参战人数必须是游击队数量的 10 倍以上才能够取胜.

注　人们做过第二次世界大战后 10 次正规军与游击队作战的统计分析图 (Lucas, 1998), 在图中给出的正规军与游击队的战斗中, 正规军数量是游击队的 8 倍以上时, 战争局势才有利于正规军, 这与模型分析结果近似.

习　题　1

1. 求方程 $\dfrac{d^4 x}{dt^4} + 2\dfrac{d^2 x}{dt^2} + x = 0$ 的通解.

2. 求解 Euler 方程 $t^2 \dfrac{d^2 x}{dt^2} + t\dfrac{dx}{dt} - x = 0$.

3. 求非齐次方程 $\dfrac{dx}{dt} - \dfrac{1}{t}x = -t$ 的通解.

4. 求非齐次方程 $\dfrac{d^2 x}{dt^2} - 2\dfrac{dx}{dt} - 3x = e^{-t}$ 的通解. (提示: 寻求形式为 ate^{-t} 的特解)

5. 求解初值问题:

$$X'(t) = \begin{pmatrix} 2 & 1 \\ -3 & 6 \end{pmatrix} X(t) + e^t \begin{pmatrix} 0 \\ 1 \end{pmatrix}, \quad X(0) = \begin{pmatrix} 0 \\ 1 \end{pmatrix}.$$

6. 求解下列齐次方程:

$$X'(t) = \begin{pmatrix} 1 & 0 & 0 \\ 0 & 1 & -1 \\ 0 & 1 & 1 \end{pmatrix} X(t).$$

7. 求解初值问题:

$$X'(t) = \begin{pmatrix} 2 & 1 & 3 \\ 0 & 2 & -1 \\ 0 & 1 & 2 \end{pmatrix} X(t), \quad X(0) = \begin{pmatrix} 1 \\ 2 \\ 1 \end{pmatrix}.$$

8. 求解非齐次方程的初值问题:

$$X'(t) = \begin{pmatrix} 2 & 0 & 1 \\ 0 & 2 & 0 \\ 0 & 1 & 3 \end{pmatrix} X(t) + e^{2t} \begin{pmatrix} 1 \\ 0 \\ 1 \end{pmatrix}, \quad X(0) = \begin{pmatrix} 1 \\ 1 \\ 1 \end{pmatrix}.$$

9. 求下列方程组的通解:

(1) $X'(t) = \begin{pmatrix} \cos t & 0 \\ e^{-\sin t} & 0 \end{pmatrix} X;$　　(2) $X'(t) = \begin{pmatrix} \dfrac{1}{t} & 0 \\ \dfrac{1}{t} & 0 \end{pmatrix} X + \begin{pmatrix} 0 \\ 1 \end{pmatrix}, \quad t > 0.$

10. 求下列初值问题的解:

(1) $X'(t) = \begin{pmatrix} 0 & -\dfrac{1}{t} \\ -\dfrac{1}{t} & 0 \end{pmatrix} X, \quad X(1) = \begin{pmatrix} 2 \\ 0 \end{pmatrix}, \quad t > 0;$

(2) $X'(t) = \begin{pmatrix} -\dfrac{2}{t} & 0 \\ 1 + \dfrac{2}{t} & 1 \end{pmatrix} X + \begin{pmatrix} 1 \\ -1 \end{pmatrix}, \quad X(1) = \begin{pmatrix} \dfrac{1}{3} \\ \dfrac{1}{3} \end{pmatrix}, \quad t > 0.$

11. 求下列齐次线性周期系统的特征乘数和特征指数:

$$X'(t) = \begin{pmatrix} \cos t & 0 \\ e^{-\sin t} & 0 \end{pmatrix} X.$$

12. **输液问题**　将葡萄糖以速率 $a(\mathrm{mg/min})$ 输入体内, 人体内血管液体体积为 V, 如果设 $G(t)$ 表示体内 t 时刻的浓度 (假设在体内递减速度与浓度成正比), 试求浓度 $G(t)$ 以及平衡态.

13. **污水处理问题**　通常把污染浓度为 c_1 的污水灌入装有浓度为 c 的活性污泥的交换箱, 通过活性污泥的细菌消化污染物, 按规定排出污染物的浓度不得超过安全标准 (如 $0.3c_1$), 设每分钟流入交换箱污水为 r_1, 每分钟流出交换箱污水为 r_2, 开始时交换箱有污水 V, 其中含 z_0 污染物, 试求排出水达到安全标准的时间.

14. **浓度稀释**　两只桶内各装有 100L 的盐水, 其盐浓度均为 0.5kg/L. 现在从另外地方用管子将纯净水以 2L/min 的速度输入到第一只桶内, 搅拌均匀后再由管子以同样的速度将混合液输送到第二只桶内, 在第二只桶内搅拌均匀后以 1L/min 的速度输出. 求任意时刻从第二只桶中流出的混合液中盐的浓度.

15. 求解**核废料处置问题**:

$$\begin{cases} \dfrac{\mathrm{d}v(t)}{\mathrm{d}t} + \dfrac{gh}{W}v(t) = \dfrac{g}{W}(W - kV), \\[2mm] v(0) = 0, \end{cases}$$

这里已知核废料桶的重量 $W = 239.46\mathrm{kg}$, 体积 $V = 0.208\mathrm{m}^3$, 海水比重 $k = 1.026$, 阻力系数为 $h = 0.119$, 重力加速度 $g = 0.98$, 若核废料桶与海底碰撞速度达到 $12.2\mathrm{m/s}$ 时破裂, 问沉到 $91.5\mathrm{m}$ 深的海底会否破裂?

16. 判断下面系统平衡点的类型, 并作出系统在平衡点附近的相图.

$$\begin{cases} \dot{x} = -x - y, \\ \dot{y} = 2x - y. \end{cases}$$

17. 求出系统

$$\begin{cases} \dot{x} = x + 3y - xy, \\ \dot{y} = 2x - y - 2x^2 + y^2 \end{cases}$$

的线性近似系统并判断平衡点的类型, 该平衡点是否稳定?

第 2 章　一阶偏微分方程模型与解法

本章首先介绍几个典型的一阶偏微分方程模型, 主要是人口年龄结构模型和几个年龄结构的传染病模型等, 其次介绍一阶线性偏微分方程的分类和求解方法.

2.1　一阶线性偏微分方程模型

本节介绍几个非常重要的一阶线性偏微分方程模型, 如带年龄结构的人口模型、传染病动力学的偏微分方程模型等.

1. 年龄结构的线性人口发展模型

在人口发展过程中, 只考虑时间因素, 有常微分方程表示的模型; 若考虑年龄对人口的影响, 则有人口发展的偏微分方程模型. 下面建立带年龄结构的由偏微分方程表示的人口模型.

考虑一个稳定社会中的人口发展过程, 设人口数量不仅和时间 t 有关, 还和年龄 a 有关. 人口数量很大, 假设年龄连续分布, 以函数 $p(a,t)$ 表示人口在任意固定时刻 t 按年龄 a 的分布密度, 则 $p(a,t)\mathrm{d}a$ 表示在时刻 t、年龄在区间 $[a, a+\mathrm{d}a]$ 中的人口数量, 因此在时刻 t 的人口总数为

$$N(t) = \int_0^{+\infty} p(a,t)\mathrm{d}a. \tag{2.1.1}$$

若不考虑死亡, 在时间段 $[t, t+\mathrm{d}t]$ 内, 对任何人来说, 则 $\mathrm{d}t = \mathrm{d}a$, 即时间的增量等于年龄的增量, 此时在时刻 $t+\mathrm{d}t$, 年龄在 $[a, a+\mathrm{d}a]$ 中的人数 $p(a, t+\mathrm{d}t)\mathrm{d}a$ 应等于在时刻 t、年龄在区间 $[a-\mathrm{d}t, a+\mathrm{d}a-\mathrm{d}t]$ 中的人口数量 $p(a-\mathrm{d}t, t)\mathrm{d}a$, 即

$$p(a, t+\mathrm{d}t)\mathrm{d}a = p(a-\mathrm{d}t, t)\mathrm{d}a$$

或

$$p(a, t+\mathrm{d}t) = p(a-\mathrm{d}t, t),$$

因此, $p(a,t)$ 应满足

$$\frac{\partial p(a,t)}{\partial t} + \frac{\partial p(a,t)}{\partial a} = 0.$$

实际上必须考虑死亡影响, 设 $\mu(a - da)$ 是单位时间内年龄在 $[a - dt, a]$ 内的人口死亡的概率, 则在时间段 $[t, t + dt]$ 内、年龄在 $[a - dt, a]$ 内的人口成长为年龄区间 $[a, a + da]$ 内的人口, 这段时间内的死亡人数为

$$\mu(a - da)dt\, p(a - dt, t)da,$$

于是, 有

$$p(a - dt, t)da - p(a, t + dt)da = \mu(a - da)dt\, p(a - dt, t)da$$

或

$$p(a - dt, t) - p(a, t + dt) = \mu(a - da)dt\, p(a - dt, t),$$

将等式两端分别用 Taylor 公式展开并仅保留一次项得到

$$[p(a, t) - p_a(a, t)da] - [p(a, t) - p_t(a, t)dt] = [\mu(a) - \mu'(a)da]dt[p(a, t) - p_a(a, t)da].$$

注意到 $dt = da$, 略去包含 $(dt)^2$ 的项, 再约去两端的因子 dt 得方程

$$p_t(a, t) + p_a(a, t) = -\mu(a)p(a, t)$$

或

$$\frac{\partial p(a, t)}{\partial t} + \frac{\partial p(a, t)}{\partial a} = -\mu(a)p(a, t). \tag{2.1.2}$$

这就是描述人口发展的一阶双曲型偏微分方程.

方程 (2.1.2) 对应的初始条件为

$$p(a, 0) = p_0(a), \tag{2.1.3}$$

这里 $p_0(a)$ 表示初始人口分布密度.

要求边界条件 $p(0, t)$ 的表达式, 就需考虑出生 (在推导方程时只考虑了死亡), 新出生的婴儿数可作为年龄 $a = 0$ 时的边界条件. 假设社会男女比例基本平衡, 生育率为 $\beta(a)$, 则在时间段 $[t, t+dt]$ 中出生的婴儿总数为 $\left(\int_0^{+\infty} \beta(\xi)p(\xi, t)d\xi\right) dt$, 另外, 在时间段 $[t,\ t\ +\ dt]$ 中出生的婴儿总数应等于在年龄区间 $[0, dt]$ 中的人数 $p(0, t)dt$, 即

$$p(0, t)dt = \left(\int_0^{+\infty} \beta(\xi)p(\xi, t)d\xi\right) dt.$$

因此得到边界条件为

$$p(0,t) = \int_0^{+\infty} \beta(\xi)p(\xi,t)\mathrm{d}\xi. \tag{2.1.4}$$

(2.1.2)—(2.1.4) 构成人口发展的偏微分方程模型, 表示为

$$\begin{cases} \dfrac{\partial p(a,t)}{\partial t} + \dfrac{\partial p(a,t)}{\partial a} = -\mu(a)p(a,t), & a > 0, t > 0, \\ p(a,0) = p_0(a), & a \geqslant 0, \\ p(0,t) = \displaystyle\int_0^{+\infty} \beta(\xi)p(\xi,t)\mathrm{d}\xi, & t \geqslant 0. \end{cases} \tag{2.1.5}$$

(2.1.5) 的边界条件中含有未知函数的积分, 这是一个非局部边界条件, 实际上是一个算子形式的边界条件, 因此这是一个特殊的定解问题.

2. 年龄结构的 SIS 传染病模型

用数学方法研究传染病, 对传染病的发病机理、动态过程和发展趋势进行研究, 已成为一个活跃的研究领域. 很多传染病的传播都与年龄有关, 因此, 建立年龄结构的传染病模型有重要意义.

为建立传染病的偏微分方程模型, 我们将人口种群分为两类, 第一类为正常且易受感染者; 第二类为染病者. 第一类人因感染而变为第二类人, 而第二类人因治愈变回第一类人. 另外, 这两类人都存在自然死亡.

设 $s(t,x)$ 表示第一类人在时刻 t 按年龄 x 的分布密度函数, $i(t,x)$ 表示第二类人在时刻 t 按年龄 x 的分布密度函数, 于是在时刻 t, 年龄在区间 $[x, x+\mathrm{d}x]$ 中的第一类人数为 $s(t,x)\mathrm{d}x$, 年龄在区间 $[x, x+\mathrm{d}x]$ 中的第二类人数为 $i(t,x)\mathrm{d}x$.

在时刻 $t+\mathrm{d}t$、年龄在区间 $[x, x+\mathrm{d}x]$ 中的第一类人数为 $s(t+\mathrm{d}t,x)\mathrm{d}x$, 这些人数对应在时刻 t、年龄在 $[x-\mathrm{d}t, x+\mathrm{d}x-\mathrm{d}t]$ 的人数 $s(t, x-\mathrm{d}t)\mathrm{d}x$ 去掉在时间区间 $[t, t+\mathrm{d}t]$ 中年龄在 $[x-\mathrm{d}t, x+\mathrm{d}x-\mathrm{d}t]$ 中的自然死亡人数 $\mu(x-\mathrm{d}t)s(t, x-\mathrm{d}t)\mathrm{d}x\mathrm{d}t$ 和该时段被传染发病人数 $\lambda(t, x-\mathrm{d}t)s(t, x-\mathrm{d}t)\mathrm{d}x\mathrm{d}t$, 还要加上第二类病人康复后重新成为第一类人的人数 $\gamma(x-\mathrm{d}t)i(t, x-\mathrm{d}t)\mathrm{d}x\mathrm{d}t$. 这里 μ 为相对死亡率 (死亡人数与时刻 t 的人数 $s(t, x-\mathrm{d}t)\mathrm{d}x$ 和时间段长 $\mathrm{d}t$ 成正比的比率), 它主要与年龄有关; λ 为时刻 t 的传染率 (被传染发病人数与时刻 t 的人数 $s(t, x-\mathrm{d}t)\mathrm{d}x$ 和时间段长 $\mathrm{d}t$ 成正比的比率), 它不但与年龄有关而且与时间也有关, 设 $\lambda(t,x) = \rho(x)i(t,x)$; γ 为康复率 (指康复人数与时刻 t、年龄在 $[x-\mathrm{d}t, x+\mathrm{d}x-\mathrm{d}t]$ 中的病人数 $i(t, x-\mathrm{d}t)\mathrm{d}x$ 和时间段长 $\mathrm{d}t$ 成正比的比率). 即有

$$s(t + \mathrm{d}t, x)\mathrm{d}x = s(t, x - \mathrm{d}t)\mathrm{d}x - \mu(x - \mathrm{d}t)s(t, x - \mathrm{d}t)\mathrm{d}x\mathrm{d}t$$
$$- \lambda(t, x - \mathrm{d}t)s(t, x - \mathrm{d}t)\mathrm{d}x\mathrm{d}t + \gamma(x - \mathrm{d}t)i(t, x - \mathrm{d}t)\mathrm{d}x\mathrm{d}t$$

或

$$s(t + \mathrm{d}t, x)\mathrm{d}x - s(t, x - \mathrm{d}t)\mathrm{d}x = -\mu(x - \mathrm{d}t)s(t, x - \mathrm{d}t)\mathrm{d}x\mathrm{d}t$$
$$- \lambda(t, x - \mathrm{d}t)s(t, x - \mathrm{d}t)\mathrm{d}x\mathrm{d}t$$
$$+ \gamma(x - \mathrm{d}t)i(t, x - \mathrm{d}t)\mathrm{d}x\mathrm{d}t.$$

类似于人口方程的推导得

$$\frac{\partial s(t, x)}{\partial t} + \frac{\partial s(t, x)}{\partial x} = -(\mu(x) + \lambda(t, x))s(t, x) + \gamma(x)i(t, x). \tag{2.1.6}$$

同样, 在时刻 $t + \mathrm{d}t$、年龄在区间 $[x, x + \mathrm{d}x]$ 中的第二类人数为 $i(t + \mathrm{d}t, x)\mathrm{d}x$, 这些人数对应在时刻 t、年龄在 $[x - \mathrm{d}t, x + \mathrm{d}x - \mathrm{d}t]$ 的人数 $i(t, x - \mathrm{d}t)\mathrm{d}x$ 去掉在时间区间 $[t, t + \mathrm{d}t]$ 中年龄在 $[x - \mathrm{d}t, x + \mathrm{d}x - \mathrm{d}t]$ 中的自然死亡人数 $\mu(x - \mathrm{d}t)i(t, x - \mathrm{d}t)\mathrm{d}x\mathrm{d}t$ 和康复后重新成为第一类人的人数 $\gamma(x - \mathrm{d}t)i(t, x - \mathrm{d}t)\mathrm{d}x\mathrm{d}t$, 还要加上该时段第一类人被传染为病人的人数 $\lambda(t, x - \mathrm{d}t)s(t, x - \mathrm{d}t)\mathrm{d}x\mathrm{d}t$. 即

$$i(t + \mathrm{d}t, x)\mathrm{d}x = i(t, x - \mathrm{d}t)\mathrm{d}x - \mu(x - \mathrm{d}t)i(t, x - \mathrm{d}t)\mathrm{d}x\mathrm{d}t$$
$$- \gamma(x - \mathrm{d}t)i(t, x - \mathrm{d}t)\mathrm{d}x\mathrm{d}t + \lambda(t, x - \mathrm{d}t)s(t, x - \mathrm{d}t)\mathrm{d}x\mathrm{d}t.$$

因此有

$$\frac{\partial i(t, x)}{\partial t} + \frac{\partial i(t, x)}{\partial x} = \lambda(t, x)s(t, x) - (\mu(x) + \gamma(x))i(t, x). \tag{2.1.7}$$

下面给出初始条件和边界条件.

初始条件:
$$s(0, x) = \varphi(x), \quad i(0, x) = \psi(x). \tag{2.1.8}$$

边界条件: 类似于人口方程中的边界条件, 考虑垂直传染因素则有

$$s(t, 0) = \int_0^{+\infty} \beta(x)[s(t, x) + (1 - k)i(t, x)]\mathrm{d}x,$$
$$\tag{2.1.9}$$
$$i(t, 0) = \int_0^{+\infty} k\beta(x)i(t, x)\mathrm{d}x.$$

所以, 方程 (2.1.6)—(2.1.9) 构成 SIS 型的具有垂直传染的传染病模型

$$\begin{cases} \dfrac{\partial s(t,x)}{\partial t} + \dfrac{\partial s(t,x)}{\partial x} = -(\mu(x)+\lambda(t,x))s(t,x) + \gamma(x)i(t,x), \\[2mm] \dfrac{\partial i(t,x)}{\partial t} + \dfrac{\partial i(t,x)}{\partial x} = \lambda(t,x)s(t,x) - (\mu(x)+\gamma(x))i(t,x), \\[2mm] s(0,x) = \varphi(x), \quad i(0,x) = \psi(x), \\[2mm] s(t,0) = \displaystyle\int_0^{+\infty} \beta(x)[s(t,x)+(1-k)i(t,x)]\mathrm{d}x, \\[2mm] i(t,0) = \displaystyle\int_0^{+\infty} k\beta(x)i(t,x)\mathrm{d}x. \end{cases} \tag{2.1.10}$$

3. 具有接种免疫的 SIRS 传染病模型

对传染病控制的一个重要手段是接种疫苗进行免疫. 假设各年龄组的易感者人群均按一定的比例接种, 我们将总人群分为三类: 正常易感者、染病者和免疫者, 分别用 $s(t,x)$, $i(t,x)$ 和 $r(t,x)$ 表示这三类人群的年龄密度分布函数. 假设总人群的年龄密度分布达到稳定状态, 即

$$s(t,x) + i(t,x) + r(t,x) = P(x). \tag{2.1.11}$$

当各年龄组的易感者是按相同的比例进行接种获得免疫力时, 设 k 是接种率、ε 是免疫力的丧失率, 其他参数同前, 类似 (2.1.8) 的推导可得

$$\begin{cases} \dfrac{\partial s(t,x)}{\partial t} + \dfrac{\partial s(t,x)}{\partial x} = -(\mu(x)+\lambda(t)+k)s(t,x) + \gamma(x)i(t,x) + \varepsilon r(t,x), \\[2mm] \dfrac{\partial i(t,x)}{\partial t} + \dfrac{\partial i(t,x)}{\partial x} = \lambda(t)s(t,x) - (\mu(x)+\gamma(x))i(t,x), \\[2mm] \dfrac{\partial r(t,x)}{\partial t} + \dfrac{\partial r(t,x)}{\partial x} = ks(t,x) - (\mu(x)+\varepsilon)r(t,x), \\[2mm] s(0,x) = \varphi(x), \quad i(0,x) = \psi(x), \quad r(0,x) = \omega(x), \\[2mm] s(t,0) = \displaystyle\int_0^M \beta(x)p(x)\mathrm{d}x, \quad \lambda(t) = \lambda\int_0^M i(t,x)\mathrm{d}x, \\[2mm] i(t,0) = 0, \quad r(t,0) = 0. \end{cases}$$

$$\tag{2.1.12}$$

4. 带潜伏期的 SEIR 传染病模型

有些传染病病毒具有潜伏期, 人传染上该病毒后, 并不是马上发病, 要经过一段时间才发病成为病人, 如麻疹等具有一个潜伏周期, 即从病原体侵入机体到出

现临床症状为止的时期. 建立带潜伏期的传染病模型时, 我们把一个封闭的社会总人群分为四类: 易感类、潜伏类、染病类和康复类. 分别用 $s(t,x), e(t,x), i(t,x)$ 和 $r(t,x)$ 表示这四类人群的年龄密度分布函数. 假设总人群的年龄密度分布达到稳定状态, 即

$$s(t,x) + e(t,x) + i(t,x) + r(t,x) = P(x).$$

设 $\beta(x,b)$ 为年龄依赖的疾病传播系数, 即单位时间内年龄为 x 的易感个体遇到年龄为 b 的染病个体而变为潜伏个体的概率, 定义传染率函数为

$$\lambda(t,x) = \int_0^M \beta(x,\xi)i(t,\xi)\mathrm{d}\xi,$$

设 α^{-1}, γ^{-1} 分别表示平均潜伏周期和平均感染周期, $b(t,x), n(t,x)$ 分别表示年龄依赖的出生率和染病者的出生率, $\mu(t,x)$ 表示 t 时刻年龄为 x 的人群的死亡率, 其他参数同前, 则有 SEIR 传染病模型 (王定江, 2007):

$$\begin{cases}
\dfrac{\partial s(t,x)}{\partial t} + \dfrac{\partial s(t,x)}{\partial x} = -(\mu(t,x) + \lambda(t,x))s(t,x), \\[2mm]
\dfrac{\partial e(t,x)}{\partial t} + \dfrac{\partial e(t,x)}{\partial x} = -\lambda(t,x)s(t,x) - (\mu(t,x) + \alpha)e(t,x), \\[2mm]
\dfrac{\partial i(t,x)}{\partial t} + \dfrac{\partial i(t,x)}{\partial x} = \alpha e(t,x) - (\mu(t,x) + \gamma)i(t,x), \\[2mm]
\dfrac{\partial r(t,x)}{\partial t} + \dfrac{\partial r(t,x)}{\partial x} = \gamma i(t,x) - \mu(t,x)r(t,x), \\[2mm]
s(0,x) = \varphi(x), e(0,x) = \psi(x), i(0,x) = \omega(x), r(0,x) = \zeta(x), \\[2mm]
s(t,0) = \int_0^M [b(t,x)(P(x) - i(t,x)) + n(t,x)i(t,x)]\mathrm{d}x, \\[2mm]
e(t,0) = 0, \\[2mm]
i(t,0) = 0, r(t,0) = 0.
\end{cases} \qquad (2.1.13)$$

利用特征线法和迭代法可证明模型的解的存在唯一性 (王定江, 2007).

5. 与病程有关的传染病模型

有些传染病病程较长, 考虑年龄和病程因素, 假设病人病愈后为终身免疫的 (如麻疹), 可以建立与病程有关的年龄结构传染病模型. 我们将总人群分为三类: 易感类、染病类和康复免疫类. 分别用 $s(t,x)$ 和 $r(t,x)$ 表示易感类和康复类人群 t 时刻的年龄密度分布函数, $i(t,x,y)$ 表示 t 时刻 x 年龄病程为 y 的病人的密度分布函数, 用 $\mu(t,x)$ 表示 t 时刻年龄为 x 的人群的自然死亡率, $\overline{\alpha}$ 为发病率,

$\overline{\mu}(t,x,y)$ 为病程为 y 的病人的死亡率, $\beta(x,y)$ 为病程为 y 的病人的治愈率, 则类似前述可得终身免疫的与病程有关的传染病模型 (王定江, 2007):

$$
\begin{cases}
\dfrac{\partial s(t,x)}{\partial t} + \dfrac{\partial s(t,x)}{\partial x} = -(\mu(t,x) + \overline{\alpha})s(t,x), \\[2mm]
\dfrac{\partial i(t,x,y)}{\partial t} + \dfrac{\partial i(t,x,y)}{\partial x} + \dfrac{\partial i(t,x,y)}{\partial y} = -(\mu(t,x) + \overline{\mu}(t,x,y) + \beta(x,y))i(t,x,y), \\[2mm]
\dfrac{\partial r(t,x)}{\partial t} + \dfrac{\partial r(t,x)}{\partial x} = -\mu(x)r(t,x) + \displaystyle\int_0^m \beta(x,y)i(t,x,y)\mathrm{d}y, \\[2mm]
s(0,x) = \varphi(x), \quad i(0,x,y) = \psi(x,y), \quad r(0,x) = \omega(x), \\[2mm]
s(t,0) = \displaystyle\int_0^M b(x)\left[s(t,x) + \int_0^m i(t,x,y)\mathrm{d}y + r(t,x)\right]\mathrm{d}x, \\[2mm]
\overline{\alpha} = \alpha(x)I(t) = \alpha(x)\displaystyle\int_0^M \int_0^m i(t,x,y)\mathrm{d}x\mathrm{d}y, \\[2mm]
I(t) = \displaystyle\int_0^M \int_0^m i(t,x,y)\mathrm{d}x\mathrm{d}y, \\[2mm]
i(t,0,y) = 0, \quad r(t,0) = 0,
\end{cases}
$$

$$(2.1.14)$$

这里 m, M 分别是病人的最长病程和人类的最长寿命. (2.1.14) 的解的性质讨论见文献 (王定江, 2007).

6. 一般迁移方程模型

我们在解决工程技术等实际问题的过程中, 经常遇到在空间不断传递和迁移的量, 即迁移量. 设 $u(t,X)$ 表示 t 时刻点 X 的迁移量密度 (即单位时间单位体积的迁移量), $X \in \mathbf{R}^3$, 设 $\Omega \subset \mathbf{R}^3$ 为空间一有界区域, $\partial\Omega$ 为其边界, 则 t 时刻在区域 Ω 中的总迁移量为 $\displaystyle\int_\Omega u(t,X)\mathrm{d}X$. 垂直穿过曲面的被迁移量为穿过曲面的迁移通量, 设 t 时刻点 X 的迁移通量密度 (即单位时间穿过单位面积曲面的迁移量) 为 $\boldsymbol{f}(t,X)$, 由于迁移量按一定方向穿过曲面, 因此, $\boldsymbol{f}(t,X)$ 为一个向量场, 它的方向为迁移量移动的方向. 设 $\boldsymbol{n}$ 为曲面 $\partial\Omega$ 的单位外法向量, $\mathrm{d}s$ 为曲面的面积微元, 则 t 时刻流出区域 Ω 的被迁移量为 $\displaystyle\oint_{\partial\Omega} \boldsymbol{f}(t,X)\boldsymbol{n}\mathrm{d}s$. 若在物体内部另有迁移量的生成源, 其 $g(t,X)$ 为被迁移量的源密度, 则 t 时刻在区域 Ω 中生成的被迁移量为 $\displaystyle\int_\Omega g(t,X)\mathrm{d}X$. 由迁移量的守恒定律, 有等式

$$\frac{\mathrm{d}}{\mathrm{d}t}\int_\Omega u(t,X)\mathrm{d}X = \int_\Omega g(t,X)\mathrm{d}X - \oint_{\partial\Omega} f(t,X)\boldsymbol{n}\mathrm{d}s. \qquad (2.1.15)$$

设 $\boldsymbol{f}(t, X)$ 为连续可微的向量场, 由奥–高公式有

$$\oint_{\partial \Omega} \boldsymbol{f}(t, X) \boldsymbol{n} \mathrm{d}s = \int_{\Omega} \nabla \boldsymbol{f}(t, X) \mathrm{d}X,$$

这里 $\nabla = \left(\dfrac{\partial}{\partial x}, \dfrac{\partial}{\partial y}, \dfrac{\partial}{\partial z} \right)$ 为 Hamilton 算子. 由积分区域 Ω 的任意性, 则由 (2.1.15) 可得

$$\frac{\partial u(t, X)}{\partial t} + \nabla \cdot \boldsymbol{f}(t, X) = g(t, X), \tag{2.1.16}$$

或若向量场 $\boldsymbol{f} = (f_1, f_2, f_3)^{\mathrm{T}}$, 则有

$$\frac{\partial u(t, X)}{\partial t} + \frac{\partial f_1(t, X)}{\partial x} + \frac{\partial f_2(t, X)}{\partial y} + \frac{\partial f_3(t, X)}{\partial z} = g(t, X). \tag{2.1.17}$$

(2.1.15), (2.1.16) 或 (2.1.17) 称为一般迁移方程. 该方程可用前述特征线法求解.

特别, 如果被迁移量为某种流体 (或运输物体) 的质量, 流体密度为 $u(t, X)$, 用 $v(t, X)$ 表示 t 时刻点 X 处流体流速, 则流体质量的通量密度为 uv, 假设没有流体的生成源, 则流体质量的迁移方程为

$$\frac{\mathrm{d}}{\mathrm{d}t} \int_{\Omega} u(t, X) \mathrm{d}X + \oint_{\partial \Omega} uv \cdot \boldsymbol{n} \mathrm{d}s = 0$$

或

$$\frac{\partial u(t, X)}{\partial t} + \nabla(u(t, X) \cdot v(t, X)) = 0, \tag{2.1.18}$$

(2.1.18) 为流体流动的偏微分方程. 特别地, 若流体速度为常向量, 即 $v = b = (b_1, b_2, b_3)$, 则有一阶线性传输方程

$$u_t(t, X) + b \cdot \nabla u(t, X) = 0 \tag{2.1.19}$$

或

$$\frac{\partial u(t, X)}{\partial t} + b_1 \frac{\partial u(t, X)}{\partial x} + b_2 \frac{\partial u(t, X)}{\partial y} + b_3 \frac{\partial u(t, X)}{\partial z} = 0. \tag{2.1.20}$$

一般地, 对于 $X \in \mathbf{R}^n$, 有 n 维传输方程

$$u_t(t, X) + b \cdot \nabla u(t, X) = 0, \quad X \in \mathbf{R}^n, \quad t \in (0, +\infty), \tag{2.1.21}$$

这里 $X = (x_1, x_2, \cdots, x_n), b = (b_1, b_2, \cdots, b_n), \nabla u = \left(\dfrac{\partial u}{\partial x_1}, \dfrac{\partial u}{\partial x_2}, \cdots, \dfrac{\partial u}{\partial x_n} \right)^{\mathrm{T}}$.

特别需要指出的是, 前述的年龄结构人口方程, 也可利用迁移方程导出 (留作习题). 假定社会稳定, 以人口数为迁移量, $p(a,t)$ 为人口分布密度, 死亡率为 $\mu(a)$, 则人口迁移 (死亡消失) 源密度为 $-\mu(a)p(a,t)$, 利用迁移方程可得到人口分布密度 $p(a,t)$ 所满足的偏微分方程. 注意, 这里人口迁移源密度中不考虑人口出生, 是因为出生婴儿为零岁, 其总数为 $p(0,t)$, 这是边界条件.

2.2　一阶线性偏微分方程的特征线法

1. 偏微分方程定解问题

偏微分方程是一个包含多元未知函数和未知函数的偏导数的等式, 方程中所包含的未知函数偏导数的最高阶数为该方程的**阶**, 若干个偏微分方程构成的方程组是一个**偏微分方程组**. 关于 n 元未知函数 $u(x_1, x_2, \cdots, x_n)$ 的 m 阶偏微分方程的一般形式为

$$F\left(x_1, x_2, \cdots, x_n, u, \frac{\partial u}{\partial x_1}, \frac{\partial u}{\partial x_2}, \cdots, \frac{\partial u}{\partial x_n}, \frac{\partial^2 u}{\partial x_1^2}, \frac{\partial^2 u}{\partial x_1 \partial x_2}, \cdots, \frac{\partial^m u}{\partial x_n^m}\right) = 0. \quad (2.2.1)$$

线性偏微分方程 (组) 是指它关于未知函数和未知函数的各阶偏导数都是线性的, 或者说它线性地包含未知函数和未知函数的各阶偏导数. **拟线性偏微分方程** (组) 是指它只关于所出现的未知函数的最高阶偏导数是线性的, 其中把出现的最高阶偏导数部分称为该方程的主部. 一般把既不是线性又不是拟线性的偏微分方程称为**非线性偏微分方程** (组).

关于未知函数 $u(x_1, x_2, \cdots, x_n)$ 的一阶**线性**偏微分方程的一般形式为

$$\sum_{i=1}^{n} a_i(x_1, x_2, \cdots, x_n)\frac{\partial u}{\partial x_i} + b(x_1, x_2, \cdots, x_n)u(x_1, x_2, \cdots, x_n) = f(x_1, x_2, \cdots, x_n).$$
$$(2.2.2)$$

关于未知函数 $u(x_1, x_2, \cdots, x_n)$ 的一阶**拟线性**偏微分方程的一般形式为

$$\sum_{i=1}^{n} a_i(x_1, x_2, \cdots, x_n, u)\frac{\partial u}{\partial x_i} = f(x_1, x_2, \cdots, x_n, u). \quad (2.2.3)$$

关于未知函数 $u(x_1, x_2, \cdots, x_n)$ 的一阶**非线性**偏微分方程的一般形式为

$$F\left(x_1, x_2, \cdots, x_n, u, \frac{\partial u}{\partial x_1}, \frac{\partial u}{\partial x_2}, \cdots, \frac{\partial u}{\partial x_n}\right) = 0. \quad (2.2.4)$$

在 (2.2.2) 中, 若右端函数 $f(x_1, x_2, \cdots, x_n) = 0$, 则称它为一阶**齐次线性偏微分方程**; 而当 $f(x_1, x_2, \cdots, x_n) \neq 0$ 时, 称 (2.2.2) 是一阶**非齐次线性偏微分方程**.

对于一个确定的运动过程, 仅有描述该过程的表征量所满足的微分方程是远远不够的, 因为该过程的初始状态和边界上的情况也决定着物体的运动规律, 因此还要附加一定的初始条件和一定的边界条件. **初始条件**指描述某过程的表征量在初始状态的条件. **边界条件**指描述某过程的表征量在系统的边界上所满足的条件. 通常把初始条件和边界条件称为**定解条件**. 把一个偏微分方程和对应的定解条件合在一起构成**定解**问题.

常见的定解问题有三种:

(1) **初值问题** (**Cauchy** 问题)　指由基本方程和初始条件构成的定解问题.

一般地, 一个发展方程如果关于时间变量的最高阶导数阶数为 n, 则对应的初值问题需给出关于时间变量 t 的直到 $n-1$ 阶导数的所有初始时刻的值.

(2) **边值问题**　指由基本方程和边界条件构成的定解问题.

边界条件有三类.

第一类边界条件: 是直接给出未知函数在边界上的值;

第二类边界条件: 是给出未知函数 u 沿边界 $\partial\Omega$ 的外法向 n 的方向导数;

第三类边界条件: 是给出未知函数及其沿边界的外法向方向导数的线性组合在边界上的值.

(3) **混合问题**　指由基本方程、初始条件和边界条件构成的定解问题.

实际中, 很多物体的运动不仅依赖于初始条件, 而且还受边界条件的影响, 从而构成微分方程的混合问题.

微分方程的定解问题提出后, 我们首先要问该定解问题的解是否存在? 这即为解的存在性问题; 其次, 我们接着又问当解存在时解是否唯一? 这即为解的唯一性问题; 再次, 我们还要考虑解的稳定性 (即解连续依赖于定解条件) 问题. 通常把解的存在性、唯一性和稳定性称为定解问题的**适定性**.

研究偏微分方程解的存在性, 同代数方程求解一样, 同样涉及求解范围. 一个具有各阶连续偏导数的连续函数满足一偏微分方程, 则称该函数为方程的**古典** (classical) **解**; 若该函数又无穷次可微, 则称为**光滑** (smooth) **解**; 若该函数又可展开成幂级数, 则称为**解析** (analytical) **解**. 比古典解更弱的解称为**弱解**.

2. 特征线求解法

下面先介绍一阶齐次线性偏微分方程的求解方法——**特征线法**.

1) 一阶齐次线性偏微分方程

$$\sum_{i=1}^{n} a_i(x_1, x_2, \cdots, x_n)\frac{\partial u}{\partial x_i} = 0 \tag{2.2.5}$$

对应的非线性常微分方程组

$$\begin{cases} \dfrac{\mathrm{d}x_1}{\mathrm{d}s} = a_1(x_1, x_2, \cdots, x_n), \\[2mm] \dfrac{\mathrm{d}x_2}{\mathrm{d}s} = a_2(x_1, x_2, \cdots, x_n), \\ \qquad\qquad \cdots\cdots \\ \dfrac{\mathrm{d}x_n}{\mathrm{d}s} = a_n(x_1, x_2, \cdots, x_n) \end{cases} \tag{2.2.6}$$

或表示为对称形式

$$\frac{\mathrm{d}x_1}{a_1} = \frac{\mathrm{d}x_2}{a_2} = \cdots = \frac{\mathrm{d}x_n}{a_n},$$

都称为方程 (2.2.5) 的**特征方程组**.

若能求出方程组 (2.2.6) 的积分曲线

$$x_1 = \varphi_1(s), x_2 = \varphi_2(s), \cdots, x_n = \varphi_n(s), \tag{2.2.7}$$

把 (2.2.7) 称为方程 (2.2.5) 的**特征线**, 则沿着该特征线对方程 (2.2.5) 积分

$$\sum_{i=1}^{n} a_i(\varphi_1(s), \varphi_2(s), \cdots, \varphi_n(s)) \frac{\partial u(\varphi_1(s), \varphi_2(s), \cdots, \varphi_n(s))}{\partial x_i}$$

$$= \sum_{i=1}^{n} \frac{\partial u(\varphi_1(s), \varphi_2(s), \cdots, \varphi_n(s))}{\partial x_i} \frac{\mathrm{d}x_i}{\mathrm{d}s} = 0,$$

即有

$$\frac{\mathrm{d}u(\varphi_1(s), \varphi_2(s), \cdots, \varphi_n(s))}{\mathrm{d}s} = 0.$$

故有方程 (2.2.5) 的通解为

$$u(\varphi_1(s), \varphi_2(s), \cdots, \varphi_n(s)) = C,$$

其中 C 为任意常数.

对于一阶非齐次线性偏微分方程

$$\sum_{i=1}^{n} a_i(x_1, x_2, \cdots, x_n) \frac{\partial u}{\partial x_i} = f(x_1, x_2, \cdots, x_n), \tag{2.2.8}$$

同样可用特征线法求得通解为

$$u(x_1, x_2, \cdots, x_n) = \int f(\varphi_1(s), \varphi_2(s), \cdots, \varphi_n(s))\mathrm{d}s + C,$$

其中 C 为任意常数.

对于非线性常微分方程组 (2.2.6), 当不能直接求出积分曲线时, 常采用**首次积分法**求解.

若存在一个具有一阶连续偏导的函数 $\varphi(x_1, x_2, \cdots, x_n)$ 沿特征线取常数值, 即有 $\varphi(\varphi_1(s), \varphi_2(s), \cdots, \varphi_n(s)) = C$, 则显然该函数为方程的一个解, 称该函数为特征方程组的一个**首次积分**.

可以验证, 若 $\varphi_i(x_1, x_2, \cdots, x_n)(i = 1, 2, \cdots, n-1)$ 是特征方程组 (2.2.6) 的 $n-1$ 个独立的首次积分, 则它们的任意连续可微函数

$$u = \Phi(\varphi_1, \varphi_2, \cdots, \varphi_{n-1})$$

是一阶齐次线性偏微分方程 (2.2.5) 的通解.

例 2.1　求解齐次方程

$$x\frac{\partial u}{\partial x} - 2y\frac{\partial u}{\partial y} - z\frac{\partial u}{\partial z} = 0.$$

解　该方程的特征方程组的对称形式为

$$\frac{\mathrm{d}x}{x} = \frac{\mathrm{d}y}{-2y} = \frac{\mathrm{d}z}{-z},$$

由 $\dfrac{\mathrm{d}x}{x} = \dfrac{\mathrm{d}y}{-2y}$ 可得一个首次积分 $\varphi_1 = x\sqrt{y}$; 又由 $\dfrac{\mathrm{d}x}{x} = \dfrac{\mathrm{d}z}{-z}$ 得到另一个首次积分 $\varphi_2 = xz$. 对于矩阵

$$\begin{pmatrix} \dfrac{\partial \varphi_1}{\partial x} & \dfrac{\partial \varphi_1}{\partial y} & \dfrac{\partial \varphi_1}{\partial z} \\[2mm] \dfrac{\partial \varphi_2}{\partial x} & \dfrac{\partial \varphi_2}{\partial y} & \dfrac{\partial \varphi_2}{\partial z} \end{pmatrix} = \begin{pmatrix} \sqrt{y} & \dfrac{x}{2\sqrt{y}} & 0 \\[2mm] z & 0 & x \end{pmatrix},$$

当 $xyz \neq 0$ 时存在不为零的二阶子行列式, 故两个首次积分 φ_1, φ_2 是独立的, 所以原方程的通解为

$$u = \Phi(x\sqrt{y}, xz),$$

这里 Φ 是任意的二元连续可微函数.

2) 一阶非齐次线性偏微分方程

$$\sum_{i=1}^{n} a_i(x_1, x_2, \cdots, x_n)\frac{\partial u}{\partial x_i} + b(x_1, x_2, \cdots, x_n)u(x_1, x_2, \cdots, x_n) = f(x_1, x_2, \cdots, x_n),$$

$$\tag{2.2.9}$$

可将其转化为齐次形式, 用特征线法求隐式通解: $V(x_1, x_2, \cdots, x_n, u) = 0$.

由 $dV(x_1, x_2, \cdots, x_n, u) = 0$, 即由

$$\frac{\partial V}{\partial x_1}dx_1 + \frac{\partial V}{\partial x_2}dx_2 + \cdots \frac{\partial V}{\partial x_n}dx_n + \frac{\partial V}{\partial u}du = 0,$$

有

$$du = -\left(\frac{\partial V}{\partial x_1} \middle/ \frac{\partial V}{\partial u}\right)dx_1 - \left(\frac{\partial V}{\partial x_2} \middle/ \frac{\partial V}{\partial u}\right)dx_2 - \cdots - \left(\frac{\partial V}{\partial x_n} \middle/ \frac{\partial V}{\partial u}\right)dx_n,$$

对于 $u(x_1, x_2, \cdots, x_n)$, 又知

$$du = \frac{\partial u}{\partial x_1}dx_1 + \frac{\partial u}{\partial x_2}dx_2 + \cdots + \frac{\partial u}{\partial x_n}dx_n,$$

因此, 有

$$\frac{\partial u}{\partial x_i} = -\left(\frac{\partial V}{\partial x_i} \middle/ \frac{\partial V}{\partial u}\right) \quad (i = 1, 2, \cdots, n).$$

代入非齐次方程 (2.2.9) 即化为齐次形式

$$\sum_{i=1}^{n} a_i(x_1, x_2, \cdots, x_n)\frac{\partial u}{\partial x_i} - [b(x_1, x_2, \cdots, x_n)u(x_1, x_2, \cdots, x_n)$$

$$- f(x_1, x_2, \cdots, x_n)]\frac{\partial V}{\partial u} = 0.$$

对非齐次方程 (2.2.9) 也可直接用特征线法求解. 对应的特征方程组

$$\frac{dx_1}{a_1} = \frac{dx_2}{a_2} = \cdots = \frac{dx_n}{a_n},$$

沿特征线积分

$$\frac{du}{ds} = -b(x_1, x_2, \cdots, x_n)u(x_1, x_2, \cdots, x_n) + f(x_1, x_2, \cdots, x_n),$$

可求出通解.

3) 一阶拟线性偏微分方程

一阶拟线性偏微分方程

$$\sum_{i=1}^{n} a_i(x_1, x_2, \cdots, x_n, u)\frac{\partial u}{\partial x_i} = f(x_1, x_2, \cdots, x_n, u). \tag{2.2.10}$$

同样设 $V(x_1, x_2, \cdots, x_n, u) = 0$ 为隐式通解, 将

$$\frac{\partial u}{\partial x_i} = -\left(\frac{\partial V}{\partial x_i} \bigg/ \frac{\partial V}{\partial u}\right) \quad (i = 1, 2, \cdots, n)$$

代入拟线性方程 (2.2.10) 即化为关于未知函数 $V(x_1, x_2, \cdots, x_n, u)$ 的齐次方程形式

$$\sum_{i=1}^{n} a_i(x_1, x_2, \cdots, x_n, u)\frac{\partial V}{\partial x_i} + f(x_1, x_2, \cdots, x_n, u)\frac{\partial V}{\partial u} = 0,$$

可利用特征线法求解.

例 2.2　求解关于 $u(x, y)$ 的拟线性方程

$$(1 + \sqrt{u - x - y})\frac{\partial u}{\partial x} + \frac{\partial u}{\partial y} - 2 = 0.$$

解　取函数 $V(x, y, u)$, 由

$$\frac{\partial u}{\partial x} = -\left(\frac{\partial V}{\partial x} \bigg/ \frac{\partial V}{\partial u}\right), \quad \frac{\partial u}{\partial y} = -\left(\frac{\partial V}{\partial y} \bigg/ \frac{\partial V}{\partial u}\right),$$

有关于 $V(x, y, u)$ 的齐次线性方程

$$(1 + \sqrt{u - x - y})\frac{\partial V}{\partial x} + \frac{\partial V}{\partial y} + 2\frac{\partial V}{\partial u} = 0.$$

它的特征方程组为

$$\frac{\mathrm{d}x}{1 + \sqrt{u - x - y}} = \frac{\mathrm{d}y}{1} = \frac{\mathrm{d}u}{2},$$

由 $\dfrac{\mathrm{d}y}{1} = \dfrac{\mathrm{d}u}{2}$ 可求得一个首次积分 $\varphi_1 = u - 2y$; 又由合分比性质有

$$\frac{\mathrm{d}u - \mathrm{d}x - \mathrm{d}y}{-\sqrt{u - x - y}} = \frac{\mathrm{d}y}{1},$$

从而得到另一个首次积分 $\varphi_2 = 2\sqrt{u - x - y} + y$. 易知两个首次积分独立, 故原拟线性方程的隐式通解为

$$\varPhi(u - 2y, \sqrt{u - x - y} + y) = 0,$$

这里 $\varPhi$ 是任意的二元连续可微函数.

4) 一阶偏微分方程的混合问题

下面用特征线法求人口模型 (2.1.5) 解的递推表达式.

年龄结构的人口模型 (2.1.5) 是一阶线性偏微分方程的混合问题:

$$
\begin{cases}
\dfrac{\partial p(a,t)}{\partial t} + \dfrac{\partial p(a,t)}{\partial a} = -\mu(a)p(a,t), & a>0, t>0, \\[2mm]
p(a,0) = p_0(a), & a \geqslant 0, \\[2mm]
p(0,t) = \displaystyle\int_0^{+\infty} \beta(\xi)p(\xi,t)\mathrm{d}\xi, & t \geqslant 0.
\end{cases}
$$

(1) 先考虑简单情况, 即假设 $p(0,t) = \varphi(t)$ 已知, 下面用特征线法求解 (2.1.5). 常微分方程组

$$
\begin{cases}
\dfrac{\mathrm{d}t}{\mathrm{d}s} = 1, \\[2mm]
\dfrac{\mathrm{d}a}{\mathrm{d}s} = 1
\end{cases}
\quad \text{或} \quad \dfrac{\mathrm{d}a}{\mathrm{d}t} = 1
$$

称为 (2.1.5) 中一阶偏微分方程的**特征方程组**, 由此可求出它的积分曲线即偏微分方程的特征曲线为直线 $t = a + c$, 其中 c 为常数. 若点 (a,t) 在一条特征线上, 则点 $(a-t_0, t-t_0)$ 位于同一条特征线上, 也就是说, 在时刻 t 年龄为 a 的人, 一定在时刻 $t - t_0$ 具有年龄 $a - t_0$. 在 (2.1.5) 的方程中, 令

$$
t = a + c, \quad p(a, a+c) = P(a),
$$

则有 $P'(a) = p_t(a, a+c) + p_a(a, a+c)$, 于是 (2.1.5) 中方程变为

$$
\dfrac{\mathrm{d}P(a)}{\mathrm{d}a} = -\mu(a)P(a). \tag{2.2.11}
$$

因为沿特征线 $t = a + c$, 当 $c \geqslant 0$ 时, 有 $0 \leqslant a < +\infty$; 当 $c < 0$ 时, 有 $-c \leqslant a < +\infty$. 所以下面分段给出方程 (2.2.11) 的初始条件 $P(0)$.

(A) 当 $c \geqslant 0$ 时, 即 $t \geqslant a$ 时, 有 $P(0) = p(0,c) = p(0,t-a) = \varphi(t-a)$;

(B) 当 $c < 0$ 时, 即 $t < a$ 时, 有 $P(-c) = p(-c,0) = p_0(a-t)$.

因此, 易得方程 (2.2.11) 对应初值问题的解

$$
P(a) = \begin{cases}
p_0(a-t)\mathrm{e}^{-\int_{a-t}^a \mu(\tau)\mathrm{d}\tau}, & t < a, \\[2mm]
\varphi(t-a)\mathrm{e}^{-\int_0^a \mu(\tau)\mathrm{d}\tau}, & t \geqslant a.
\end{cases}
$$

也就得到 (2.2.11) 对应定解问题的解

$$
p(a,t) = \begin{cases}
p_0(a-t)\mathrm{e}^{-\int_{a-t}^a \mu(\tau)\mathrm{d}\tau}, & t < a, \\[2mm]
\varphi(t-a)\mathrm{e}^{-\int_0^a \mu(\tau)\mathrm{d}\tau}, & t \geqslant a.
\end{cases} \tag{2.2.12}
$$

(2.2.12) 给出了在 t 时刻新出生婴儿 $\varphi(t)$ 已知时的解的表达式.

(2) 对于 (2.1.5) 的一般情况, 边界条件是

$$p(0,t) = \int_0^{+\infty} \beta(a)p(a,t)\mathrm{d}a \triangleq \varphi(t).$$

此时将形式解的表达式 (2.2.12) 代入

$$\varphi(t) = \int_0^{+\infty} \beta(a)p(a,t)\mathrm{d}a,$$

得到

$$\varphi(t) = \int_0^t \beta(a)p(a,t)\mathrm{d}a + \int_t^{+\infty} \beta(a)p(a,t)\mathrm{d}a$$

$$= \int_0^t \beta(a)\mathrm{e}^{-\int_0^a \mu(\tau)\mathrm{d}\tau}\varphi(t-a)\mathrm{d}a + \psi(t),$$

其中

$$\psi(t) = \int_t^{+\infty} \beta(a)p_0(a-t)\mathrm{e}^{-\int_{a-t}^a \mu(\tau)\mathrm{d}\tau}\mathrm{d}a,$$

它表示人群中年龄不小于 t 的成员在单位时间所生育的婴儿数量. 若记 $\pi(a) = \mathrm{e}^{-\int_0^a \mu(\tau)\mathrm{d}\tau}$, 这里 $\pi(a)$ 表示人口个体从出生活到年龄 a 的概率. 则有

$$\varphi(t) = \int_0^t \beta(a)\pi(a)\varphi(t-a)\mathrm{d}a + \psi(t). \tag{2.2.13}$$

(2.2.13) 是一个关于 $\varphi(t)$(新出生婴儿数量) 的线性 Volterra 型积分方程, 若能解出它的解 $\varphi(t)$, 则代入 (2.2.12) 可得人口系统 (2.1.5) 的解.

对于积分方程 (2.2.13), 可以用迭代法, 也可用积分变换法 (第 6 章要系统介绍), 为使内容系统, 下面先用 Laplace 变换讨论它的解.

在 (2.2.13) 两端取 Laplace 变换, 由卷积性质得

$$\widehat{\varphi}(\lambda) = \widehat{\psi}(\lambda) + \widehat{G}(\lambda)\widehat{\varphi}(\lambda),$$

当 $\widehat{G}(\lambda) \neq 1$ 时, 有

$$\widehat{\varphi}(\lambda) = \frac{\widehat{\psi}(\lambda)}{1 - \widehat{G}(\lambda)}, \tag{2.2.14}$$

其中 $\widehat{\varphi}(\lambda)$ 是 $\varphi(t)$ 的 Laplace 变换; $\widehat{\psi}(\lambda)$ 是 $\psi(t)$ 的 Laplace 变换; $\widehat{G}(\lambda)$ 是 $\beta(a)\pi(a)$ 的 Laplace 变换, 即

$$\widehat{G}(\lambda) = \int_0^{+\infty} \beta(a)\pi(a)\mathrm{e}^{-\lambda a}\mathrm{d}a.$$

对 (2.2.14) 两边取 Laplace 逆变换, 则可得到积分方程 (2.2.13) 的解

$$\varphi(t) = L^{-1}\left[\frac{\widehat{\psi}(\lambda)}{1-\widehat{G}(\lambda)}\right].$$

另外, 将 $\varphi(t) = \int_0^{+\infty} \beta(a)p(a,t)\mathrm{d}a$ 代入 (2.2.12) 则得人口系统的解的递推表达式

$$p(a,t) = \begin{cases} p_0(a-t)\mathrm{e}^{-\int_{a-t}^a \mu(\tau)\mathrm{d}\tau}, & t < a, \\ \mathrm{e}^{-\int_0^a \mu(\tau)\mathrm{d}\tau}\int_0^{+\infty} \beta(\xi)p(\xi,t-a)\mathrm{d}\xi, & t \geqslant a. \end{cases} \tag{2.2.15}$$

为求解方便, 也可作未知函数变换

$$q(a,t) = p(a,t)\mathrm{e}^{\int_0^a \mu(\tau)\mathrm{d}\tau},$$

将人口系统表示为

$$\begin{cases} \dfrac{\partial q(a,t)}{\partial t} + \dfrac{\partial q(a,t)}{\partial a} = 0, & a \geqslant 0, t \geqslant 0, \\ q(a,0) = q_0(a) = p_0(a)\mathrm{e}^{\int_0^a \mu(\tau)\mathrm{d}\tau}, & a > 0, \\ q(0,t) = \displaystyle\int_0^{+\infty} \beta(\xi)\mathrm{e}^{\int_0^\xi \mu(\tau)\mathrm{d}\tau}q(\xi,t)\mathrm{d}\xi, & t > 0. \end{cases} \tag{2.2.16}$$

同样可建立带迁移的人口模型

$$\begin{cases} \dfrac{\partial p(a,t)}{\partial t} + \dfrac{\partial p(a,t)}{\partial a} = -\mu(a)p(a,t) + f(a,t), & a > 0, t > 0, \\ p(a,0) = p_0(a), & a \geqslant 0, \\ p(0,t) = \displaystyle\int_0^{+\infty} \beta(\xi)p(\xi,t)\mathrm{d}\xi = \varphi(t), & t \geqslant 0, \end{cases} \tag{2.2.17}$$

这里 $f(a,t)$ 为迁移率. 类似可求得解为

$$
p(a,t) = \begin{cases}
p_0(a-t)\mathrm{e}^{-\int_{a-t}^{a}\mu(\tau)\mathrm{d}\tau} + \displaystyle\int_{a-t}^{a} f(\tau,\tau-a+t)\mathrm{e}^{-\int_{\tau}^{a}\mu(\rho)\mathrm{d}\rho}\mathrm{d}\tau, & t < a, \\[4mm]
\varphi(t-a)\mathrm{e}^{-\int_{0}^{a}\mu(\tau)\mathrm{d}\tau} + \displaystyle\int_{0}^{a} f(\tau,\tau-a+t)\mathrm{e}^{-\int_{\tau}^{a}\mu(\rho)\mathrm{d}\rho}\mathrm{d}\tau, & t \geqslant a.
\end{cases}
$$

$$(2.2.18)$$

5) 具有垂直传染的 SIS 传染病模型

下面用特征线法求具有垂直传染的 SIS 传染病模型 (2.1.10) 的解.

$$
\begin{cases}
\dfrac{\partial s(t,x)}{\partial t} + \dfrac{\partial s(t,x)}{\partial x} = -(\mu(x)+\lambda(t,x))s(t,x) + \gamma(x)i(t,x), \\[3mm]
\dfrac{\partial i(t,x)}{\partial t} + \dfrac{\partial i(t,x)}{\partial x} = \lambda(t,x)s(t,x) - (\mu(x)+\gamma(x))i(t,x), \\[3mm]
s(0,x) = \varphi(x), \quad i(0,x) = \psi(x), \\[3mm]
s(t,0) = \displaystyle\int_{0}^{+\infty} \beta(x)[s(t,x)+(1-k)i(t,x)]\mathrm{d}x, \\[3mm]
i(t,0) = \displaystyle\int_{0}^{+\infty} k\beta(x)i(t,x)\mathrm{d}x.
\end{cases}
$$

设 M 是人口的最大寿命, $0 \leqslant k \leqslant 1$ 为常数, 假设 (2.1.10) 中的函数满足下面条件 (H_1)—(H_4):

(H_1) $\mu(x) \in C[0,M]$, $\mu(x) > 0$, $\displaystyle\lim_{x\to M^-}\int_{0}^{x}\mu(x)\mathrm{d}x = +\infty$;

(H_2) $\rho(x),\gamma(x)$ 为 $[0,M]$ 上的非负连续函数;

(H_3) $\varphi(x),\psi(x)$ 为 $[0,M]$ 上的非负连续函数且满足 $\varphi(x)+\psi(x)=P(x)$;

(H_4) $\beta(x)$ 为 $[0,M]$ 上的非负连续函数且满足 $\displaystyle\int_{0}^{+\infty}\beta(x)\pi(x)\mathrm{d}x = 1$, 其中 $\pi(x) = \exp\left(-\displaystyle\int_{0}^{x}\mu(\tau)\mathrm{d}\tau\right)$ 满足 $\pi(0)=1, \pi(M)=0$, 则 $\pi(x)$ 为 $[0,M]$ 上的单调减连续函数.

根据总人口不变, 并由关系式 $\lambda(t,x) = \rho(x)i(t,x)$ 可将 (2.1.10) 化为关于患病者年龄分布密度函数 $i(t,x)$ 所满足的方程

$$\begin{cases} \dfrac{\partial i(t,x)}{\partial t} + \dfrac{\partial i(t,x)}{\partial x} = [\rho(x)(P(x) - i(t,x)) - (\mu(x) + \gamma(x))]i(t,x), \\[3mm] i(0,x) = \psi(x), \\[3mm] i(t,0) = k \displaystyle\int_0^M \beta(x)i(t,x)\mathrm{d}x. \end{cases} \qquad (2.2.19)$$

　　当条件 (H_1)—(H_4) 成立时, (2.2.19) 的解在 $t \in [0,+\infty)$ 上存在唯一 (王定江, 2007). 下面利用特征线法可求得 (2.2.19).

　　(2.2.19) 对应的特征方程组为

$$\begin{cases} \dfrac{\mathrm{d}x}{\mathrm{d}t} = 1, \\[3mm] \dfrac{\mathrm{d}i}{\mathrm{d}t} = \alpha(x)i - \rho(x)i^2, \end{cases} \qquad (2.2.20)$$

其中 $\alpha(x) = -\mu(x) - \gamma(x) + \rho(x)P(x)$, 沿特征线 $t = x + c$ (c 为常数), 若令

$$i(x + c, x) = I(x),$$

则有

$$\dfrac{\mathrm{d}I(x)}{\mathrm{d}x} = \alpha(x)I(x) - \rho(x)I^2(x). \qquad (2.2.21)$$

　　(2.2.21) 是一个 Bernoulli 方程 ($n = 2$), 令 $z(x) = I^{-1}(x)$, 可将 (2.2.21) 化成一阶非齐次线性方程

$$\dfrac{\mathrm{d}z(x)}{\mathrm{d}x} - \alpha(x)z(x) = \rho(x).$$

因此有

$$z(x) = \exp\left(-\int_0^x \alpha(\tau)\mathrm{d}\tau\right)\left[C + \int_0^x \rho(\tau)\exp\left(\int_0^\tau \alpha(\xi)\mathrm{d}\xi\right)\mathrm{d}\tau\right]$$

或

$$z(x) = \dfrac{C + \displaystyle\int_0^x \rho(\tau)\exp\left(\int_0^\tau \alpha(\xi)\mathrm{d}\xi\right)\mathrm{d}\tau}{\exp\left(\displaystyle\int_0^x \alpha(\tau)\mathrm{d}\tau\right)},$$

故有

$$i(x+c,x) = \frac{\exp\left(\int_0^x \alpha(\tau)\mathrm{d}\tau\right)}{C + \int_0^x \rho(\tau)\exp\left(\int_0^\tau \alpha(\xi)\mathrm{d}\xi\right)\mathrm{d}\tau},$$

这里 C 为任意常数.

(1) 当 $c>0$ 即 $t>x$ 时, 有

$$i(t,x) = \frac{i(t-x,0)\exp\left(\int_0^x \alpha(\tau)\mathrm{d}\tau\right)}{1 + i(t-x,0)\int_0^x \rho(\tau)\exp\left(\int_0^\tau \alpha(\sigma)\mathrm{d}\sigma\right)\mathrm{d}\tau}.$$

(2) 当 $c\leqslant 0$ 即 $t\leqslant x$ 时, 有

$$i(t,x) = \frac{\psi(x-t)\exp\left(\int_0^t \alpha(x-t+\tau)\mathrm{d}\tau\right)}{1 + \psi(x-t)\int_0^t \rho(x-t+\tau)\exp\left(\int_0^\tau \alpha(x-t+\sigma)\mathrm{d}\sigma\right)\mathrm{d}\tau}.$$

所以有 (2.2.21) 的解的表达式为

$$i(t,x) = \begin{cases} \dfrac{i(t-x,0)\exp\left(\int_0^x \alpha(\tau)\mathrm{d}\tau\right)}{1 + i(t-x,0)\int_0^x \rho(\tau)\exp\left(\int_0^\tau \alpha(\sigma)\mathrm{d}\sigma\right)\mathrm{d}\tau}, & x<t, \\[20pt] \dfrac{\psi(x-t)\exp\left(\int_0^t \alpha(x-t+\tau)\mathrm{d}\tau\right)}{1 + \psi(x-t)\int_0^t \rho(x-t+\tau)\exp\left(\int_0^\tau \alpha(x-t+\sigma)\mathrm{d}\sigma\right)\mathrm{d}\tau}, & x\geqslant t, \end{cases} \tag{2.2.22}$$

其中当 $t>x$ 时,

$$i(t-x,0) = k\int_0^M \beta(\tau)i(t-x,\tau)\mathrm{d}\tau.$$

由 (2.2.22) 看出, 当 $k=0$ 时, $i(t,0)=0$, 即没有垂直传染时, 若 $t\geqslant M$, 则必有 $i(t,x)=0$, 也就是说疾病肯定消失; 当 $i(t,0)=u(t)\neq 0$, 即有垂直传染时, 若 $t\geqslant 2M$, 则有 $u(t)$ 满足的积分方程

$$u(t) = k\int_0^M \frac{\beta(x)u(t-x)\exp\left(\int_0^x \alpha(\sigma)\mathrm{d}\sigma\right)}{1 + u(t-x)\int_0^x \rho(\tau)\exp\left(\int_0^x \alpha(\sigma)\mathrm{d}\sigma\right)\mathrm{d}\tau}\mathrm{d}x. \tag{2.2.23}$$

通过讨论系统的平衡解和稳定性可以得到系统 (2.1.10) 的解的性质.

2.3　人口年龄结构模型的性质

考虑年龄因素的人口发展方程对应的混合问题为

$$
\begin{cases}
\dfrac{\partial p(a,t)}{\partial t} + \dfrac{\partial p(a,t)}{\partial a} = -\mu(a)p(a,t), & a > 0, t > 0, \\[2mm]
p(a,0) = p_0(a), & a \geqslant 0, \\[2mm]
p(0,t) = \displaystyle\int_0^\infty \beta(\xi)p(\xi,t)\mathrm{d}\xi, & t \geqslant 0.
\end{cases}
\tag{2.3.1}
$$

对这个年龄结构模型进行研究, 可得到对人口发展有用的一些结果.

人口的平衡年龄分布与稳定年龄分布. 若年龄分布函数 $p(a,t) \equiv p(a)$ 与时间无关, 则称 $p(a)$ 是一个**平衡的年龄分布函数**, 它表示各年龄的人员数不随时间改变. 若 $\dfrac{p(a,t)}{N(t)} = M(t)$, 则称 $p(a,t)$ 是稳定的年龄分布函数, 此时又称人口具有稳定的年龄分布. 它表示各年龄的成员数在全体人数中所占比例不随时间改变.

定理 2.3.1　人口具有稳定年龄分布的充分必要条件是年龄分布函数可以变量分离.

证明　必要性显然.

充分性　设 $p(a,t) = X(a)T(t), T(0) > 0$, 由于

$$
N(t) = \int_0^{+\infty} X(a)T(t)\mathrm{d}a = T(t)\int_0^{+\infty} X(a)\mathrm{d}a,
$$

所以

$$
\frac{p(a,t)}{N(t)} = \frac{X(a)}{\displaystyle\int_0^{+\infty} X(a)\mathrm{d}a}
$$

与 t 无关, 故为稳定年龄分布.

定理 2.3.2　系统 (2.3.1) 中的方程存在满足边界条件且具有稳定年龄分布的解的充要条件是存在常数 λ 适合特征方程

$$
\int_0^{+\infty} \beta(\xi)\pi(\xi)\mathrm{e}^{-\lambda\xi}\mathrm{d}\xi = 1,
\tag{2.3.2}
$$

其中 $\pi(\xi) = \mathrm{e}^{-\int_0^\xi \mu(\rho)\mathrm{d}\rho}$.

证明 **必要性** (2.3.1) 中的方程存在稳定年龄分布的解, 由定理 2.3.1 知此解可分离变量, 设为 $p(a,t) = X(a)T(t), T(0) > 0$, 代入 (2.3.1) 中的方程得

$$X(a)T'(t) + X'(a)T(t) + \mu(a)X(a)T(t) = 0,$$

即

$$-\mu(a) - \frac{X'(a)}{X(a)} = \frac{T'(t)}{T(t)}.$$

上式说明两端只能为一常数, 设为 λ, 则有

$$\begin{cases} T'(t) - \lambda T(t) = 0, \\ X'(a) + [\lambda + \mu(a)]X(a) = 0, \end{cases}$$

解得

$$\begin{cases} T(t) = T(0)\mathrm{e}^{\lambda t}, \\ X(a) = X(0)\pi(a)\mathrm{e}^{-\lambda a}. \end{cases}$$

于是

$$p(a,t) = X(0)T(0)\pi(a)\mathrm{e}^{-\lambda(a-t)}. \tag{2.3.3}$$

代入边界条件并消去公因式得

$$\int_0^{+\infty} \beta(\xi)\pi(\xi)\mathrm{e}^{-\lambda\xi}\mathrm{d}\xi = 1.$$

由此说明 λ 满足特征方程.

充分性 若存在常数 λ 满足特征方程 (2.3.2), 将 λ 代入 (2.3.3) 得到的解 $p(a,t)$ 显然可分离变量, 从而为稳定的年龄分布函数且满足边界条件, 还可知此解具有形式 $M(a)\mathrm{e}^{\lambda t}$.

定理 2.3.3 系统 (2.3.1) 中的方程存在且仅存在一族满足其边界条件的稳定年龄分布解.

证明 只需证明特征方程 (2.3.2) 有且仅有一实数解. 记

$$\int_0^{+\infty} \beta(\xi)\pi(\xi)\mathrm{e}^{-\lambda\xi}\mathrm{d}\xi = G(\lambda),$$

易知 $G(-\infty) = +\infty, G(+\infty) = 0$, 且

$$G'(\lambda) = -\int_0^{+\infty} \xi\beta(\xi)\pi(\xi)\mathrm{e}^{-\lambda\xi}\mathrm{d}\xi < 0.$$

所以方程 $G(\lambda) = 1$ 有且仅有一个实根. $\pi(a)\mathrm{e}^{-\lambda a}$ 及其他的常数倍即为满足边界条件的稳定年龄分布.

注 (2.3.3) 形式的解不一定满足初始条件, 要使其满足, 需

$$p_0(a) = X(0)T(0)\pi(a)\mathrm{e}^{-\lambda a}.$$

下面给出系统的稳定性结果.

定理 2.3.4 设

$$R = \int_0^{+\infty} \beta(\xi)\pi(\xi)\mathrm{d}\xi, \tag{2.3.4}$$

称 R 为种群的**再生数**, 对于这个具有稳定年龄分布的种群有下面结果:

(1) 当 $R < 1$ 时, 有 $\lim_{t \to +\infty} N(t) = 0$, 即该种群走向绝灭;

(2) 当 $R > 1$ 时, 有 $\lim_{t \to +\infty} N(t) = +\infty$, 即该种群数量无限增大;

(3) 当 $R = 1$ 时, 有 $p(a,t) = p_0(a)$, 即该种群呈现平衡年龄分布.

证明 当种群具有稳定年龄分布时, 其年龄密度函数有形式

$$p(a,t) = p_0(a)\mathrm{e}^{\lambda t},$$

这里 λ 为特征方程 (2.3.2) 的实根, 因此总人口数

$$N(t) = \int_0^{+\infty} p(a,t)\mathrm{d}a = \mathrm{e}^{\lambda t}\int_0^{+\infty} p_0(a)\mathrm{d}a.$$

(1) 当 $R = \int_0^{+\infty} \beta(\xi)\pi(\xi)\mathrm{d}\xi < 1$ 时, 由特征方程 (2.3.2) 知必有 $\lambda < 0$, 因此

$$\lim_{t \to +\infty} N(t) = \lim_{t \to +\infty} \mathrm{e}^{\lambda t}\int_0^{+\infty} p_0(a)\mathrm{d}a = 0;$$

(2) 当 $R > 1$ 时, 由特征方程 (2.3.2) 知必有 $\lambda > 0$, 因此有 $\lim_{t \to +\infty} N(t) = +\infty$;

(3) 当 $R = 1$ 时, 由特征方程 (2.3.2) 知必有 $\lambda = 0$, 从而有 $p(a,t) = p_0(a)$.

由此定理结论看出, 对于具有稳定年龄分布的人口系统, 种群的再生数 R 的大小关系着人类种群是持续生存还是走向灭绝, 它是区分种群走向绝灭与否的阈值.

对于一般种群有下面稳定性结果.

定理 2.3.5 设 λ^* 为特征方程 (2.3.2) 的实根, 对于具有任一年龄分布密度 $p(a,t)$ 的人口系统 (2.3.1), 有下面结论:

(1) 当 $\lambda^* < 0$ 时, 有 $\lim\limits_{t \to +\infty} N(t) = 0$, 即该种群走向绝灭;

(2) 当 $\lambda^* > 0$ 时, 有 $\lim\limits_{t \to +\infty} N(t) = +\infty$, 且 $\lim\limits_{t \to +\infty} \|p(a,t)\mathrm{e}^{-\lambda^* t} - g(p_0)\pi(a) \cdot$
$\mathrm{e}^{-\lambda^* a}\| = 0$, 即此时年龄分布函数 $p(a,t)$ 随 t 的增大而渐近趋于稳定的年龄分布
密度 $g(p_0)\pi(a)\mathrm{e}^{\lambda^*(t-a)}$;

(3) 当 $\lambda^* = 0$ 时, 年龄分布函数 $p(a,t)$ 将趋于平衡年龄分布 $g(p_0)\pi(a)$, 其中

$$g(p_0) = \frac{\displaystyle\int_0^{+\infty} \beta(\xi)\mathrm{e}^{-\lambda^* \xi} \int_0^{\xi} \mathrm{e}^{-\lambda^* s}\mathrm{e}^{\int_s^{\xi} \mu(a)\mathrm{d}a} p_0(s)\mathrm{d}s\mathrm{d}\xi}{\displaystyle\int_0^{+\infty} \beta(\xi)\xi\mathrm{e}^{-\lambda^* \xi}\mathrm{e}^{\int_0^{\xi} \mu(a)\mathrm{d}a}\mathrm{d}\xi}$$

为常数.

证明 略, 见文献 (马知恩等, 2015).

由此定理看出, 种群的平衡年龄分布是不稳定的, 当出生率系数 $\beta(a)$ 或死亡
率系数 $\mu(a)$ 稍有变化时, 将导致再生数 $R = \displaystyle\int_0^{+\infty} \beta(\xi)\pi(\xi)\mathrm{d}\xi < 1$ 或 > 1 变化,
使得种群走向灭绝或趋于无穷. 这主要是没有考虑种群密度对出生和死亡的影响
所致, 考虑这一因素将有非线性模型.

习 题 2

1. 求方程 $\dfrac{\partial u}{\partial x} = \dfrac{1}{x}u - xy^2$ 的通解.

2. 求方程 $\dfrac{\partial u}{\partial x} + (1 + \sqrt{z - x - y})\dfrac{\partial u}{\partial y} + 2\dfrac{\partial u}{\partial z} = 0$ 的通解.

3. 求解 Cauchy 问题:
$$\begin{cases} u_t + au_x = f(x,t), \\ u(x,0) = \varphi(x), \end{cases}$$
其中 a 为常数, $x \in \mathbf{R}, t \geqslant 0$.

4. 求解 Cauchy 问题:
$$\begin{cases} xu_x + yu_y + u_z + u = 0, \\ u(x,y,0) = \varphi(x,y), \end{cases}$$
其中 $x \in \mathbf{R}, y \in \mathbf{R}, z > 0$.

5. 求解 Cauchy 问题:
$$\begin{cases} (x+t)u_x + u_t + u = x, \\ u(x,0) = x \end{cases} \quad (x \in \mathbf{R}, t > 0).$$

6. 求交通流方程: 高速公路上车辆的流动可看成一维迁移问题, 设 $u(t,x)$ 表示 t 时刻点 x 的车辆流密度, $q(t,x)$ 为 t 时刻车辆通过点 x 的流通率 (流量), 若 $q = -au(u-b)$, a,b 为常数, 求 $u(t,x)$ 所满足的方程.

7. 用一维迁移方程方法导出年龄结构人口方程.

8. 某溶质在溶液中由高浓度向低浓度扩散, 浓度分布函数为 $u(t,x)$, 扩散的通量密度为 $-k\nabla u$, 其中 k 为扩散系数, $x \in \mathbf{R}^3$, 求 $u(t,x)$ 所满足的扩散方程.

第 3 章　二阶线性偏微分方程的分类与化简

本章先介绍二阶线性偏微分方程的分类问题, 重点讨论两个自变量的二阶线性偏微分方程的分类问题, 其次给出线性方程求解经常使用的叠加原理和齐次化原理.

3.1　二阶线性偏微分方程的化简

3.1.1　两个自变量的二阶线性偏微分方程的分类

用 x, y 表示自变量, $u(x, y)$ 为未知函数, 一般的二阶线性偏微分方程具有如下形式

$$a_{11}u_{xx} + 2a_{12}u_{xy} + a_{22}u_{yy} + b_1u_x + b_2u_y + cu = f, \tag{3.1.1}$$

这里 $a_{11}, a_{12}, a_{22}, b_1, b_2, c, f$ 都是自变量 x, y 在区域 Ω 上的实函数, 假定它们连续可微.

对区域 Ω 上任意点, 记 $\Delta \equiv a_{12}^2 - a_{11}a_{22}$, 则可把方程 (3.1.1) 分为下列三类:

(1) 当 $\Delta > 0$ 时, 称方程 (3.1.1) 为双曲型的;

(2) 当 $\Delta = 0$ 时, 称方程 (3.1.1) 为抛物型的;

(3) 当 $\Delta < 0$ 时, 称方程 (3.1.1) 为椭圆型的.

易知, 弦振动方程为双曲型的, 一维热传导方程是抛物型的, 二维调和方程是椭圆型的. 这三类传统方程分别属于三种类型. 事实上, 这三种方程所描述的自然现象的本质完全不同. 弦振动方程描述波的传播现象, 具有对时间可逆的性质; 热传导方程反映热的传导、物质的扩散等现象, 这些现象表现为或由高到低、或由密到疏, 因而是不可逆的; 而调和方程所描述的是稳定和平衡状态.

3.1.2　两个自变量的二阶线性偏微分方程的化简

为使方程 (3.1.1) 有更加简单的形式, 我们通过变量代换来化简该方程, 作变换

$$\xi = \xi(x, y), \quad \eta = \eta(x, y). \tag{3.1.2}$$

假设变换 (3.1.2) 中 ξ, η 二次连续可微, 且 Jacobi (雅可比) 函数行列式

$$\frac{D(\xi, \eta)}{D(x, y)} = \begin{vmatrix} \xi_x & \xi_y \\ \eta_x & \eta_y \end{vmatrix} \neq 0. \tag{3.1.3}$$

根据隐函数存在定理, 变换 (3.1.2) 式是可逆的. 根据复合函数求导有

$$
\begin{cases}
u_x = u_\xi \xi_x + u_\eta \eta_x, \\
u_y = u_\xi \xi_y + u_\eta \eta_y, \\
u_{xx} = u_{\xi\xi}\xi_x^2 + 2u_{\xi\eta}\xi_x\eta_x + u_{\eta\eta}\eta_x^2 + u_\xi \xi_{xx} + u_\eta \eta_{xx}, \\
u_{yy} = u_{\xi\xi}\xi_y^2 + 2u_{\xi\eta}\xi_y\eta_y + u_{\eta\eta}\eta_y^2 + u_\xi \xi_{yy} + u_\eta \eta_{yy}, \\
u_{xy} = u_{\xi\xi}\xi_x\xi_y + u_{\xi\eta}(\xi_x\eta_y + \xi_y\eta_x) + u_{\eta\eta}\eta_x\eta_y + u_\xi \xi_{xy} + u_\eta \eta_{xy}.
\end{cases}
$$

利用 (3.1.2) 的逆变换可将方程 (3.1.1) 化成关于自变量 ξ, η 的二阶偏微分方程

$$
\bar{a}_{11}u_{\xi\xi} + 2\bar{a}_{12}u_{\xi\eta} + \bar{a}_{22}u_{\eta\eta} + \bar{b}_1 u_\xi + \bar{b}_2 u_\eta + \bar{c}u = \bar{f}, \tag{3.1.4}
$$

这里二阶导数项的系数 $\bar{a}_{11}, \bar{a}_{12}, \bar{a}_{22}$ 分别为

$$
\begin{cases}
\bar{a}_{11} = a_{11}\xi_x^2 + 2a_{12}\xi_x\xi_y + a_{22}\xi_y^2, \\
\bar{a}_{12} = a_{11}\xi_x\eta_x + a_{12}(\xi_x\eta_y + \xi_y\eta_x) + a_{22}\xi_y\eta_y, \\
\bar{a}_{22} = a_{11}\eta_x^2 + 2a_{12}\eta_x\eta_y + a_{22}\eta_y^2.
\end{cases} \tag{3.1.5}
$$

从 (3.1.5) 中一、三式看出, 若能求得一阶偏微分方程

$$
a_{11}z_x^2 + 2a_{12}z_xz_y + a_{22}z_y^2 = 0 \tag{3.1.6}
$$

的两个线性无关特解 $z = z_1(x,y), z = z_2(x,y)$, 令

$$
\xi = z_1(x,y), \quad \eta = z_2(x,y),
$$

则有 $\bar{a}_{11} = \bar{a}_{22} = 0$, 从而方程 (3.1.4) 得以简化. 要求 (3.1.6) 的解, 有下面结论.

定理 3.1.1 $z = z(x,y)$ 是方程 (3.1.6) 的解的充要条件为 $z(x,y) = c$ 是常微分方程

$$
a_{11}\mathrm{d}y^2 - 2a_{12}\mathrm{d}x\mathrm{d}y + a_{22}\mathrm{d}x^2 = 0 \tag{3.1.7}
$$

的积分曲线.

证明 设 $z = z(x,y)$ 是方程 (3.1.6) 的解, 则满足方程

$$
a_{11}z_x^2 + 2a_{12}z_xz_y + a_{22}z_y^2 = 0.
$$

将 $z(x,y) = c$ 微分有 $z_x\mathrm{d}x + z_y\mathrm{d}y = 0$, 或写成 $\dfrac{z_x}{\mathrm{d}y} = -\dfrac{z_y}{\mathrm{d}x} = \lambda$, 把 $z_x = \lambda\mathrm{d}y, z_y = \lambda\mathrm{d}x$ 代入 (3.1.6) 并消去参数 λ 得

$$
a_{11}\mathrm{d}y^2 - 2a_{12}\mathrm{d}x\mathrm{d}y + a_{22}\mathrm{d}x^2 = 0.
$$

这说明 $z(x,y) = c$ 是常微分方程 (3.1.7) 的积分曲线.

反过来, 若 $z(x,y) = c$ 是常微分方程 (3.1.7) 的积分曲线, 对其进行隐函数求导有

$$\frac{\mathrm{d}y}{\mathrm{d}x} = -\frac{z_x}{z_y},$$

代入常微分方程 (3.1.7), 则得 (3.1.6). 说明函数 $z = z(x,y)$ 为方程 (3.1.6) 的解.

我们将常微分方程 (3.1.7) 称为二阶线性偏微分方程 (3.1.1) 的**特征方程**, 称特征方程 (3.1.7) 的积分曲线 $z(x,y) = c$ 为方程 (3.1.1) 的**特征线**.

特征方程 (3.1.7) 又可表示为

$$a_{11} \left(\frac{\mathrm{d}y}{\mathrm{d}x} \right)^2 - 2a_{12} \frac{\mathrm{d}y}{\mathrm{d}x} + a_{22} = 0. \tag{3.1.8}$$

将它分解成两个方程

$$\frac{\mathrm{d}y}{\mathrm{d}x} = \frac{a_{12} + \sqrt{a_{12}^2 - a_{11}a_{22}}}{a_{11}}, \tag{3.1.9}$$

$$\frac{\mathrm{d}y}{\mathrm{d}x} = \frac{a_{12} - \sqrt{a_{12}^2 - a_{11}a_{22}}}{a_{11}}. \tag{3.1.10}$$

下面根据判别式 $\Delta \equiv a_{12}^2 - a_{11}a_{22}$ 的符号分三种情况讨论.

(1) 对于双曲型方程, 即 $\Delta \equiv a_{12}^2 - a_{11}a_{22} > 0$ 的情况, 由 (3.1.9) 和 (3.1.10) 知, 方程有两族实特征曲线 $z_1(x,y) = c_1$ 和 $z_2(x,y) = c_2$, 此时作变换

$$\xi = z_1(x,y), \quad \eta = z_2(x,y),$$

则有 $\bar{a}_{11} = \bar{a}_{22} = 0$, 又由 $\Delta \neq 0$ 可推得 Jacobi 函数行列式

$$\frac{D(\xi, \eta)}{D(x,y)} = \frac{D(z_1, z_2)}{D(x,y)} = \begin{vmatrix} z_{1x} & z_{1y} \\ z_{2x} & z_{2y} \end{vmatrix} \neq 0.$$

故变换可逆, 二阶方程不会退化为一阶偏微分方程, 因此 $\bar{a}_{12} \neq 0$. 故 (3.1.1) 可化为双曲型方程的标准形式

$$u_{\xi\eta} = \phi(\xi, \eta, u, u_\xi, u_\eta), \tag{3.1.11}$$

其中 $\phi = \dfrac{1}{2\bar{a}_{12}} (\bar{f} - \bar{b}_1 u_\xi - \bar{b}_2 u_\eta - \bar{c} u)$.

在方程 (3.1.11) 中再作变换

$$\xi = \frac{1}{2}(s + t), \quad \eta = \frac{1}{2}(s - t),$$

则方程可化为另一种标准形式

$$u_{ss} - u_{tt} = \phi_1(s, t, u, u_s, u_t). \tag{3.1.12}$$

(2) 对于抛物型方程, 即 $\Delta \equiv a_{12}^2 - a_{11}a_{22} = 0$ 的情况, 方程 (3.1.9) 和 (3.1.10) 重合, 方程有一族实特征曲线 $z_1(x, y) = c$, 再任取一个与 $z_1(x, y)$ 线性无关的简单函数 $z_2(x, y)$ 后, 作可逆变换

$$\xi = z_1(x, y), \quad \eta = z_2(x, y).$$

由于 $a_{12} = \sqrt{a_{11}}\sqrt{a_{22}}$, 可推得 $\overline{a}_{11} = 0, \overline{a}_{22} = 0$, 从而有抛物型方程的标准形式

$$u_{\eta\eta} = \phi(\xi, \eta, u, u_\xi, u_\eta),$$

其中 $\phi = \dfrac{1}{\overline{a}_{22}}(\overline{f} - \overline{b}_1 u_\xi - \overline{b}_2 u_\eta - \overline{c}u)$.

(3) 对于椭圆型方程, 即 $\Delta \equiv a_{12}^2 - a_{11}a_{22} < 0$ 的情况, 方程 (3.1.9) 和 (3.1.10) 右端都是复数, 此时不存在实特征线, 方程 (3.1.7) 的一般积分为复函数. 设

$$\varphi(x, y) = \varphi_1(x, y) + i\varphi_2(x, y) = c$$

是 (3.1.7) 的一个通积分, 其中 φ_1, φ_2 都是实函数. 这里 φ_x, φ_y 不同时为零, 否则与 $\varphi(x, y) = c$ 为通积分的要求不符. 作变换

$$\xi = \varphi_1(x, y), \quad \eta = \varphi_2(x, y).$$

由于 $\xi + i\eta$ 满足特征方程, 代入后将实部和虚部分开得

$$\begin{cases} a_{11}\xi_x^2 + 2a_{12}\xi_x\xi_y + a_{22}\xi_y^2 = a_{11}\eta_x^2 + 2a_{12}\eta_x\eta_y + a_{22}\eta_y^2, \\ a_{11}\xi_x\eta_x + a_{12}(\xi_x\eta_y + \xi_y\eta_x) + a_{22}\xi_y\eta_y = 0, \end{cases}$$

即有 $\overline{a}_{11} = \overline{a}_{22}, \overline{a}_{12} = 0$, 从而椭圆型方程有标准形式

$$u_{\xi\xi} + u_{\eta\eta} = \phi(\xi, \eta, u, u_\xi, u_\eta),$$

其中 $\phi = \dfrac{1}{\overline{a}_{22}}(\overline{f} - \overline{b}_1 u_\xi - \overline{b}_2 u_\eta - \overline{c}u)$.

例 3.1 指出方程 $u_{xx} - 2u_{xy} + u_y = 0$ 的类型, 再把方程化成标准形.

解 因为 $\Delta = a_{12}^2 - a_{11}a_{22} = 4 > 0$, 方程为双曲型. 特征方程为

$$(\mathrm{d}y)^2 + 2\mathrm{d}x\mathrm{d}y = 0 \quad \text{或} \quad (\mathrm{d}y + 2\mathrm{d}x)\mathrm{d}y = 0,$$

所以两族特征线为 $y + 2x = c_1, y = c_2$. 令

$$\xi = y + 2x, \quad \eta = y,$$

则有

$$u_x = 2u_\xi, \quad u_y = u_\xi + u_\eta$$
$$u_{xx} = 4u_{\xi\xi}, \quad u_{xy} = 2(u_{\xi\xi} + u_{\xi\eta}).$$

代入原方程得一标准形

$$u_{\xi\eta} = \frac{1}{4}(u_\xi + u_\eta).$$

若再作变换

$$\xi = \frac{1}{2}(s + t), \quad \eta = \frac{1}{2}(s - t),$$

有

$$s = \xi + \eta, \quad t = \xi - \eta,$$

则有

$$u_\xi = u_s + u_t, \quad u_\eta = u_s - u_t, \quad u_{\xi\eta} = u_{ss} - u_{tt}.$$

代入上一标准形则得另一标准形

$$u_{ss} - u_{tt} = \frac{1}{2}u_s.$$

例 3.2 将方程 $x^2 u_{xx} + 2xy u_{xy} + y^2 u_{yy} = 0$ 化成标准形.

解 判别式 $\Delta = x^2 y^2 - x^2 y^2 = 0$, 方程为抛物型. 特征方程为

$$x\mathrm{d}y - y\mathrm{d}x = 0,$$

特征线为 $\dfrac{y}{x} = c$, 作变换

$$\xi = \frac{y}{x}, \quad \eta = x,$$

代入原方程可得标准形

$$y^2 u_{\eta\eta} = 0 \quad \text{或} \quad u_{\eta\eta} = 0 \quad (y \neq 0).$$

例 3.3 讨论 Tricomi 方程 $y u_{xx} + u_{yy} = 0$ 的类型.

解 因为判别式 $\Delta = -y$, ① 当 $y > 0$ 时, 方程为椭圆型的; ② 当 $y < 0$ 时, 方程为双曲型的; ③ 当 $y = 0$ 时, 方程为抛物型的. 所以, 方程在区域内为混合型. 特征方程为

$$y\mathrm{d}y^2 + \mathrm{d}x^2 = 0.$$

在 $y > 0$ 的椭圆型区域中, 特征方程化为 $\mathrm{d}x \pm \mathrm{i}\sqrt{y}\mathrm{d}y = 0$, 特征线族为

$$x \pm \mathrm{i}\frac{2}{3}y^{\frac{3}{2}} = c,$$

作变换

$$\xi = x, \quad \eta = \frac{2}{3}y^{\frac{3}{2}},$$

则原方程化为

$$u_{\xi\xi} + u_{\eta\eta} = -\frac{1}{3\eta}u_\eta.$$

在 $y < 0$ 的双曲型区域中, 特征方程化为 $\mathrm{d}x \pm \sqrt{-y}\mathrm{d}y = 0$, 特征线族为

$$x \pm \frac{2}{3}(-y)^{\frac{3}{2}} = c,$$

作变换

$$\xi = x - \frac{2}{3}(-y)^{\frac{3}{2}}, \quad \eta = x + \frac{2}{3}(-y)^{\frac{3}{2}},$$

则方程可化为

$$u_{\xi\eta} = \frac{1}{6(\xi - \eta)}(u_\xi - u_\eta).$$

在 $y = 0$ 时, 为抛物型, 方程为 $u_{yy} = 0$.

此方程在气体动力学的跨声速流理论中有重要地位.

特别地, 对于常系数二阶线性偏微分方程, 即 $a_{11}, a_{12}, a_{22}, b_1, b_2, c, f$ 都不随 x, y 变化时, 完全类似地可通过适当变换, 将方程 (3.1.1) 化为以下三种标准形式之一:

双曲型: $u_{\xi\eta} = a_1 u_\xi + b_1 u_\eta + c_1 u + f_1$ 或 $u_{\xi\xi} - u_{\eta\eta} = a_2 u_\xi + b_2 u_\eta + c_2 u + f_2$;

抛物型: $u_{\eta\eta} = a_3 u_\xi + b_3 u_\eta + c_3 u + f_3$;

椭圆型: $u_{\xi\xi} + u_{\eta\eta} = a_4 u_\xi + b_4 u_\eta + c_4 u + f_4$.

上述方程中的系数均是常数.

3.1.3　多个自变量的二阶线性偏微分方程的分类

多个自变量的二阶线性偏微分方程的一般形式为

$$\sum_{i,j=1}^n a_{ij}\frac{\partial^2 u}{\partial x_i \partial x_j} + \sum_{i=1}^n b_i \frac{\partial u}{\partial x_i} + cu = f, \tag{3.1.13}$$

其中 a_{ij}, b_i, c, f 为 n 维空间 $\mathbf{R}^n$ 上的已知实函数, $a_{ij} = a_{ji}$.

用算子形式表示 (3.1.13), 可将它写成矩阵形式

$$\mathbf{L}u = f, \tag{3.1.14}$$

其中 $\mathbf{L} = \nabla_x^{\mathrm{T}} A \nabla_x + \beta \nabla_x + c$ 为线性二阶偏微分算子, 这里 $A = (a_{ij})_{n \times n}$ 是二阶导数项系数对称矩阵, $\beta = (b_1, b_2, \cdots, b_n)$ 是一阶导数项系数向量, $\nabla_x = \left(\dfrac{\partial}{\partial x_1}, \dfrac{\partial}{\partial x_2}, \cdots, \dfrac{\partial}{\partial x_n} \right)^{\mathrm{T}}$ 是变量 $x = (x_1, x_2, \cdots, x_n)^{\mathrm{T}}$ 的梯度算子.

下面给出常系数二阶偏微分方程的分类.

设方程 (3.1.13) 的系数都是常数, 作可逆线性变换 $y = Bx$, 其中 $B = (b_{ij})_{n \times n}$ 是常系数 n 阶可逆阵, $\nabla_y = \left(\dfrac{\partial}{\partial y_1}, \dfrac{\partial}{\partial y_2}, \cdots, \dfrac{\partial}{\partial y_n} \right)^{\mathrm{T}}$ 为变量 $y = (y_1, y_2, \cdots, y_n)^{\mathrm{T}}$ 的梯度算子. 则有

$$\nabla_x = B^{\mathrm{T}} \nabla_y,$$

从而

$$\mathbf{L} = \nabla_y^{\mathrm{T}} (BAB^{\mathrm{T}}) \nabla_y + (B\beta) \nabla_y + c.$$

选取适当的矩阵 B 使 BAB^{T} 成对角标准形, 即选取适当的线性变换把方程中二阶导数项系数所对应的二次型化成标准形, 也就是

$$BAB^{\mathrm{T}} = \pm \mathrm{diag}(1, \cdots, 1, -1, \cdots, -1, 0, \cdots, 0).$$

设其中 $1, -1, 0$ 的个数分别为 r, s, t $(r + s + t = n)$, 据此可把二阶常系数偏微分方程分为以下几类:

(1) 当 $r = n, s = t = 0$ 时, 即 A 为正定或负定矩阵时, 称方程 (3.1.13) 为椭圆型;

(2) 当 $r = n-1, s = 1, t = 0$ 时, 即 A 的特征值有 $n-1$ 个同号、另一个反号时, 称方程 (3.1.13) 为双曲型;

(3) 当 $r > n, s > 1, t = 0$ 时, 即 A 的特征值都非零且正负特征值的个数都超过两个时, 称方程 (3.1.13) 为超双曲型;

(4) 当 $r = n-1, s = 0, t = 1$ 时, $B\beta$ 的第 n 个分量为负数, 即 A 只有一个特征值为零, 其他 $n-1$ 个特征值同号且关于第 n 个自变量的一阶偏导数的系数符号与这 $n-1$ 个特征值反号, 称方程 (3.1.13) 为抛物型.

3.2 叠加原理和齐次化原理

现实中有许多现象具有叠加效应, 即几种因素同时发生时所产生的效果是它们分别单独发生时所产生的效果的叠加. 这些现象在微分方程中表现为线性微分

方程的叠加原理.

为简便叙述叠加原理, 利用微分算子的概念. 称

$$\mathbf{L} = a_{11}\frac{\partial^2}{\partial x^2} + 2a_{12}\frac{\partial^2}{\partial x\partial y} + a_{22}\frac{\partial^2}{\partial y^2} + b_1\frac{\partial}{\partial x} + b_2\frac{\partial}{\partial y} + c,$$

$$\mathbf{B} = \left(\frac{\partial}{\partial x}\right)_{x=0},$$

$$\Delta = \nabla^2 = \frac{\partial^2}{\partial x^2} + \frac{\partial^2}{\partial y^2} + \frac{\partial^2}{\partial z^2}$$

等为微分算子. 微分算子作用于一个函数, 便产生另外一个函数.

利用微分算子可将二阶线性偏微分方程的边值问题

$$a_{11}\frac{\partial^2 u}{\partial x^2} + 2a_{12}\frac{\partial^2 u}{\partial x\partial y} + a_{22}\frac{\partial^2 u}{\partial y^2} + b_1\frac{\partial u}{\partial x} + b_2\frac{\partial u}{\partial y} + cu = f,$$

$$\left.\frac{\partial u}{\partial x}\right|_{x=0} = g$$

化为算子表示形式

$$\mathbf{L}u = f,$$

$$\mathbf{B}u = g.$$

通常称 $\mathbf{L}$ 为**二阶偏微分算子**, 称 $\mathbf{B}$ 为**边界算子**, 称 $\Delta = \nabla^2 = \frac{\partial^2}{\partial x^2} + \frac{\partial^2}{\partial y^2} + \frac{\partial^2}{\partial z^2}$
为 **Laplace 算子**.

若算子 $\mathbf{A}$ 满足线性可加性条件

$$\mathbf{A}(au + bv) = a\mathbf{A}u + b\mathbf{A}v,$$

其中 a, b 为任意常数, 则称 $\mathbf{A}$ 为线性算子. 显然 $\mathbf{L}$ 和 $\mathbf{B}$ 都是线性算子.

叠加原理 1　若 u_i 是线性偏微分方程

$$\mathbf{L}u_i = f_i \quad (i = 1, 2, \cdots, m)$$

的解, 则 $u = \sum_{i=1}^{m} c_i u_i$ 是线性方程

$$\mathbf{L}u = \sum_{i=1}^{m} c_i f_i$$

的解, 其中 c_i 为任意常数, m 为有限整数或无穷.

叠加原理 2 若 $u(x; y_0)$ 是非齐次方程 $\mathbf{L}u = g(x; y_0)$ 的解, y_0 为参数, 设积分

$$U(x) = \int u(x; y_0) \mathrm{d}y_0$$

收敛且 $\mathbf{L}$ 中出现的求偏导和求积分满足可交换次序的条件, 则 $U(x)$ 是方程

$$\mathbf{L}U = \int g(x; y_0) \mathrm{d}y_0$$

的解.

叠加原理的重要应用是它把非齐次偏微分方程的求解转化为齐次方程的求解. 如弦振动的混合问题

$$\begin{cases} u_{tt} = a^2 u_{xx} + f(x, t), & 0 < x < l, t > 0, \\ u(0, t) = 0, & u(l, t) = 0, \\ u(x, 0) = \varphi(x), & u_t(x, 0) = \psi(x) \end{cases} \tag{3.2.1}$$

是由两部分干扰引起的, 一部分是外界的强迫力, 另一部分是弦所处的初始状态. 由物理意义知, 这种振动可看成仅由强迫力引起的振动和仅由初始状态引起的振动的合成.

设 $v(x, t)$ 表示仅由强迫力引起的位移, 则它满足

$$\begin{cases} v_{tt} = a^2 v_{xx} + f(x, t), & 0 < x < l, t > 0, \\ v(0, t) = 0, & v(l, t) = 0, \\ v(x, 0) = 0, & v_t(x, 0) = 0. \end{cases} \tag{3.2.2}$$

设 $w(x, t)$ 表示仅由初始状态引起的位移, 则它满足

$$\begin{cases} w_{tt} = a^2 w_{xx}, & 0 < x < l, t > 0, \\ w(0, t) = 0, & w(l, t) = 0, \\ w(x, 0) = \varphi(x), & w_t(x, 0) = \psi(x). \end{cases} \tag{3.2.3}$$

因此, $v(x, t) + w(x, t) = u(x, t)$ 为原方程 (3.2.1) 的解.

同样, 根据叠加原理又可把 (3.2.3) 分解为下面两个问题:

$$\begin{cases} (w_1)_{tt} = a^2 (w_1)_{xx}, & 0 < x < l, t > 0, \\ w_1(0, t) = 0, & w_1(l, t) = 0, \\ w_1(x, 0) = \varphi(x), & (w_1)_t(x, 0) = 0 \end{cases} \tag{3.2.4}$$

和

$$
\begin{cases}
(w_2)_{tt} = a^2 (w_2)_{xx}, & 0 < x < l, t > 0, \\
w_2(0,t) = 0, \quad w_2(l,t) = 0, \\
w_2(x,0) = 0, \quad (w_2)_t(x,0) = \psi(x)
\end{cases}
\tag{3.2.5}
$$

的求解, 即 $w(x,t) = w_1(x,t) + w_2(x,t)$ 为 (3.2.3) 的解.

对于非齐次方程齐次初、边值问题 (3.2.2) 有下面的齐次化原理.

齐次化原理　设 $w(x,t)$ 是齐次方程 Cauchy 问题

$$
\begin{cases}
w_{tt} = a^2 w_{xx}, & -\infty < x < +\infty, t > \tau, \\
w(x,\tau;\tau) = 0, \\
w_t(x,\tau;\tau) = f(x,\tau)
\end{cases}
\tag{3.2.6}
$$

的解, 这里 τ 为参数, 则

$$
v(x,t) = \int_0^t w(x,t;\tau)\mathrm{d}\tau
$$

为非齐次方程 Cauchy 问题

$$
\begin{cases}
v_{tt} = a^2 v_{xx} + f(x,t), & -\infty < x < +\infty, t > 0, \\
v(x,0) = 0, \\
v_t(x,0) = 0
\end{cases}
$$

的解.

证明　由 Leibniz 公式和 $w(x,\tau;\tau) = 0$ 有

$$
v_t = w(x,t;t) + \int_0^t w_t(x,t;\tau)\mathrm{d}\tau = \int_0^t w_t(x,t;\tau)\mathrm{d}\tau.
$$

再对 t 求导, 并由 $w_t(x,\tau;\tau) = f(x,\tau)$ 有

$$
v_{tt} = w_t(x,t;t) + \int_0^t w_{tt}(x,t;\tau)\mathrm{d}\tau = f(x,t) + \int_0^t a^2 w_{xx}\mathrm{d}\tau
$$

$$
= f(x,t) + a^2 \left[\int_0^t w\mathrm{d}\tau \right]_{xx} = f(x,t) + a^2 v_{xx},
$$

即满足 (3.2.6) 中第一个方程.

又因 w, w_t 连续有界, 因此有

$$v(x,0) = \left(\int_0^t w(x,t;\tau)\mathrm{d}\tau \right)_{t=0} = 0,$$

$$v_t(x,0) = \left(\int_0^t w_t(x,t;\tau)\mathrm{d}\tau \right)_{t=0} = 0,$$

即满足初始条件.

　　叠加原理和齐次化原理不仅给出求解非齐次线性偏微分方程的一种思路, 而且也给出非齐次线性偏微分方程解的结构特征. 我们遇到的线性偏微分方程的求解经常用到这两个原理. 但注意, 这两个原理不适用于非线性方程, 然而在非线性偏微分方程研究中最基本的思想就是线性化, 因此, 理解线性偏微分方程的理论是十分重要的.

习 题 3

　　1. 判断下列二阶偏微分方程的类型:

(1) $u_{tt} - a^2 u_{xx} = 0$;

(2) $u_t - a^2 u_{xx} = 0$;

(3) $u_{xx} + u_{yy} = 0$.

　　2. 化简关于 $u(x,y)$ 的二阶线性偏微分方程: $u_{xx} - a^2 u_{yy} = 0$.

　　3. 设 u_1, u_2 分别为定解问题

$$\begin{cases} u_{tt} = a^2 u_{xx}, & 0 < x < l, t > 0, \\ u(x,t)|_{t=0} = \varphi_1(x), u_t(x,t)|_{t=0} = \psi_1(x), & 0 < x < l, \\ u(x,t)|_{x=0} = 0, u(x,t)|_{x=l} = 0, & t > 0 \end{cases}$$

和

$$\begin{cases} u_{tt} = a^2 u_{xx}, & 0 < x < l, t > 0, \\ u(x,t)|_{t=0} = 0, u_t(x,t)|_{t=0} = 0, & 0 < x < l, \\ u(x,t)|_{x=0} = \varphi_2(t), u(x,t)|_{x=l} = \psi_2(t), & t > 0 \end{cases}$$

的解, 试证明 $u = u_1 + u_2$ 是定解问题

$$\begin{cases} u_{tt} = a^2 u_{xx}, & 0 < x < l, t > 0, \\ u(x,t)|_{t=0} = \varphi_1(x), u_t(x,t)|_{t=0} = \psi_1(x), & 0 < x < l, \\ u(x,t)|_{x=0} = \varphi_2(t), u(x,t)|_{x=l} = \psi_2(t), & t > 0 \end{cases}$$

的解.

第 4 章　波动方程与解法

本章首先根据一维弦振动建立波动方程, 其次分别介绍行波法、分离变量法求解波动方程的各类定解问题, 特别是非齐次边界条件、非齐次方程和非齐次初始条件对应的混合问题.

4.1　一维波动方程及其定解问题

4.1.1　一维弦振动模型

问题　一根长为 l 的柔软均匀的细弦, 拉紧后让它离开平衡位置, 在垂直于弦线的外力作用下作微小横振动, 求弦上任一点在不同时刻的振动方程.

假设　① "柔软" 指弦是不抵抗弯曲、可任意弯曲的弹性曲线, 弦上任一点张力的方向总是沿弦的瞬时位置的切线方向. ② "均匀" 指弦的线密度 ρ 为常数. ③ "细弦" 指弦的长度远远大于它的直径, 其宽度和厚度忽略不计, 即把弦看作数学上的一条光滑曲线. ④ "横振动" 指振动发生在一个平面内, 且弦上各点的运动方向垂直于平衡位置. ⑤ "微小" 指弦上各点的位移与弦长相比很小, 且振动平缓, 即弦在任意平衡位置的倾角都很小, 或各点切线的斜率变化很微小. 若取平衡位置为 x 轴建立如图 4.1 坐标系, 用 $u(x,t)$ 表示弦上 x 点在 t 时刻的位移, 则 $\left|\dfrac{\partial u}{\partial x}\right| \ll 1$ 或 $\left(\dfrac{\partial u}{\partial x}\right)^2 \ll 1$, 也就是说, 在 $\dfrac{\partial u}{\partial x}$ 高阶无穷小忽略不计的精度范围内研究, 于是有

$$\Delta s = \int_x^{x+\Delta x} \sqrt{1 + \left(\frac{\partial u}{\partial x}\right)^2}\, \mathrm{d}x \approx \int_x^{x+\Delta x} \mathrm{d}x = \Delta x,$$

即在振动过程中弦长不发生变化. ⑥ 弦的重力与张力相比很小, 重力忽略不计. ⑦ 弦上各点受外力的影响, 外力线密度为 $F(x,t)$, 外力方向为 u 轴的正向.

模型的导出　首先证明弦上各点张力相同. 取弦上任一弧段微元 $\overset{\frown}{MM'}$, 它在 M 点受张力 $T(x)$ 作用, 在 M' 点受张力 $T(x+\Delta x)$ 作用, 整个弧段受外力 $F(x,t)$ 作用. 张力的水平分量分别为 $T(x)\cos\alpha$, $T(x+\Delta x)\cos\alpha'$, 其中 α, α' 分别是 $T(x)$ 和 $T(x+\Delta x)$ 与 x 轴的夹角, 弧段微元 $\overset{\frown}{MM'}$ 在水平方向没有运动,

故水平方向的合力为零, 即

$$T(x + \Delta x) \cos \alpha' - T(x) \cos \alpha = 0.$$

因为

$$\cos \alpha = \frac{1}{\sqrt{1 + \tan^2 \alpha}} = \frac{1}{\sqrt{1 + \left(\dfrac{\partial u}{\partial x}\right)^2}} \approx 1,$$

同样, $\cos \alpha' \approx 1$, 所以, $T(x + \Delta x) - T(x) = 0$, 即弦上各点张力相等, 用常数 T 表示.

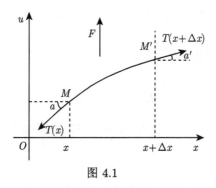

图 4.1

其次导出弦振动方程. 在垂直方向弧段微元 $\overset{\frown}{MM'}$ 受力总和为

$$-T \sin \alpha + T \sin \alpha' + F(\overline{x}, t)\Delta s - \rho g \Delta s \quad (x < \overline{x} < x + \Delta x)$$

或

$$-T \sin \alpha + T \sin \alpha' + F(\overline{x}, t)\Delta x - \rho g \Delta x \quad (x < \overline{x} < x + \Delta x),$$

其中 $-\rho g \Delta s$ 是弧段所受重力可忽略, 因此有 $-T \sin \alpha + T \sin \alpha' + F(\overline{x}, t)\Delta x$.

由牛顿第二运动定律, 有

$$-T \sin \alpha + T \sin \alpha' + F(\overline{x}, t)\Delta x = \rho \Delta x \frac{\partial^2 u(\widetilde{x}, t)}{\partial t^2},$$

其中 $x < \widetilde{x} < x + \Delta x, \widetilde{x}$ 为弧段微元 $\overset{\frown}{MM'}$ 的质心, $\dfrac{\partial^2 u(\widetilde{x}, t)}{\partial t^2} = u_{tt}(\widetilde{x}, t)$ 为弧段

微元 $\overset{\frown}{MM'}$ 在 t 时刻沿垂直方向的加速度. 由于

$$\sin \alpha = \frac{\tan \alpha}{\sqrt{1 + \tan^2 \alpha}} \approx \tan \alpha = \frac{\partial u(x, t)}{\partial x} = u_x(x, t),$$

同样

$$\sin\alpha' \approx \tan\alpha' = \frac{\partial u(x+\Delta x, t)}{\partial x} = u_x(x+\Delta x, t),$$

所以

$$T[u_x(x+\Delta x, t) - u_x(x,t)] + F(\overline{x}, t)\Delta x = \rho\Delta x u_{tt}(\widetilde{x}, t).$$

假定 u_x 连续, u_{xx} 存在, 由微分中值定理有

$$Tu_{xx}(\xi, t)\Delta x + F(\overline{x}, t)\Delta x = \rho\Delta x u_{tt}(\widetilde{x}, t),$$

其中 $x < \xi < x+\Delta x$, 消去 Δx, 并令 $\Delta x \to 0$, 则有 $\overline{x} \to x, \widetilde{x} \to x, \xi \to x$, 因此

$$Tu_{xx}(x,t) + F(x,t) = \rho u_{tt}(x,t).$$

令 $\dfrac{T}{\rho} = a^2, \dfrac{F}{\rho} = f$, 则得到弦强迫振动方程

$$u_{tt} = a^2 u_{xx} + f. \tag{4.1.1}$$

若弦不受外力作用, 即 $f = 0$, 则得到弦的自由振动方程

$$u_{tt} = a^2 u_{xx}. \tag{4.1.2}$$

方程 (4.1.1) 和 (4.1.2) 描述的是振动产生的波的传播, 如地震波、潮汐波等都可以用这个方程来描述, 因此该方程又称为一维波动方程. D. Alembert (1752) 首先建立了一维波动方程, 后来 Euler (1759) 和 D. Bernoulli (1762) 分别推广建立了二维和三维波动方程. 它们的形式分别为

$$u_{tt} = a^2(u_{xx} + u_{yy}) + f(x, y, t), \tag{4.1.3}$$

$$u_{tt} = a^2(u_{xx} + u_{yy} + u_{zz}) + f(x, y, z, t). \tag{4.1.4}$$

4.1.2　一维弦振动的定解问题

1. 弦振动的初值问题

初始条件是开始时刻各点的位移 $u(x,0)$ 和初始振动速度 $u_t(x,0)$, 若已知初始振动位移为 $\varphi(x)$ 和初始振动速度为 $\psi(x)$, 则无界弦强迫振动对应的**初值问题** (**Cauchy 问题**) 可表示为

$$\begin{cases} u_{tt} = a^2 u_{xx} + f(x,t), & x \in \mathbf{R}^1, t > 0, \\ u(x,t)|_{t=0} = \varphi(x), & x \in \mathbf{R}^1, \\ u_t(x,t)|_{t=0} = \psi(x), & x \in \mathbf{R}^1. \end{cases} \tag{4.1.5}$$

2. 弦振动的混合问题

长为 l 的有界弦自由振动, 若两端固定, 则有边界条件:

$$u(x,t)|_{x=0} = 0, \quad u(x,t)|_{x=l} = 0.$$

又若知初始振动位移为 $\varphi(x)$, 初始振动速度为 $\psi(x)$, 则有**弦振动的混合问题**

$$\begin{cases} u_{tt} = a^2 u_{xx}, & 0 < x < l, t > 0, \\ u(x,t)|_{t=0} = \varphi(x), & u_t(x,t)|_{t=0} = \psi(x), \\ u(x,t)|_{x=l} = 0, & u(x,t)|_{x=l} = 0. \end{cases} \tag{4.1.6}$$

若弦一端固定, 另一端自由, 则有边界条件:

$$u(x,t)|_{x=0} = 0, \quad u_x(x,t)|_{x=l} = 0,$$

对应的定解问题为

$$\begin{cases} u_{tt} = a^2 u_{xx}, & 0 < x < l, t > 0, \\ u(x,t)|_{t=0} = \varphi(x), & u_t(x,t)|_{t=0} = \psi(x), \\ u(x,t)|_{x=l} = 0, & u_x(x,t)|_{x=l} = 0. \end{cases}$$

若长为 l 的弦作强迫振动, 初始振动位移为 $\varphi(x)$, 初始振动速度为 $\psi(x)$, 且弦的两端不固定, 其位移 $\mu_1(t), \mu_2(t)$ 随时间变化, 则有**非齐次方程、非齐次初始条件和非齐次边界条件**的混合问题

$$\begin{cases} u_{tt} = a^2 u_{xx} + f(x,t), & 0 < x < l, t > 0, \\ u(x,t)|_{t=0} = \varphi(x), & u_t(x,t)|_{t=0} = \psi(x), \\ u(x,t)|_{x=0} = \mu_1(t), & u(x,t)|_{x=l} = \mu_2(t). \end{cases} \tag{4.1.7}$$

4.2 行 波 法

本节介绍求解偏微分方程常用的行波法, 给出一维波动方程的 D'Alembert 公式. Mathematica 软件计算程序见参考文献 (张隽等, 2008).

4.2.1 无界弦的自由振动问题

无限长的一根弦在平面内作自由振动, 已知初始振动位移为 $\varphi(x)$, 初始振动速度为 $\psi(x)$, 则该无界弦的自由振动可归结为一维波动方程的 Cauchy 问题:

$$\begin{cases} u_{tt} = a^2 u_{xx}, & -\infty < x < +\infty, t > 0, \\ u(x,0) = \varphi(x), & -\infty < x < +\infty, \\ u_t(x,0) = \psi(x), & -\infty < x < +\infty. \end{cases} \tag{4.2.1}$$

作自变量变换 (特征变换)

$$\xi = x - at, \quad \eta = x + at,$$

代入 (4.2.1) 中第一个方程得

$$u_{\xi\eta} = 0.$$

关于变量 ξ, η 分别积分两次得

$$u(\xi, \eta) = F(\xi) + G(\eta),$$

其中 F, G 为任意函数, 换回变量 x, t 有

$$u(x, t) = F(x - at) + G(x + at). \tag{4.2.2}$$

将 (4.2.1) 中两初始条件代入 (4.2.2) 得

$$\begin{cases} F(x) + G(x) = \varphi(x), \\ -F(x) + G(x) = \dfrac{1}{a} \displaystyle\int_{x_0}^{x} \psi(\alpha)\mathrm{d}\alpha - \dfrac{c}{a}. \end{cases}$$

因此有

$$F(x) = \frac{1}{2}\varphi(x) - \frac{1}{2a}\int_{x_0}^{x} \psi(\alpha)\mathrm{d}\alpha + \frac{c}{2a},$$

$$G(x) = \frac{1}{2}\varphi(x) + \frac{1}{2a}\int_{x_0}^{x} \psi(\alpha)\mathrm{d}\alpha - \frac{c}{2a}.$$

它们对于任意 x 均成立, 将 x 换为 $x + at, x - at$ 代入 (4.2.2) 得原问题的解为

$$u(x, t) = \frac{\varphi(x - at) + \varphi(x + at)}{2} + \frac{1}{2a}\int_{x-at}^{x+at} \psi(\alpha)\mathrm{d}\alpha, \tag{4.2.3}$$

(4.2.3) 称为求解一维波动方程的 Cauchy 问题的 D'Alembert 公式.

下面根据 D'Alembert 公式考察一维波动方程的 Cauchy 问题解的适定性.

首先, 当 $\varphi \in C^2, \psi \in C^1$ 时, 易证 D'Alembert 公式给出的表达式一定满足 (4.2.1), 故解存在. 其次, 显然该问题的解也是唯一的, 因为 D'Alembert 公式给出的表达式在推导过程中未加任何人为条件.

下面讨论解的稳定性, 即考察初始条件的变化对解的影响.

假设

$$
\begin{cases}
u_{tt} = a^2 u_{xx}, & -\infty < x < +\infty, t > 0, \\
u(x,0) = \varphi_i(x), & -\infty < x < +\infty, \qquad (i = 1, 2) \\
u_t(x,0) = \psi_i(x), & -\infty < x < +\infty
\end{cases}
$$

有解 u_i $(i = 1, 2)$, 当 $|\varphi_1 - \varphi_2| < \delta, |\psi_1 - \psi_2| < \delta$ 时, 这里 δ 为足够小的正数, 当 $t \in (0, t_0)$ 时, 由 D'Alembert 公式有

$$
\begin{aligned}
|u_1 - u_2| &\leqslant \frac{1}{2} |\varphi_1(x - at) - \varphi_2(x - at)| + \frac{1}{2} |\varphi_1(x + at) - \varphi_2(x + at)| \\
&\quad + \frac{1}{2a} \int_{x-at}^{x+at} |\psi_1(\alpha) - \psi_2(\alpha)| \, d\alpha \\
&\leqslant \frac{\delta}{2} + \frac{\delta}{2} + \frac{1}{2a} \delta 2at \leqslant \delta(1 + t_0),
\end{aligned}
$$

取 $\delta = \dfrac{\varepsilon}{1 + t_0}$, 则有 $|u_1 - u_2| < \varepsilon$, 故解是稳定的.

由此知, 当 $\varphi \in C^2, \psi \in C^1$ 时, (4.2.1) 的解是适定的, 解由 D'Alembert 公式 (4.2.3) 给出.

1. D'Alembert 公式的意义

下面以弦振动方程的 Cauchy 问题 (4.2.1) 为特例说明 D'Alembert 公式的物理意义. 假设 $\psi(x) = 0$, 由 D'Alembert 公式 (4.2.3), 时刻 t 弦上 x 处的位移为

$$
u(x, t) = \frac{1}{2} [\varphi(x - at) + \varphi(x + at)].
$$

考察其中第一项 $\dfrac{1}{2}\varphi(x - at)$ 的物理意义, 当 $t = 0$ 时, 第一项 $\dfrac{1}{2}\varphi(x - at)$ 表示 x 处的位移为 $\dfrac{1}{2}\varphi(x)$; 当在 t 时刻, 弦上 $x + at$ 处的位移也为 $\dfrac{1}{2}\varphi(x)$. 由于 x 是弦上任意一点, 所以第一项 $\dfrac{1}{2}\varphi(x - at)$ 表明弦的波形经过时间 t 向 x 轴的正向移动了 at 距离, 即可看作向 x 轴的正向以速度 a 传播的波.

同样, 第二项 $\dfrac{1}{2}\varphi(x + at)$ 表示向 x 轴的负向以速度 a 传播的波, 如图 4.2.

一般地, $u(x, t) = \dfrac{1}{2} [\varphi(x - at) + \varphi(x + at)]$ 是由 $\dfrac{1}{2}\varphi(x)$ 以速度 a 分别向左、右传播而得到的左、右传播波之叠加.

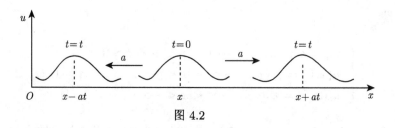

图 4.2

2. 依赖区间、决定区域和影响区域

下面讨论在 xOt 平面上点 (x,t) 处的位移 $u(x,t)$ 只依赖于哪个区间上的初值, 以及在区间 $[x_1,x_2]$ 上给定初值时, 哪个区域上的 $u(x,t)$ 被完全决定或哪个区域上的 $u(x,t)$ 会受到影响.

由 D'Alembert 公式 (4.2.3) 看到, 解 $u(x,t)$ 在点 (x,t) 处的数值只依赖于 x 轴的区间 $[x-at, x+at]$ 上的初始条件, 而与其他点上的初始条件无关, 因此, 把区间 $[x-at, x+at]$ 称为点 (x,t) 的 **依赖区间**. 实际上它是过点 (x,t) 分别作斜率为 $\pm\dfrac{1}{a}$ 的直线与 x 轴相交截得的区间, 如图 4.3 所示.

若在区间 $[x_1,x_2]$ 上给定了初值 $\varphi(x)$ 和 $\psi(x)$, 在平面 xOt 上能完全决定 $u(x,t)$ 的值的区域称为区间 $[x_1,x_2]$ 的 **决定区域**. 过 x_1 作斜率为 $\dfrac{1}{a}$ 的直线 $x = x_1+at$, 过 x_2 作斜率为 $-\dfrac{1}{a}$ 的直线 $x = x_2-at$, 这两直线和区间 $[x_1,x_2]$ 一起构成一个三角形区域, 如图 4.4, 此三角形区域中任一点 (x,t) 的依赖区间都落在区间 $[x_1,x_2]$ 内部, 因此, 解 $u(x,t)$ 在此三角形区域中的数值完全由区间 $[x_1,x_2]$ 上的初始条件决定, 而与此区间外的初始条件无关, 这个三角形区域称为区间 $[x_1,x_2]$ 的 **决定区域**. 若给定了区间 $[x_1,x_2]$ 上的初始条件, 就可以在其决定区域中决定初值问题的解.

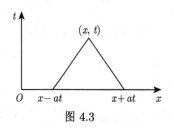

图 4.3

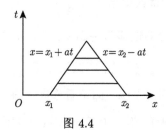

图 4.4

影响区域实际上是指在有限区间 $[x_1,x_2]$ 上所存在的初始扰动, 经过时间 t 后它所影响到的区域范围. 如对于弦振动, 在有限区间 $[x_1,x_2]$ 上的初始振动, 经过

时间 t 后它传播到的范围就是区间 $[x_1, x_2]$ 的影响区域. $u(x,t)$ 由左右传播波叠加而成, 区间 $[x_1, x_2]$ 上的初始振动, 其右行波在 t 时刻传到 $[x_1 + at, x_2 + at]$; 而左行波在 t 时刻传到 $[x_1 - at, x_2 - at]$. 因此经过 t 时刻初始振动波传播的范围由不等式

$$x_1 - at \leqslant x \leqslant x_2 + at \quad (t > 0)$$

所限定, 而在此范围之外处于静止状态. 在 xOt 平面上, 由上不等式表示的区域称为区间 $[x_1, x_2]$ 的**影响区域**, 如图 4.5. 图 4.6 是当区间 $[x_1, x_2]$ 收缩为一点时的影响区域.

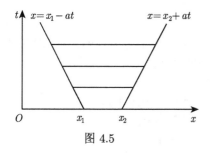
图 4.5

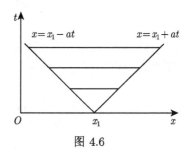
图 4.6

从上面讨论看出, 在 xOt 平面上直线 $x \pm at = c$ 对研究一维波动方程有重要作用. 一方面, 左右传播波分别沿直线 $x \pm at = c$ 传播; 另一方面, 直线 $x \pm at = c$ 是决定区域和影响区域的边界. 它们称为一维波动方程 (4.2.1) 的**特征线**.

D'Alembert 公式也可用特征线法来推导. 将二阶微分算子作分解

$$\frac{\partial^2}{\partial t^2} - a^2 \frac{\partial^2}{\partial x^2} = \left(\frac{\partial}{\partial t} + a \frac{\partial}{\partial x} \right) \left(\frac{\partial}{\partial t} - a \frac{\partial}{\partial x} \right),$$

则有

$$\frac{\partial^2 u}{\partial t^2} - a^2 \frac{\partial^2 u}{\partial x^2} = \left(\frac{\partial}{\partial t} + a \frac{\partial}{\partial x} \right) \left(\frac{\partial}{\partial t} - a \frac{\partial}{\partial x} \right) u,$$

令 $\left(\dfrac{\partial}{\partial t} - a \dfrac{\partial}{\partial x} \right) u = v$, 则可把定解问题 (4.2.1) 分解为两个一阶偏微分方程的初值问题

$$\begin{cases} \dfrac{\partial u}{\partial t} - a \dfrac{\partial u}{\partial x} = v, \\ u|_{t=0} = 0 \end{cases} \quad \text{和} \quad \begin{cases} \dfrac{\partial v}{\partial t} + a \dfrac{\partial v}{\partial x} = 0, \\ v|_{t=0} = (u_t - a u_x)|_{t=0} = \psi(x). \end{cases}$$

用第 2 章所讲的一阶偏微分方程的初值问题的特征线法可推导出 D'Alembert
公式.

4.2.2 无界弦的强迫振动问题

如果考察的弦振动是在较短时间且离开边界较远一段范围内的情况, 则可忽略边界条件的影响, 不妨视弦线为无限长, 在受外力作用下, 有下面定解问题:

$$
\begin{cases}
u_{tt} = a^2 u_{xx} + f(x,t), & -\infty < x < +\infty, t > 0, \\
u(x,0) = \varphi(x), & -\infty < x < +\infty, \\
u_t(x,0) = \psi(x), & -\infty < x < +\infty.
\end{cases} \tag{4.2.4}
$$

在上面初值问题中, 非齐次微分方程和定解条件都是线性的, 因此成立叠加原理, 即上述问题的解是下面两个定解问题的解的叠加:

$$
\begin{cases}
u_{tt} = a^2 u_{xx}, & -\infty < x < +\infty, t > 0, \\
u(x,0) = \varphi(x), & -\infty < x < +\infty, \\
u_t(x,0) = \psi(x), & -\infty < x < +\infty
\end{cases} \tag{4.2.5}
$$

和

$$
\begin{cases}
u_{tt} = a^2 u_{xx} + f(x,t), & -\infty < x < +\infty, t > 0, \\
u(x,0) = 0, & -\infty < x < +\infty, \\
u_t(x,0) = 0, & -\infty < x < +\infty.
\end{cases} \tag{4.2.6}
$$

(4.2.5) 的解 $u_1(x,t)$ 可由 D'Alembert 公式得到. (4.2.6) 的解 $u_2(x,t)$ 可用齐次化原理求出

$$
u_2(x,t) = \int_0^t \omega(x,t;\tau)\mathrm{d}\tau,
$$

其中 $\omega(x,t;\tau)$ 是初值问题

$$
\begin{cases}
\omega_{tt} = a^2 \omega_{xx}, & -\infty < x < +\infty, t > \tau, \\
\omega(x,\tau;\tau) = 0, & -\infty < x < +\infty, \\
\omega_t(x,\tau;\tau) = f(x,\tau), & -\infty < x < +\infty
\end{cases} \tag{4.2.7}
$$

的解, 通过变量转换 $\bar{t} = t - \tau$, 再应用 D'Alembert 公式可得 (4.2.7) 的解为

$$
\omega(x,t;\tau) = \frac{1}{2a} \int_{x-a(t-\tau)}^{x+a(t-\tau)} f(\xi,\tau)\mathrm{d}\xi,
$$

因此 (4.2.6) 的解为

$$u_2(x,t) = \int_0^t \omega(x,t;\tau)\mathrm{d}\tau = \frac{1}{2a} \int_0^t \int_{x-a(t-\tau)}^{x+a(t-\tau)} f(\xi,\tau)\mathrm{d}\xi\mathrm{d}\tau.$$

故有无界弦强迫振动问题 (4.2.4) 的解

$$u(x,t) = \frac{\varphi(x-at) + \varphi(x+at)}{2} + \frac{1}{2a} \int_{x-at}^{x+at} \psi(\alpha)\mathrm{d}\alpha$$

$$+ \frac{1}{2a} \int_0^t \int_{x-a(t-\tau)}^{x+a(t-\tau)} f(\xi,\tau)\mathrm{d}\xi\mathrm{d}\tau. \tag{4.2.8}$$

例 4.1 求解非齐次方程的初值问题

$$\begin{cases} u_{tt} = u_{xx} + 2x, & -\infty < x < +\infty, t > 0, \\ u(x,0) = \sin x, & -\infty < x < +\infty, \\ u_t(x,0) = x, & -\infty < x < +\infty. \end{cases}$$

解 由式 (4.2.8) 可直接得到解为

$$u(x,t) = \frac{1}{2}[\sin(x+t) + \sin(x-t)] + \frac{1}{2} \int_{x-t}^{x+t} \alpha \mathrm{d}\alpha + \frac{1}{2} \int_0^t \left(\int_{x-(t-\tau)}^{x+(t-\tau)} 2\xi \mathrm{d}\xi \right) \mathrm{d}\tau$$

$$= \sin x \cos t + xt + xt^2.$$

4.2.3 半无界弦的振动问题 (延拓法)

前述 D'Alembert 公式只适用于无界弦的振动问题, 对于半无界弦的振动, 如一端固定的半无界弦的混合问题

$$\begin{cases} u_{tt} = a^2 u_{xx}, & 0 \leqslant x, t > 0, \\ u(x,0) = \varphi(x), & 0 \leqslant x, \\ u_t(x,0) = \psi(x), & 0 \leqslant x, \\ u(0,t) = 0, & t > 0. \end{cases} \tag{4.2.9}$$

常常采用奇、偶延拓的方法把函数从半区间延拓到整个无界区间, 然后再用 D'Alembert 公式求解, 最后再把得到的解限制在区域 $x \geqslant 0, t > 0$ 上即可.

作奇延拓还是偶延拓, 由于 φ, ψ 作为 u 的初值关于 x 的奇偶性与 u 是一致的, 因此, 关键看在 $x = 0$ 处 u 和 u_x 的值的情况. 这里有下面结论: 在 D'Alembert

公式中, ① $u(0,t) = 0$ 当且仅当 φ, ψ 都是奇函数; ② $u_x(0,t) = 0$ 当且仅当 φ, ψ 都是偶函数. 事实上, 由 D'Alembert 公式, 有

$$u(0,t) = \frac{1}{2}[\varphi(at) + \varphi(-at)] + \frac{1}{2}\int_{-at}^{at} \psi(\xi)\mathrm{d}\xi = 0,$$

此式成立当且仅当 φ, ψ 都是奇函数; $u_x(0,t) = 0$ 的情况类似. 由此, 在定解问题中, 若 $u(0,t) = 0$, 则对 φ, ψ 作奇延拓

$$\Phi(x) = \begin{cases} \varphi(x), & x \geqslant 0, \\ -\varphi(-x), & x < 0, \end{cases} \qquad \Psi(x) = \begin{cases} \psi(x), & x \geqslant 0, \\ -\psi(-x), & x < 0. \end{cases}$$

若 $u_x(0,t) = 0$, 则对 φ, ψ 作偶延拓

$$\Phi(x) = \begin{cases} \varphi(x), & x \geqslant 0, \\ \varphi(-x), & x < 0, \end{cases} \qquad \Psi(x) = \begin{cases} \psi(x), & x \geqslant 0, \\ \psi(-x), & x < 0. \end{cases}$$

同样, 记 $U(x,t)$ 为 $u(x,t)$ 的奇或偶延拓, 则可把半无界问题化为无界区间上的定解问题

$$\begin{cases} U_{tt} = a^2 U_{xx}, & -\infty < x < +\infty, t > 0, \\ U(x,0) = \Phi(x), & -\infty < x < +\infty, \\ U_t(x,0) = \Psi(x), & -\infty < x < +\infty. \end{cases} \tag{4.2.10}$$

对于 (4.2.8), 由于 $u(0,t) = 0$, 作奇延拓可得 (4.2.10), 由 D'Alembert 公式, 有

$$U(x,t) = \frac{1}{2}[\Phi(x+at) + \Phi(x-at)] + \frac{1}{2a}\int_{x-at}^{x+at} \Psi(\xi)\mathrm{d}\xi.$$

当 $x \geqslant at$ 时, 有

$$u(x,t) = \frac{1}{2}[\varphi(x+at) + \varphi(x-at)] + \frac{1}{2a}\int_{x-at}^{x+at} \psi(\xi)\mathrm{d}\xi;$$

当 $0 \leqslant x < at$ 时, 有

$$u(x,t) = \frac{1}{2}[\varphi(x+at) - \varphi(at-x)] + \frac{1}{2a}\left[\int_{x-at}^{0} + \int_{0}^{x+at}\right]\Psi(\xi)\mathrm{d}\xi$$

$$= \frac{1}{2}[\varphi(x+at) - \varphi(at-x)] + \frac{1}{2a}\int_{x-at}^{0} -\psi(-\xi)\mathrm{d}\xi + \frac{1}{2a}\int_{0}^{x+at} \psi(\xi)\mathrm{d}\xi$$

$$= \frac{1}{2}[\varphi(x+at) - \varphi(at-x)] + \frac{1}{2a} \int_{-x+at}^{x+at} \psi(\xi)\mathrm{d}\xi.$$

因此, 半无界问题 (4.2.9) 的解为

$$u(x,t) = \begin{cases} \frac{1}{2}[\varphi(x+at) + \varphi(x-at)] + \frac{1}{2a} \int_{x-at}^{x+at} \psi(\xi)\mathrm{d}\xi, & x \geqslant at, \\ \frac{1}{2}[\varphi(x+at) - \varphi(at-x)] + \frac{1}{2a} \int_{-x+at}^{x+at} \psi(\xi)\mathrm{d}\xi, & at > x \geqslant 0. \end{cases}$$
$$(4.2.11)$$

同样, 对于 $u_x(0,t) = 0$, 类似前述作偶延拓求解.

注意, 对于边界条件为非齐次的半无界问题

$$\begin{cases} u_{tt} = a^2 u_{xx}, & 0 \leqslant x, t > 0, \\ u(x,0) = \varphi(x), & 0 \leqslant x, \\ u_t(x,0) = \psi(x), & 0 \leqslant x, \\ u(0,t) = g(t), & t > 0, \end{cases}$$
$$(4.2.12)$$

可通过作代换 $u(x,t) = v(x,t) + g(t)$, 利用齐次化原理求解即可.

而对于边界条件为非齐次的半无界问题

$$\begin{cases} u_{tt} = a^2 u_{xx}, & 0 \leqslant x, t > 0, \\ u(x,0) = \varphi(x), & 0 \leqslant x, \\ u_t(x,0) = \psi(x), & 0 \leqslant x, \\ u_x(0,t) = f(t), & t > 0, \end{cases}$$
$$(4.2.13)$$

可通过作代换 $u(x,t) = v(x,t) + w(x,t)$, 利用叠加原理和前述方法求解即可.

4.3 分离变量法与本征函数法

4.3.1 齐次边界条件的自由振动问题

1. 两端固定的弦的自由振动

问题 长为 l 的两端固定的弦在平面内作自由振动, 初始振动位移和初始振动速度分别为 $\varphi(x)$ 和 $\psi(x)$, 弦振动过程中不受外力作用, 求弦上任一点在任一时刻的振动规律.

该振动问题可归结为波动方程的混合问题

$$\begin{cases} u_{tt} = a^2 u_{xx}, & 0 < x < l, t > 0, \\ u(x,0) = \varphi(x), & 0 < x < l, \\ u_t(x,0) = \psi(x), & 0 < x < l, \\ u(0,t) = u(l,t) = 0, & t > 0. \end{cases} \tag{4.3.1}$$

在 (4.3.1) 中, 方程为线性齐次方程, 边界也是线性齐次方程, 可利用叠加原理. 下面考察变量分离形式的非零特解

$$u(x,t) = X(x)T(t) \quad (X(x)T(t) \neq 0),$$

代入 (4.3.1) 中齐次方程有

$$X(x)T''(t) = a^2 X''(x)T(t)$$

或

$$\frac{T''(t)}{a^2 T(t)} = \frac{X''(x)}{X(x)}.$$

上式左边是 t 的函数, 右边是 x 的函数, 所以左右相等必为常数, 记为 $-\lambda$, 则得两个常微分方程

$$\begin{aligned} & T''(t) + \lambda a^2 T(t) = 0, \\ & X''(x) + \lambda X(x) = 0. \end{aligned} \tag{4.3.2}$$

1) 求 $X(x)$

由边界条件有 $X(0)T(t) = X(l)T(t) = 0$, 这里 $T(t)$ 不能恒等于零, 否则 $u(x,t) \equiv 0$. 于是有

$$X(0) = 0, \quad X(l) = 0.$$

结合 (4.3.2) 中第二式, 有常微分方程的齐次边值问题

$$\begin{cases} X''(x) + \lambda X(x) = 0, & 0 < x < l, \\ X(0) = 0, \quad X(l) = 0. \end{cases} \tag{4.3.3}$$

若 (4.3.3) 对于 λ 的某些值, 存在非零解, 称这种 λ 值为本征值 (固有值); 相应的非零解 $X(x)$ 称为本征函数 (固有函数). 这样的问题叫作 Sturm-Liouville 问题.

下面对 λ 分情况讨论.

(1) 当 $\lambda < 0$ 时, (4.3.3) 只有零解, 无非平凡解. 事实上, 易知 (4.3.3) 中方程的通解为

$$X(x) = Ae^{\sqrt{-\lambda}x} + Be^{-\sqrt{-\lambda}x}.$$

由边界条件得

$$\begin{cases} A + B = 0, \\ Ae^{\sqrt{-\lambda}l} + Be^{-\sqrt{-\lambda}l} = 0. \end{cases}$$

由此可得 $A = B = 0$, 所以 $X(x) \equiv 0$.

(2) 当 $\lambda = 0$ 时, (4.3.3) 也只有零解, 无非平凡解. 因为方程的通解为

$$X(x) = Ax + B.$$

由边界条件知 $A = B = 0$, 所以此时只有恒等于零的解.

(3) 当 $\lambda > 0$ 时, (4.3.3) 中方程的通解为

$$X(x) = A\cos\sqrt{\lambda}x + B\sin\sqrt{\lambda}x.$$

由边界条件得

$$X(0) = A = 0,$$
$$X(l) = B\sin\sqrt{\lambda}l = 0.$$

假设 $X(x)$ 不恒等于零, 则 $B \neq 0$, 因此 $\sin\sqrt{\lambda}l = 0$, 于是得

$$\lambda = \lambda_n = \frac{n\pi}{l} \quad (n = 1, 2, \cdots). \tag{4.3.4}$$

因此得到一族非零解

$$X_n(x) = B_n\sin\frac{n\pi x}{l} \quad (n = 1, 2, \cdots). \tag{4.3.5}$$

称 (4.3.5) 为 (4.3.3) 的本征函数, 而 (4.3.4) 为 (4.3.3) 的本征值.

2) 求 $T(t)$

把 (4.3.4) 代入 (4.3.2) 中第一个方程得

$$T_n''(t) + \frac{a^2 n^2 \pi^2}{l^2} T_n(t) = 0.$$

它的通解为

$$T_n(t) = C_n\sin\frac{na\pi}{l}t + D_n\cos\frac{na\pi}{l}t \quad (n = 1, 2, \cdots). \tag{4.3.6}$$

因此, 可得满足 (4.3.1) 分离变量形式的特解

$$u_n(x,t) = X_n(x)T_n(t)$$
$$= \left(\overline{C}_n \sin \frac{na\pi}{l}t + \overline{D}_n \cos \frac{na\pi}{l}t \right) \sin \frac{n\pi x}{l} \quad (n = 1, 2, \cdots), \qquad (4.3.7)$$

其中 $\overline{C}_n = C_n B_n, \overline{D}_n = D_n B_n$ 为任意常数.

3) 求混合问题 (4.3.1) 的解

应用叠加原理, 所有 $u_n(x,t)$ 相加所得级数的和函数

$$u(x,t) = \sum_{n=1}^{\infty} \left(\overline{C}_n \sin \frac{na\pi}{l}t + \overline{D}_n \cos \frac{na\pi}{l}t \right) \sin \frac{n\pi x}{l} \qquad (4.3.8)$$

仍是 (4.3.1) 的解, 但这个和函数中有无穷多个参数 $\overline{C}_n, \overline{D}_n$, 这可通过初值函数 φ 和 ψ, 并根据 (4.3.8) 来确定, 得到

$$\begin{cases} \varphi(x) = u(x,0) = \sum_{n=1}^{\infty} \overline{D}_n \sin \frac{n\pi}{l}x, \\ \psi(x) = u_t(x,0) = \sum_{n=1}^{\infty} \frac{n\pi a}{l} \overline{C}_n \sin \frac{n\pi}{l}x. \end{cases}$$

将上两式子的右端分别看成初值函数 φ 和 ψ 在区间 $[0,l]$ 上的 Fourier 级数, 则有 Fourier 系数

$$\begin{cases} \overline{C}_n = \dfrac{2}{na\pi} \displaystyle\int_0^l \varphi(\xi) \sin \frac{n\pi\xi}{l}\mathrm{d}\xi, \\ \overline{D}_n = \dfrac{2}{l} \displaystyle\int_0^l \psi(\xi) \sin \frac{n\pi\xi}{l}\mathrm{d}\xi. \end{cases} \qquad (4.3.9)$$

因此, 由 (4.3.9) 确定出 $\overline{C}_n, \overline{D}_n$, 将其代入 (4.3.8) 中, 即得混合问题 (4.3.1) 的解.

上述给出的就是**分离变量法**求解波动方程混合问题的过程. 该方法适合于多种方程形式的求解. **分离变量法**是先求满足齐次方程、齐次边界条件的特解, 叠加这些特解后, 再由初始条件定出系数. 求特解时的本征值问题是分离变量法的核心, 不同的方程和不同的边界条件, 对应有不同的本征值问题.

注　上述推导中简化掉了严密的推证. 事实上, 级数 (4.3.8) 是否收敛? 求导和无穷求和能否交换? φ 和 ψ 能否 Fourier 展开? 混合问题 (4.3.1) 的解是否唯一等问题, 都没有说明. 这需要对 φ 和 ψ 附加一定条件, 有下面结论.

定理 4.3.1　若在闭区间 $[0,l]$ 上, $\varphi(x) \in C^3, \psi(x) \in C^2$, 且

$$\varphi(0) = \varphi(l) = \varphi''(0) = \varphi''(l) = 0, \quad \psi(0) = \psi(l) = 0,$$

则 (4.3.8) 式给出的是 (4.3.1) 的唯一古典解.

证明 略.

(4.3.8) 式有较明显的物理意义: 级数 (4.3.8) 中的一般项 $u_n(x,t)$ 可转化为

$$u_n(x,t) = N_n \sin\frac{n\pi x}{l}\sin(\omega_n t + \theta_n),$$

其中 $N_n = \sqrt{\overline{C}_n^2 + \overline{D}_n^2}, \omega_n = \frac{n\pi a}{l}, \theta_n = \arctan\frac{\overline{D}_n}{\overline{C}_n}$, 当弦上一点 x 固定时, 上式表示振幅为 $N_n\sin\frac{n\pi x}{l}$, 频率为 ω_n, 初相为 θ_n 的简谐振动. 由 ω_n 和 θ_n 的表示式知, 弦上各点的频率和初相是相同的, 不随 x 变化; 从振幅的表示式知, 在 $x = 0, \frac{l}{n}, \frac{2l}{n}, \cdots, \frac{(n-1)l}{n}, l$ 这些点处, 该简谐波的振幅恒为零, 这些点称为节点, 而在 $x = \frac{l}{2n}, \frac{3l}{2n}, \cdots, \frac{(2n-1)l}{2n}$ 这些点处, 该简谐波的振幅最大为 N_n, 这些点称为腹点. 这样的简谐波称为驻波, 驻波的节点和腹点是不变的. 由于 $u(x,t) = \sum_{n=1}^{\infty} u_n(x,t)$, 说明解由无穷多个振幅、频率、初相各不相同的驻波叠加而成, 因此分离变量法又称为驻波法. $\omega_n = \frac{n\pi a}{l} = \frac{n\pi}{l}\sqrt{\frac{T}{\rho}}$ 为弦线的固有频率, 它与张力 T 成正比, 与弦的长度 l 和线密度 ρ 成反比. 因此, 一般的弦乐器, 弦拧得越紧, 张力越大, 则声音就越高; 若弦线越长, 弦线越粗, 弦的线密度越大时, 声音就越低沉.

2. 两端自由的弦的自由振动问题

问题 长为 2π 的有界弦, 两端自由且两端点张力都为零, 初始速度为零, 初始状态为 $u(x,0) = x - \sin x$, 假设弦上各点 (除端点) 的张力与弦的线密度相同, 没有外力作用, 求弦的振动规律.

此自由振动问题可表示为下列混合问题:

$$\begin{cases} u_{tt} = u_{xx}, & 0 < x < 2\pi, t > 0, \\ u(x,0) = x - \sin x, & 0 < x < 2\pi, \\ u_t(x,0) = 0, & 0 < x < 2\pi, \\ u_x(0,t) = u_x(2\pi,t) = 0, & t > 0. \end{cases} \tag{4.3.10}$$

这个问题与前述不同之处在于边界条件是二类的. 用分离变量法, 令不恒为零的解为

$$u(x,t) = X(x)T(t),$$

代入 (4.3.10) 中方程有

$$\frac{T''(t)}{T(t)} = \frac{X''(x)}{X(x)} = -\lambda,$$

边界条件转化为

$$X'(0) = X'(2\pi) = 0,$$

因此可得一常微分方程

$$T''(t) + \lambda T(t) = 0$$

和本征值问题

$$\begin{cases} X''(x) + \lambda X(x) = 0, & 0 < x < 2\pi, \\ X'(0) = 0, & X'(l) = 0. \end{cases} \tag{4.3.11}$$

求解本征值问题 (4.3.11) 可得 $\lambda > 0$ 时的非零通解为

$$X(x) = A\cos\sqrt{\lambda}x + B\sin\sqrt{\lambda}x.$$

代入边界条件可求得 $B = 0, A\sqrt{\lambda}\sin(2\sqrt{\lambda}\pi) = 0$, 非平凡解要求 A 不恒为零, 因此可得 (4.3.11) 的本征值和本征函数分别为

$$\lambda_n = \left(\frac{n}{2}\right)^2, \quad X_n(x) = A_n\cos\left(\frac{nx}{2}\right), \quad n = 1, 2, \cdots.$$

结合 $\lambda = 0$ 时的非零常数解, 本征值和本征函数分别表示为

$$\lambda_n = \left(\frac{n}{2}\right)^2, \quad X_n(x) = A_n\cos\left(\frac{nx}{2}\right), \quad n = 0, 1, 2, \cdots.$$

从而可得 $T_n(t) = C_n\sin\frac{nt}{2} + D_n\cos\frac{nt}{2}$, 因此, 由叠加原理, (4.3.10) 的解可表示为

$$u(x,t) = \sum_{n=0}^{\infty}\left(\overline{C}_n\sin\frac{nt}{2} + \overline{D}_n\cos\frac{nt}{2}\right)\cos\frac{nx}{2},$$

由初始条件可得 $\overline{C}_n = 0$ 和 $x - \sin x = \sum_{n=0}^{\infty}\overline{D}_n\cos\frac{nx}{2}$, 用 Fourier 定理可求出系数 $\overline{D}_n$ 为

$$\begin{cases} \overline{D}_0 = \pi, \quad \overline{D}_{2n} = 0, & n = 1, 2, \cdots, \\ \overline{D}_{2n+1} = \dfrac{32}{(2n-1)(2n+1)^2(2n+3)}, & n = 0, 1, 2, \cdots. \end{cases}$$

所以, 混合问题 (4.3.10) 的解为

$$u(x,t) = \pi + 32 \sum_{n=0}^{\infty} \frac{\cos \dfrac{2n+1}{2} x \sin \dfrac{2n+1}{2} t}{(2n-1)(2n+1)^2(2n+3)}.$$

下面给出一些常用的本征值问题的本征值和本征函数形式:

(1) $\begin{cases} X''(x) + \lambda X(x) = 0, \\ X(0) = X(l) = 0, \end{cases}$

$$\lambda_n = \left(\frac{n\pi}{l}\right)^2, \quad X_n = \sin \frac{n\pi}{l} x, \quad n = 1, 2, \cdots;$$

(2) $\begin{cases} X''(x) + \lambda X(x) = 0, \\ X'(0) = X(l) = 0, \end{cases}$

$$\lambda_n = \left(\frac{(2n+1)\pi}{2l}\right)^2, \quad X_n = \cos \frac{(2n+1)\pi}{2l} x, \quad n = 0, 1, 2, \cdots;$$

(3) $\begin{cases} X''(x) + \lambda X(x) = 0, \\ X(0) = X'(l) = 0, \end{cases}$

$$\lambda_n = \left(\frac{(2n+1)\pi}{2l}\right)^2, \quad X_n = \sin \frac{(2n+1)\pi}{2l} x, \quad n = 0, 1, 2, \cdots;$$

(4) $\begin{cases} X''(x) + \lambda X(x) = 0, \\ X'(0) = X'(l) = 0, \end{cases}$

$$\lambda_n = \left(\frac{n\pi}{l}\right)^2, \quad X_n = \cos \frac{n\pi}{l} x, \quad n = 0, 1, 2, \cdots;$$

(5) $\begin{cases} X''(x) + \lambda X(x) = 0, \\ X(0) = X'(l) + hX(l) = 0, \end{cases}$

$$\lambda_n = \left(\frac{\gamma_n}{l}\right)^2, \quad X_n = \sin \frac{\gamma_n}{l} x, \quad n = 1, 2, \cdots,$$

其中 γ_n 为三角方程 $\tan \gamma = -\dfrac{\gamma}{hl}$ 的正根;

(6) $\begin{cases} X''(x) + \lambda X(x) = 0, \\ X'(0) = X'(l) + hX(l) = 0, \end{cases}$

$$\lambda_n = \left(\frac{\gamma_n}{l}\right)^2, \quad X_n = \cos \frac{\gamma_n}{l} x, \quad n = 1, 2, \cdots,$$

其中 γ_n 为三角方程 $\tan \gamma = \dfrac{hl}{\gamma}$ 的正根;

(7) $\begin{cases} X''(x) + \lambda X(x) = 0, \\ X(0) - h_1 X'(0) = X(l) + h_2 X'(l) = 0, \end{cases}$

$$X_n = \sin \sqrt{\lambda_n} x + h_1 \sqrt{\lambda_n} \cos \sqrt{\lambda_n} x, \quad n = 1, 2, \cdots,$$

其中 $\sqrt{\lambda_n}$ 为三角方程 $\tan \sqrt{\lambda} l = \dfrac{(h_1 + h_2)\sqrt{\lambda}}{h_1 h_2 \lambda - 1}$ 的正根;

(8) $\begin{cases} X''(\theta) + \lambda X(\theta) = 0, \\ X(\theta) = X(2\pi + \theta) = 0, \end{cases}$

$$\lambda_n = n^2, \quad X_n = A\cos(n\theta) + B\sin(n\theta), \quad n = 0, 1, 2, \cdots.$$

4.3.2　非齐次方程的本征函数法

下面通过求解两端固定的有界弦的强迫振动问题说明求解非齐次方程定解问题的本征函数法.

两端固定的有界弦的强迫振动可表示为混合问题

$$\begin{cases} u_{tt} = a^2 u_{xx} + f(x,t), & 0 < x < l, t > 0, \\ u(x,0) = u_t(x,0) = 0, & 0 < x < l, \\ u(0,t) = u(l,t) = 0, & t > 0. \end{cases} \tag{4.3.12}$$

求解该问题的思路是: 类似于线性非齐次常微分方程的参数变易法, 我们设想该问题的解可分解为无穷多个驻波的叠加, 而每个驻波的波形仍然由该振动体的本征函数所决定.

根据前述知, 该问题对应的齐次方程、齐次边值问题的本征函数系为 $\left\{\sin \dfrac{n\pi x}{l}\right\}$, 下面将定解问题 (4.3.12) 中的非齐次项 $f(x,t)$ 和未知函数 $u(x,t)$ 按该特征函数展开.

假设 $f(x,t)$ 满足 $f(0,t) = f(l,t) = 0$ $(t > 0)$, 则它可按特征函数系展开, 即有

$$f(x,t) = \sum_{n=1}^{\infty} f_n(t) \sin \frac{n\pi x}{l}, \tag{4.3.13}$$

其中

$$f_n(t) = \frac{2}{l} \int_0^l f(x,t) \sin \frac{n\pi x}{l} \mathrm{d}x \quad (n = 1, 2, \cdots).$$

设所求解 $u(x,t)$ 也展成 Fourier 级数

$$u(x,t) = \sum_{n=1}^{\infty} u_n(t) \sin \frac{n\pi x}{l}, \tag{4.3.14}$$

其中 $u_n(t)$ 为待定未知函数.

将 (4.3.13)—(4.3.14) 代入 (4.3.12) 的方程和初始条件中, 并由本征函数系 $\left\{\sin \dfrac{n\pi x}{l}\right\}$ 的正交完备性, 通过比较每一项 $\sin \dfrac{n\pi x}{l}$ 的系数, 可得常微分方程的初值问题

$$\begin{cases} u_n''(t) + \left(\dfrac{n\pi a}{l}\right)^2 u_n(t) = f_n(t), & t > 0, \\ u_n(0) = u_n'(0) = 0, & n = 1, 2, \cdots. \end{cases} \tag{4.3.15}$$

要求 (4.3.15) 的解, 可先求出对应齐次方程的解, 然后用齐次化原理直接得到非齐次方程齐次初始条件的解; 或用常微分方程的常数变易法或 Laplace 变换法求得解

$$u_n(t) = \frac{l}{n\pi a} \int_0^t f_n(\xi) \sin \frac{n\pi a(t-\xi)}{l} \mathrm{d}\xi \quad (n = 1, 2, \cdots). \tag{4.3.16}$$

将 (4.3.16) 代入 (4.3.14) 即得定解问题 (4.3.12) 的解.

对于非齐次方程、非齐次初始条件和齐次边界条件的振动问题

$$\begin{cases} u_{tt} = a^2 u_{xx} + f(x,t), & 0 < x < l, t > 0, \\ u(x,0) = \varphi(x), u_t(x,0) = \psi(x), & 0 < x < l, \\ u(0,t) = u(l,t) = 0, & t > 0. \end{cases} \tag{4.3.17}$$

我们把它看作仅由强迫力引起的振动和仅由初始状态引起的振动之合成. 设 $v(x,t)$ 表示仅由强迫力引起的弦振动的位移, 则它满足

$$\begin{cases} v_{tt} = a^2 v_{xx} + f(x,t), & 0 < x < l, t > 0, \\ v(x,0) = v_t(x,0) = 0, & 0 < x < l, \\ v(0,t) = v(l,t) = 0, & t > 0. \end{cases}$$

而设 $w(x,t)$ 表示仅由初始状态引起的弦振动的位移, 则它满足

$$
\begin{cases}
w_{tt} = a^2 w_{xx}, & 0 < x < l, t > 0, \\
w(x,0) = \varphi(x), \quad w_t(x,0) = \psi(x), & 0 < x < l, \\
w(0,t) = w(l,t) = 0, & t > 0.
\end{cases}
$$

因此, (4.3.17) 的解为

$$
u(x,t) = v(x,t) + w(x,t).
$$

4.3.3　非齐次边界条件的振动问题

对于非齐次边界条件的偏微分方程的混合问题, 处理思路是利用未知函数变换先将边界条件齐次化, 再求解齐次边界条件的定解问题.

非齐次方程、非齐次初始条件、非齐次边界条件的振动问题表示为

$$
\begin{cases}
u_{tt} = a^2 u_{xx} + f(x,t), & 0 < x < l, t > 0, \\
u(x,0) = \varphi(x), \quad u_t(x,0) = \psi(x), & 0 < x < l, \\
u(0,t) = \mu_1(t), \quad u(l,t) = \mu_2(t), & t > 0.
\end{cases} \tag{4.3.18}
$$

作未知函数转换

$$
u(x,t) = v(x,t) + U(x,t),
$$

选取 $U(x,t)$, 使得它与 $u(x,t)$ 具有相同的非齐次边界条件, 从而使得 $v(x,t)$ 具有齐次边界条件. 设 $U(x,t)$ 是关于 x 的简单线性函数形式

$$
U(x,t) = A(t) + xB(t),
$$

其中 $A(t), B(t)$ 为待定函数, 把边界条件代入可得

$$
A(t) = \mu_1(t), \quad B(t) = \frac{1}{l}(\mu_2(t) - \mu_1(t)),
$$

故引入辅助函数

$$
U(x,t) = \mu_1(t) + \frac{x}{l}(\mu_2(t) - \mu_1(t)).
$$

将

$$
u(x,t) = v(x,t) + U(x,t) = v(x,t) + \mu_1(t) + \frac{x}{l}(\mu_2(t) - \mu_1(t))
$$

代入定解问题 (4.3.18) 中, 则得到关于 $v(x,t)$ 的齐次边界条件的定解问题

$$
\begin{cases}
v_{tt} = a^2 v_{xx} + f(x,t) - \mu_1''(t) - \dfrac{x}{l}(\mu_2''(t) - \mu_1''(t)), & 0 < x < l, t > 0, \\[2mm]
v(x,0) = \varphi(x) - \mu_1(0) - \dfrac{x}{l}(\mu_2(0) - \mu_1(0)), & 0 < x < l, \\[2mm]
v_t(x,0) = \psi(x) - \mu_1'(0) - \dfrac{x}{l}(\mu_2'(0) - \mu_1'(0)), & 0 < x < l, \\[2mm]
v(0,t) = v(l,t) = 0, & t > 0.
\end{cases}
$$

$$(4.3.19)$$

这里的定解问题 (4.3.19) 先用叠加原理分解为一个齐次方程、齐次边界条件的定解问题 (可直接用分离变量法) 和一个非齐次方程、齐次初始条件和齐次边界条件的定解问题 (可用本征函数法求解).

注 这里使得边界条件齐次化的辅助函数不是唯一的; 该方法对其他方程和其他形式的非齐次边界条件也适用, 只是辅助函数形式不同.

常见的几种非齐次边界条件对应的常用的辅助函数:

(1) $u(0,t) = \mu_1(t), u_x(l,t) = \mu_2(t)$; 令 $U(x,t) = \mu_2(t)x + \mu_1(t)$.

(2) $u_x(0,t) = \mu_1(t), u(l,t) = \mu_2(t)$; 令 $U(x,t) = \mu_1(t)x + \mu_2(t) - l\mu_1(t)$.

(3) $u_x(0,t) = \mu_1(t), u_x(l,t) = \mu_2(t)$; 令 $U(x,t) = \dfrac{\mu_2(t) - \mu_1(t)}{2l}x^2 + \mu_1(t)x$.

4.3.4 稳定的非齐次问题的齐次化

稳定的非齐次问题是指方程的非齐次项和非齐次边界条件中都只含有均不依赖于时间 t 的变量所对应的定解问题. 对这样的非齐次问题, 通过适当选取与变量 t 无关的辅助函数, 可将方程和边界条件同时齐次化.

要把稳定的非齐次定解问题

$$
\begin{cases}
u_{tt} = a^2 u_{xx} + f(x), & 0 < x < l, t > 0, \\
u(x,0) = \varphi(x), u_t(x,0) = \psi(x), & 0 < x < l, \\
u(0,t) = A, u(l,t) = B, & t > 0
\end{cases}
$$

齐次化. 令 $u(x,t) = v(x,t) + U(x)$, 代入方程得

$$
v_{tt} = a^2 v_{xx} + a^2 U''(x) + f(x).
$$

取 $U(x)$ 满足二阶常微分方程的边值问题

$$
\begin{cases}
a^2 U''(x) + f(x) = 0, \\
U(0) = A, U(l) = B.
\end{cases}
$$

该边值问题的解为

$$U(x) = A + \frac{B-A}{l}x - \int_0^x \int_0^\eta f(\xi)\mathrm{d}\xi\mathrm{d}\eta + \frac{x}{l}\int_0^l \int_0^\eta f(\xi)\mathrm{d}\xi\mathrm{d}\eta,$$

则 $v(x,t)$ 满足齐次边界条件的定解问题

$$\begin{cases} v_{tt} = a^2 v_{xx}, & 0 < x < l, t > 0, \\ v(x,0) = \varphi(x) - U(x), v_t(x,0) = \psi(x), & 0 < x < l, \\ v(0,t) = v(l,t) = 0, & t > 0, \end{cases}$$

用分离变量法即可求得该问题的解.

分离变量法求解线性偏微分方程的定解问题 (方程和定解条件都为线性) 一般有下面求解步骤:

(1) 把边界条件齐次化; 即首先检查边界条件是否为齐次的, 若不是, 则将其转化为齐次边界条件对应的定解问题.

(2) 分离变量; 设变量分离形式的解 $X(x)T(t)$, 将其代入方程和齐次边界条件, 得到关于 $T(t)$ 的方程和关于 $X(x)$ 的本征值问题.

(3) 求解对应的本征值问题; 求出本征值和本征函数及关于 $T(t)$ 的方程的解, 得出满足齐次方程和齐次边界条件的特解.

(4) 求出按本征函数展开的 Fourier 级数的系数; 把方程非齐次项、初值函数、未知函数等按本征函数展开, 确定出系数. 对于方程没有非齐次项的定解问题, 一般不采用本征函数展开法.

(5) 由叠加原理给出原定解问题的解.

注 一般情况下, 求出方程的级数解后, 还需讨论级数的收敛性, 需验证是否是定解问题的解, 对于实际问题, 还需讨论定解问题的适定性.

例 4.2 控制消振问题 长为 l 的杆状飞行器, 初始位移和初始速度分别为 $\varphi(x), \psi(x)$, 要在它的两端施加相同的控制 $V(t)$ $(V(0) = V'(0) = 0)$ 来消除振动, 即选择适当的控制函数 $V(t)$, 使振动在指定的时间 T_0 之后消除. 该问题可归结为定解问题

$$\begin{cases} u_{tt} = a^2 u_{xx}, & 0 < x < l, t > 0, \\ u(x,0) = \varphi(x), u_t(x,0) = \psi(x), & 0 < x < l, \\ u(0,t) = u(l,t) = V(t), & t > 0. \end{cases}$$

解 先将边界条件齐次化, 令

$$u(x,t) = v(x,t) + V(t),$$

则有关于 $v(x,t)$ 的定解问题

$$\begin{cases} v_{tt} = a^2 v_{xx} - V''(t), & 0 < x < l, t > 0, \\ v(x,0) = \varphi(x), v_t(x,0) = \psi(x), & 0 < x < l, \\ v(0,t) = v(l,t) = 0, & t > 0. \end{cases}$$

由前述强迫振动的求解可得此问题的解

$$v(x,t) = \sum_{n=1}^{\infty} v_n(t) \sin \frac{n\pi}{l} x,$$

其中

$$v_n(t) = A_n \cos \frac{n\pi a}{l} t + B_n \frac{l}{n\pi a} \sin \frac{n\pi a}{l} t + \frac{l}{n\pi a} \int_0^l V_n(\tau) \sin \frac{n\pi a(t-\tau)}{l} \mathrm{d}\tau,$$

这里

$$A_n = \frac{2}{l} \int_0^l \varphi(\xi) \sin \frac{n\pi}{l} \xi \mathrm{d}\xi,$$

$$B_n = \frac{2}{l} \int_0^l \psi(\xi) \sin \frac{n\pi}{l} \xi \mathrm{d}\xi,$$

$$V_n(t) = \frac{2}{l} \int_0^l (-V''(t)) \sin \frac{n\pi}{l} \xi \mathrm{d}\xi = \begin{cases} -\dfrac{4V''(t)}{n\pi}, & n = 2k+1, \\ 0, & n = 2k. \end{cases}$$

由 $V_n(t)$ 仅含奇数项, 为简化计算, 不妨令 $\varphi(x), \psi(x)$ 关于 $x = \dfrac{l}{2}$ 对称, 即

$$\varphi(x) = \varphi(l-x), \quad \psi(x) = \psi(l-x), \quad 0 \leqslant x \leqslant \frac{l}{2},$$

令 $y = l - \xi$, 因有

$$\int_{\frac{l}{2}}^l \varphi(\xi) \sin \frac{2n\pi}{l} \xi \mathrm{d}\xi = \int_0^{\frac{l}{2}} \varphi(l-y) \sin \frac{2n\pi}{l}(l-y) \mathrm{d}y$$

$$= \int_0^{\frac{l}{2}} \varphi(y) \sin \left(2n\pi - \frac{2n\pi}{l} y \right) \mathrm{d}y$$

$$= -\int_0^{\frac{l}{2}} \varphi(y) \sin \frac{2n\pi}{l} y \mathrm{d}y,$$

所以有

$$\varphi_{2n} = \frac{2}{l}\left[\int_0^{\frac{l}{2}} \varphi(\xi)\sin\frac{2n\pi}{l}\xi\mathrm{d}\xi + \int_{\frac{l}{2}}^l \varphi(\xi)\sin\frac{2n\pi}{l}\xi\mathrm{d}\xi\right] = 0.$$

同样有 $\psi_{2n} = 0$, 即 φ_n, ψ_n 只含有奇数项. 因此,

$$v_{2n+1}(t) = A_{2n+1}\cos\frac{(2n+1)\pi a}{l}t + B_{2n+1}\frac{l}{(2n+1)\pi a}\sin\frac{(2n+1)\pi a}{l}t$$

$$- \frac{4l}{(2n+1)^2\pi^2 a}\int_0^l V''(\tau)\sin\frac{(2n+1)\pi a(t-\tau)}{l}\mathrm{d}\tau,$$

上式中最后一项用分部积分并利用 $V(0) = V'(0) = 0$, 得

$$\int_0^l V''(\tau)\sin\frac{(2n+1)\pi a(t-\tau)}{l}\mathrm{d}\tau = \frac{(2n+1)\pi a}{l}V(t)$$

$$- \frac{(2n+1)^2\pi^2 a^2}{l^2}\int_0^l V(\tau)\sin\frac{(2n+1)\pi a(t-\tau)}{l}\mathrm{d}\tau,$$

又由

$$\frac{4}{\pi}\sum_{n=0}^\infty \frac{1}{2n+1}\sin\frac{2n+1}{l}\pi x = 1,$$

故有混合问题的解为

$$u(x,t) = \sum_{n=0}^\infty v_{2n+1}(t) = \sum_{n=0}^\infty\left[A_{2n+1}\cos\frac{(2n+1)\pi a}{l}t\right.$$

$$+ B_{2n+1}\frac{l}{(2n+1)\pi a}\sin\frac{(2n+1)\pi a}{l}t$$

$$\left.- \frac{4a}{l}\int_0^l V(\tau)\sin\frac{(2n+1)\pi a(t-\tau)}{l}\mathrm{d}\tau\right]\sin\frac{(2n+1)\pi}{l}x.$$

下面, 考虑怎样选取控制函数 $V(t)$, 使得经过时间 T_0 后振动消失, 即有 $u(x,T_0) = 0, u_t(x,T_0) = 0$. 为简化计算, 不妨设 $T_0 = \dfrac{l}{a}$, 则有

$$u\left(x,\frac{l}{a}\right) = -A_{2n+1} + \frac{4a}{l}\int_0^{\frac{l}{a}} V(\tau)\sin\frac{(2n+1)\pi a}{l}\tau\mathrm{d}\tau = 0,$$

$$u_t\left(x,\frac{l}{a}\right) = -\frac{lB_{2n+1}}{(2n+1)\pi a} + \frac{4a}{l}\int_0^{\frac{l}{a}} V(\tau)\cos\frac{(2n+1)\pi a}{l}\tau\mathrm{d}\tau = 0,$$

令

$$V(t) = \sum_{n=0}^{\infty} \left(C_{2n+1} \sin \frac{(2n+1)\pi a}{l} t + D_{2n+1} \cos \frac{(2n+1)\pi a}{l} t \right),$$

代入上两式, 由三角函数系的正交性可确定出待定系数

$$C_{2n+1} = \frac{1}{2} A_{2n+1}, \quad D_{2n+1} = -\frac{l B_{2n+1}}{2(2n+1)\pi a}.$$

因此, 取控制函数为

$$V(t) = \frac{1}{2} \sum_{n=0}^{\infty} \left(A_{2n+1} \sin \frac{(2n+1)\pi a}{l} t - \frac{l B_{2n+1}}{(2n+1)\pi a} \cos \frac{(2n+1)\pi a}{l} t \right), \quad 0 < t \leqslant \frac{l}{2},$$

可使得在经过时间 $T_0 = \dfrac{l}{a}$ 后振动消失.

特别, 若 $\varphi(x) = A \sin \dfrac{\pi x}{l}, \psi(x) \equiv 0$, 则 $A_1 = A, A_3 = A_5 = \cdots = 0, B_{2n+1} = 0$, 此时有控制函数

$$V(t) = \frac{A}{2} \sin \frac{\pi a}{l} t, \quad 0 < t \leqslant \frac{l}{a}.$$

高阶、高维偏微分方程的定解问题也可用分离变量法, 看下例.

例 4.3 求解梁的横振动问题 假设梁的两端固定, 且两端的挠矩为零 (即端点与支架是铰链性连接, 致使端点可自由旋转但没有位移), 初始位移和初始速度分别为 $\varphi(x), \psi(x)$, 由于梁发生横振动时, 出现了切应力和挠矩, 因此方程中出现四阶导数项, 该振动满足定解问题

$$\begin{cases} u_{tt} + b^2 u_{xxxx} = 0, & 0 < x < l, t > 0, \\ u(x,0) = \varphi(x), u_t(x,0) = \psi(x), & 0 < x < l, \\ u(0,t) = u(l,t) = 0, u_{xx}(0,t) = u_{xx}(l,t) = 0, & t > 0. \end{cases}$$

解 这是齐次方程、齐次边界条件、非齐次初始条件对应的混合问题. 设它的非零解具有变量分离形式 $u(x,t) = X(x)T(t)$, 代入方程可得

$$X^{(4)}(x) - \lambda^2 X(x) = 0,$$
$$T''(t) + \lambda^2 b^2 T(t) = 0,$$

这里 λ^2 为比例常数, 由边界条件得本征值问题

$$\begin{cases} X^{(4)}(x) - \lambda^2 X(x) = 0, \\ X(0) = X(l) = X''(0) = X''(l) = 0. \end{cases}$$

此本征值问题只有在 $\lambda > 0$ 时才有非零解

$$X(x) = Ae^{\sqrt{\lambda}x} + Be^{-\sqrt{\lambda}x} + C\cos\sqrt{\lambda}x + D\sin\sqrt{\lambda}x,$$

其中 A, B, C, D 为待定常数, 由边界条件可求得 $A = B = C = 0$, 由 $D \neq 0$ 得本征值和本征函数分别为

$$\lambda_n = \left(\frac{n\pi}{l}\right)^2, \quad X_n(x) = \sin\frac{n\pi}{l}x, \quad n = 1, 2, \cdots.$$

另外对应有

$$T_n(t) = A_n\cos\left(\frac{n\pi}{l}\right)^2 bt + B_n\sin\left(\frac{n\pi}{l}\right)^2 bt,$$

两者相乘、叠加后得满足齐次方程、齐次边界条件的解

$$u(x, t) = \sum_{n=1}^{\infty}\left(A_n\cos\left(\frac{n\pi}{l}\right)^2 bt + B_n\sin\left(\frac{n\pi}{l}\right)^2 bt\right)\sin\frac{n\pi}{l}x,$$

其中 A_n, B_n 是待定常数, 由初始条件, 可求得

$$A_n = \frac{2}{l}\int_0^l \varphi(\xi)\sin\frac{n\pi}{l}\xi\mathrm{d}\xi,$$

$$B_n = \frac{2l}{(n\pi)^2 b}\int_0^l \psi(\xi)\sin\frac{n\pi}{l}\xi\mathrm{d}\xi.$$

4.4　高维波动方程的降维法

本节先考察三维波动方程的球对称解, 再给出三维波动方程的 Poisson 公式. 三维波动方程的初值问题或 Cauchy 问题为

$$\begin{cases} u_{tt} = a^2\Delta_3 u, & x \in \mathbf{R}^3, t > 0, \\ u(x, 0) = \varphi(x), & x \in \mathbf{R}^3, \\ u_t(x, 0) = \psi(x), & x \in \mathbf{R}^3, \end{cases} \tag{4.4.1}$$

其中 $x = (x, y, z)$ 是三维空间变量, ϕ, ψ 是已知的三元函数, $\Delta_3 = \dfrac{\partial^2}{\partial x^2} + \dfrac{\partial^2}{\partial y^2} + \dfrac{\partial^2}{\partial z^2}$ 是三维 Laplace 算子.

4.4.1 球对称解

若取球坐标系 (r, θ, ϕ), 由坐标变换

$$
\begin{cases}
x = r \sin\theta \cos\phi, \\
y = r \sin\theta \sin\phi, \quad (r \geqslant 0, 0 \leqslant \theta \leqslant \pi, 0 \leqslant \phi \leqslant 2\pi), \\
z = r \cos\theta
\end{cases}
$$

可将三维波动方程 $u_{tt} = a^2 \Delta_3 u$ 化为

$$
\frac{1}{a^2} \frac{\partial^2 u}{\partial t^2} = \frac{1}{r^2} \frac{\partial}{\partial r} \left(r^2 \frac{\partial u}{\partial r} \right) + \frac{1}{r^2 \sin\theta} \frac{\partial}{\partial \theta} \left(\sin\theta \frac{\partial u}{\partial \theta} \right) + \frac{1}{r^2 \sin^2\theta} \frac{\partial^2 u}{\partial \phi^2}.
$$

考虑一种特殊情况, 若未知函数 u 为球面对称, 即 u 与 θ, ϕ 无关时, 方程有简单形式

$$
\frac{1}{a^2} \frac{\partial^2 u}{\partial t^2} = \frac{1}{r^2} \frac{\partial}{\partial r} \left(r^2 \frac{\partial u}{\partial r} \right)
$$

或

$$
\frac{r}{a^2} \frac{\partial^2 u}{\partial t^2} = r \frac{\partial^2 u}{\partial r^2} + 2 \frac{\partial u}{\partial r},
$$

也就是

$$
\frac{\partial^2 (ru)}{\partial t^2} = a^2 \frac{\partial^2 (ru)}{\partial r^2}.
$$

这是关于未知函数 ru 的一维波动方程.

特别, 在坐标变换下, 若初值函数 φ, ψ 也是球对称, 即它们都仅仅是 r 的函数 $\varphi_0(r), \psi_0(r)$ 时, 可得到一维波动方程的半无界定解问题

$$
\begin{cases}
\dfrac{\partial^2 (ru)}{\partial t^2} = a^2 \dfrac{\partial^2 (ru)}{\partial r^2}, & r \geqslant 0, t > 0, \\
(ru)|_{t=0} = r\varphi_0(r), & r > 0, \\
(ru)_t|_{t=0} = r\psi_0(r), & r > 0, \\
(ru)|_{r=0} = 0.
\end{cases} \tag{4.4.2}
$$

由奇偶延拓求解公式可得解为

$$
u(x,t) = \begin{cases}
\dfrac{1}{2r}[(r+at)\varphi_0(r+at) + (r-at)\varphi_0(r-at)] + \dfrac{1}{2ar}\displaystyle\int_{r-at}^{r+at}\xi\psi_0(\xi)\mathrm{d}\xi, \\
\hspace{8cm} x \geqslant at, \\[2mm]
\dfrac{1}{2r}[(r+at)\varphi_0(r+at) - (at-r)\varphi_0(at-r)] + \dfrac{1}{2ar}\displaystyle\int_{-r+at}^{r+at}\xi\psi_0(\xi)\mathrm{d}\xi, \\
\hspace{8cm} at > x \geqslant 0.
\end{cases}
\tag{4.4.3}
$$

4.4.2　Poisson 公式

考虑一般情况下方程 (4.4.1) 的解, 这时 u 不单是 r 的函数, 我们希望通过球对称的公式求解. 函数 $u = u(x,y,z,t)$ 在以点 $M(x,y,z)$ 为球心、r 为半径的球面 S_r^M 上的平均值函数

$$
\bar{u}(x,y,z,r,t) = \frac{1}{4\pi r^2}\iint\limits_{S_r^M} u(\xi,\eta,\zeta,t)\mathrm{d}s,
$$

以 $M(x,y,z)$ 为坐标原点, 建立球坐标 (r,θ,ϕ) 与直角坐标 (ξ,η,ζ) 之间的相互关系

$$
\begin{cases}
\xi = x + r\sin\theta\cos\phi, \\
\eta = y + r\sin\theta\sin\phi, \quad r \geqslant 0, 0 \leqslant \theta \leqslant \pi, 0 \leqslant \phi \leqslant 2\pi. \\
\zeta = z + r\cos\theta,
\end{cases}
$$

因为, 球面上面积微元 $\mathrm{d}s = r^2\sin\theta\mathrm{d}\theta\mathrm{d}\phi = r^2\mathrm{d}\omega$, 所以对单位球面面积微元有 $\mathrm{d}s = \mathrm{d}\omega = \sin\theta\mathrm{d}\theta\mathrm{d}\phi$, 因此

$$
\bar{u}(r,t) = \frac{1}{4\pi}\iint\limits_{S_1^M} u(x+r\sin\theta\cos\phi, y+r\sin\theta\sin\phi, z+r\cos\theta, t)\mathrm{d}\omega,
$$

用微分中值定理并令 $r \to 0$, 得到

$$
\lim_{r\to 0}\bar{u}(r,t) = u(x,y,z,t).
$$

下面推导 $\bar{u}(r,t)$ 所满足的方程和初始条件.

由于

$$
\frac{\partial\bar{u}}{\partial r} = \frac{1}{4\pi}\iint\limits_{S_1^M}\left(\frac{\partial u}{\partial\xi}\sin\theta\cos\phi + \frac{\partial u}{\partial\eta}\sin\theta\sin\phi + \frac{\partial u}{\partial\zeta}\cos\theta\right)\mathrm{d}\omega
$$

$$= \frac{1}{4\pi} \iint\limits_{S_1^M} \frac{\partial u}{\partial \boldsymbol{n}} \mathrm{d}\omega = \frac{1}{4\pi r^2} \iint\limits_{S_r^M} \frac{\partial u}{\partial \boldsymbol{n}} \mathrm{d}s$$

$$= \frac{1}{4\pi r^2} \iiint\limits_{B_r^M} \Delta_3 u \mathrm{d}V,$$

这里 B_r^M 是以 M 为球心 r 为半径的球体, $\boldsymbol{n}$ 是球面 S_r^M 的单位外法向量, 上述最后一步利用了 Gauss 公式, 且又 $u_{tt} = a^2 \Delta_3 u$, 所以

$$\frac{\partial \overline{u}}{\partial r} = \frac{1}{4\pi a^2 r^2} \iiint\limits_{B_r^M} \frac{\partial^2 u}{\partial t^2} \mathrm{d}V.$$

上式右边交换积分与微分运算顺序, 再将三重积分化为累次积分得

$$\frac{\partial \overline{u}}{\partial r} = \frac{1}{4\pi a^2 r^2} \frac{\partial^2}{\partial t^2} \int_0^r \mathrm{d}\tau \iint\limits_{S_r^M} u \mathrm{d}s,$$

两边关于 r 求导, 并根据 u 的平均值函数 $\overline{u}$ 的表达式, 化简得到

$$\frac{\partial^2 (r\overline{u})}{\partial t^2} = a^2 \frac{\partial^2 (r\overline{u})}{\partial r^2}.$$

令 $\overline{\varphi}, \overline{\psi}$ 分别为初始函数 φ, ψ 在球面 S_r^M 上的球平均值函数, 由此得到关于 $r\overline{u}$ 的半无界定解问题

$$\begin{cases} \dfrac{\partial^2 (r\overline{u})}{\partial t^2} = a^2 \dfrac{\partial^2 (r\overline{u})}{\partial r^2}, & 0 < r < +\infty, t > 0, \\ (r\overline{u})|_{t=0} = r\overline{\varphi}, & 0 < r, \\ (r\overline{u})_t \big|_{t=0} = r\overline{\psi}, & 0 < r, \\ (r\overline{u})|_{r=0} = 0, & 0 \leqslant t. \end{cases} \tag{4.4.4}$$

由于 $r \to 0$, 仅考虑 $0 \leqslant r < at$ 的情况, 有

$$\overline{u}(r,t) = \frac{1}{2r}[(r+at)\overline{\varphi}(r+at) - (at-r)\overline{\varphi}(at-r)] + \frac{1}{2ar}\int_{at-r}^{at+r} \xi \overline{\psi}(\xi)\mathrm{d}\xi.$$

对上式当 $r \to 0$ 时求极限, 右边两项均为 $\dfrac{0}{0}$ 型不定式, 由 L'Hospital(洛必达) 法则得

$$u(x,y,z,t) = \lim_{r \to 0} \overline{u}(r,t) = \overline{\varphi}(at) + (at)\overline{\varphi}'(at) + \frac{1}{a}(at)\overline{\psi}(at)$$

$$= \frac{1}{a} \frac{\partial}{\partial t}(at)\overline{\varphi}(at) + \frac{1}{a}(at)\overline{\psi}(at)$$

$$= \frac{1}{4\pi a} \left[\frac{\partial}{\partial t} \iint\limits_{S_{at}^M} \frac{\varphi}{at} \mathrm{d}s + \iint\limits_{S_{at}^M} \frac{\psi}{at} \mathrm{d}s \right],$$

即

$$u(x,y,z,t) = \frac{1}{4\pi a} \left[\frac{\partial}{\partial t} \iint\limits_{S_{at}^M} \frac{\varphi(\xi,\eta,\zeta)}{at} \mathrm{d}s + \iint\limits_{S_{at}^M} \frac{\psi(\xi,\eta,\zeta)}{at} \mathrm{d}s \right]. \tag{4.4.5}$$

由球面坐标关系式有

$$u(x,y,z,t) = \frac{\partial}{\partial t} \left(\frac{t}{4\pi} \int_0^{2\pi} \int_0^\pi \varphi(x + at\sin\theta\cos\phi, y + at\sin\theta\sin\phi, \right.$$

$$\left. z + at\cos\theta)\sin\theta\mathrm{d}\theta\mathrm{d}\phi \right)$$

$$+ \frac{t}{4\pi} \int_0^{2\pi} \int_0^\pi \psi(x + at\sin\theta\cos\phi, y + at\sin\theta\sin\phi,$$

$$z + at\cos\theta)\sin\theta\mathrm{d}\theta\mathrm{d}\phi. \tag{4.4.6}$$

(4.4.5), (4.4.6) 称为三维波动方程 Cauchy 问题 (4.4.1) 的解的 Poisson 公式.

例 4.4　三维波动方程 Cauchy 问题

$$\begin{cases} u_{tt} = u_{xx} + u_{yy} + u_{zz}, & -\infty < x,y,z < +\infty, t > 0, \\ u(x,y,z,0) = 0, u_t(x,y,z,0) = 2xy \end{cases}$$

的解由 (4.4.6) 得到

$$u(x,y,z,t) = \frac{t}{4\pi} \int_0^{2\pi} \int_0^\pi 2(x + t\sin\theta\cos\varphi)(y + t\sin\theta\sin\varphi)\sin\theta\mathrm{d}\theta\mathrm{d}\varphi$$

$$= \frac{t}{2\pi} \int_0^{2\pi} \int_0^\pi (xy\sin\theta + yt\sin^2\theta\cos\varphi + xt\sin^2\theta\sin\varphi$$

$$+ t^2\sin^3\theta\cos\varphi\sin\varphi)\mathrm{d}\theta\mathrm{d}\varphi$$

$$= \frac{xyt}{2\pi} \int_0^{2\pi} \int_0^\pi \sin\theta\mathrm{d}\theta\mathrm{d}\varphi = 2xyt.$$

根据叠加原理和齐次化原理, 可以得到三维非齐次波动方程 Cauchy 问题

$$
\begin{cases}
u_{tt} = a^2 \Delta_3 u + f(x,t), & x \in \mathbf{R}^3, t > 0, \\
u(x,0) = \varphi(x), & x \in \mathbf{R}^3, \\
u_t(x,0) = \psi(x), & x \in \mathbf{R}^3
\end{cases}
\tag{4.4.7}
$$

的解为

$$
\begin{aligned}
u(x,y,z,t) = {} & \frac{1}{4\pi a} \left[\frac{\partial}{\partial t} \iint\limits_{S_{at}^M} \frac{\varphi(\xi,\eta,\zeta)}{at} \mathrm{d}s + \iint\limits_{S_{at}^M} \frac{\psi(\xi,\eta,\zeta)}{at} \mathrm{d}s \right] \\
& + \frac{1}{4\pi a^2} \iiint\limits_{B_{at}^M} \frac{f\left(\xi,\eta,\zeta,t-\dfrac{r}{a}\right)}{r} \mathrm{d}V.
\end{aligned}
\tag{4.4.8}
$$

事实上, 类似于一维非齐次问题的线性叠加, 三维非齐次问题 (4.4.7) 可分解出非齐次方程、齐次初值问题:

$$
\begin{cases}
u_{tt} = a^2 \Delta_3 u + f(x,t), & x \in \mathbf{R}^3, t > 0, \\
u(x,0) = 0, u_t(x,0) = 0, & x \in \mathbf{R}^3.
\end{cases}
\tag{4.4.9}
$$

对于 (4.4.9) 有:

齐次化原理 若 $\omega(x,y,z,t;\tau)$(这里 τ 是参数) 是初值问题

$$
\begin{cases}
\omega_{tt} = a^2 \Delta \omega, & -\infty < x,y,z < +\infty, t > \tau, \\
\omega(x,y,z,\tau;\tau) = 0, & -\infty < x,y,z < +\infty, \\
\omega_t(x,y,z,\tau;\tau) = f(x,y,z,\tau), & -\infty < x,y,z < +\infty
\end{cases}
\tag{4.4.10}
$$

的解, 则

$$
u(x,y,z,t) = \int_0^t \omega(x,y,z,t;\tau) \mathrm{d}\tau
$$

为 (4.4.9) 的解.

证明 略.

对于 (4.4.10), 由 Poisson 公式 (4.4.5) 有

$$
\omega(x,y,z,t;\tau) = \frac{1}{4\pi a} \iint\limits_{S_{a(t-\tau)}^M} \left. \frac{f(\xi,\eta,\zeta;\tau)}{r} \right|_{r=a(t-\tau)} \mathrm{d}s,
$$

从而

$$u(x,y,z,t;\tau) = \frac{1}{4\pi a} \int_0^t \iint_{S_{a(t-\tau)}^M} \left. \frac{f(\xi,\eta,\zeta;\tau)}{r} \right|_{r=a(t-\tau)} \mathrm{d}s \mathrm{d}\tau.$$

这里 (ξ,η,ζ) 为球面 $S_{a(t-\tau)}^M$ 上的点, 令 $a(t-\tau) = r$, 则可将上式化为三重积分

$$u(x,y,z,t;\tau) = \frac{1}{4\pi a^2} \int_0^t \iint_{S_r^M} \left. \frac{f\left(\xi,\eta,\zeta;t-\dfrac{r}{a}\right)}{r} \right|_{r=a(t-\tau)} \mathrm{d}s \mathrm{d}r$$

$$= \frac{1}{4\pi a^2} \int \iint_{B_{at}^M} \frac{f\left(\xi,\eta,\zeta;t-\dfrac{r}{a}\right)}{r} \mathrm{d}V, \tag{4.4.11}$$

其中 $B_{at}^M : (\xi-x)^2 + (\eta-y)^2 + (\zeta-z)^2 \leqslant (at)^2$ 表示以 M 点为球心、以 at 为半径的球体. (4.4.11) 即为非齐次方程、齐次初值问题 (4.4.9) 的解.

因此由叠加原理有 (4.4.8) 式成立.

从 (4.4.5), (4.4.6) 可看出三维波动方程 Cauchy 问题解的物理意义: 假设初值函数 φ,ψ 只在一个有界区域 D 内不为零, 在 D 外恒为零, 即初始振动仅在 D 内发生, 现在考察 t 时刻区域 D 外某点 M 处的振动传播情况. 如图 4.7, 设 M 点与区域 D 的最大和最小距离分别为 L 和 d, 由 (4.4.5), (4.4.6) 知, $u(M,t) = u(x,y,z,t)$ 由初值函数 φ,ψ 沿以 M 为球心、at 为半径的球面 S_{at}^M 的曲面积分所决定. ① 当 $at < d$ 即 $t < \dfrac{d}{a}$ 时, 由于 $S_{at}^M \cap D = \varnothing$, 所以 $u(M,t) = 0$, 即 M 点处于静止状态, 表明初始振动没有到达 M 点; ② 当 $d < at < L$ 即 $\dfrac{d}{a} < t < \dfrac{L}{a}$ 时, 由于 $S_{at}^M \cap D \neq \varnothing$, 所以 $u(M,t) \neq 0$, 即 M 点处于振动状态, 表明初始振动已到达 M 点; ③ 当 $at > L$ 即 $t > \dfrac{L}{a}$ 时, 由于 $S_{at}^M \cap D = \varnothing$, 所以 $u(M,t) = 0$, 表明初始振动已经过了 M 点, 即 M 点又恢复到静止状态.

如声波的传播, 假设 A,B 两点处各有一个声源同时发声, 经过 $\dfrac{d}{a}$ 时间 A 点声波先传到 M 点, 经过 $\dfrac{L}{a}$ 时间 B 点声波传到 M 点, M 点听到的声音有时间差, 立体声广播正是利用这个时间差, 才使得声音更丰满、动听. 这也说明三维空间的初始振动形成的波有清晰的前振面和后振面, 对空间任一点, 波传播过后, 恢复到静止状态, 这种现象称为 Huygens 现象 (无后效应现象).

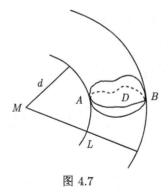

图 4.7

4.4.3 二维波动方程与降维法

二维波动方程的初值问题

$$\begin{cases} u_{tt} = a^2 \Delta_2 u, & (x,y) \in \mathbf{R}^2, t > 0, \\ u(x,y,0) = \varphi(x,y), & (x,y) \in \mathbf{R}^2, \\ u_t(x,y,0) = \psi(x,y), & (x,y) \in \mathbf{R}^2 \end{cases} \qquad (4.4.12)$$

可以用降维法求解. 就是将二维波动方程的初值问题看作三维波动方程的初值问题的特殊情况, 用三维波动方程的初值问题解的 Poisson 公式来表达二维波动方程的初值问题的解. 这种由高维问题的解引出低维问题解的方法称为**降维法**.

将 (4.4.5) 中沿球面 S_{at}^M 的积分投影到 $\xi O \eta$ 平面上计算, 球面 S_{at}^M 在 $\xi O \eta$ 平面上的投影区域为

$$D_{at}^M : (\xi - x)^2 + (\eta - y)^2 \leqslant a^2 t^2.$$

球面上面积元 $\mathrm{d}s$ 和它的投影面积元 $\mathrm{d}\sigma = \mathrm{d}\xi \mathrm{d}\eta$ 之间有关系 $\mathrm{d}\sigma = \cos\gamma \mathrm{d}s$, 其中 γ 为两面积元的法线方向间的夹角, 可表示为

$$\cos\gamma = \frac{\sqrt{(at)^2 - (\xi - x)^2 - (\eta - y)^2}}{at},$$

所以

$$\iint\limits_{S_{at}^M} \frac{\varphi(\xi,\eta,\zeta)}{at} \mathrm{d}s + \iint\limits_{S_{at}^M} \frac{\psi(\xi,\eta,\zeta)}{at} \mathrm{d}s$$

$$= 2 \left[\iint\limits_{D_{at}^M} \frac{\varphi(\xi,\eta)\mathrm{d}\xi\mathrm{d}\eta}{\sqrt{(at)^2 - (\xi - x)^2 - (\eta - y)^2}} + \iint\limits_{D_{at}^M} \frac{\psi(\xi,\eta)\mathrm{d}\xi\mathrm{d}\eta}{\sqrt{(at)^2 - (\xi - x)^2 - (\eta - y)^2}} \right]$$

$$= 2\left[\int_0^{at}\int_0^{2\pi}\frac{\varphi(x+r\cos\theta,y+r\sin\theta)}{\sqrt{(at)^2-r^2}}r\mathrm{d}\theta\mathrm{d}r\right.$$

$$\left. \cdot\quad +\int_0^{at}\int_0^{2\pi}\frac{\psi(x+r\cos\theta,y+r\sin\theta)}{\sqrt{(at)^2-r^2}}r\mathrm{d}\theta\mathrm{d}r\right],$$

这里系数 2 表示上下半球面上的积分都化成同一圆上的积分时取的倍数.

所以二维波动方程初值问题的解为

$$u(x,y,t)=\frac{1}{2\pi a}\left[\frac{\partial}{\partial t}\iint\limits_{D_{at}^M}\frac{\varphi(\xi,\eta)\mathrm{d}\xi\mathrm{d}\eta}{\sqrt{(at)^2-(\xi-x)^2-(\eta-y)^2}}\right.$$

$$\left.+\iint\limits_{D_{at}^M}\frac{\psi(\xi,\eta)\mathrm{d}\xi\mathrm{d}\eta}{\sqrt{(at)^2-(\xi-x)^2-(\eta-y)^2}}\right] \tag{4.4.13}$$

或

$$u(x,y,t)=\frac{1}{2\pi a}\left[\frac{\partial}{\partial t}\int_0^{at}\int_0^{2\pi}\frac{\varphi(x+r\cos\theta,y+r\sin\theta)}{\sqrt{(at)^2-r^2}}r\mathrm{d}\theta\mathrm{d}r\right.$$

$$\left.+\int_0^{at}\int_0^{2\pi}\frac{\psi(x+r\cos\theta,y+r\sin\theta)}{\sqrt{(at)^2-r^2}}r\mathrm{d}\theta\mathrm{d}r\right], \tag{4.4.14}$$

(4.4.13) 和 (4.4.14) 称为二维波动方程解的 Poisson 公式.

同样, (4.4.13) 和 (4.4.14) 的物理意义是: 如图 4.8, ① 当 $at<d$ 即 $t<\dfrac{d}{a}$ 时, 由于 $D_{at}^M\cap S=\varnothing$, 所以 $u(M,t)=0$, 即 M 点处于静止状态, 表明初始振动没有到达 M 点; ② 当 $at>d$ 即 $t>\dfrac{d}{a}$ 时, 由于 $D_{at}^M\cap S$ 总不空, 所以 $u(M,t)$ 的值将一直受到初值的影响, M 点将一直振动下去. 因此二维空间有限区域上的初始振动形成的波只有前阵面而没有后阵面, 这种现象称为波的弥散或有后效应现象. 二维平面波可看作三维柱面波, 如在平静的湖面上投一石块, 会看到波纹是一个个逐渐向外扩展的圆, 最外圈的圆就是柱面波的前阵面. 但我们看到, 在 (4.4.13) 或 (4.4.14) 中, 当 $t\to0$ 时, $u\to0$, 所以振动将逐渐消失.

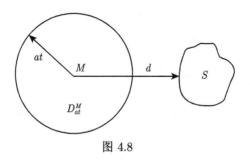

图 4.8

习　题　4

1. 求解下列初值问题:

(1) $\begin{cases} u_{tt} = a^2 u_{xx}, & x \in \mathbf{R}, t > 0, \\ u|_{t=0} = \sin x, u_t|_{t=0} = x; \end{cases}$
　　(2) $\begin{cases} u_{tt} = a^2 u_{xx}, & x \in \mathbf{R}, t > 0, \\ u|_{t=0} = x^3, u_t|_{t=0} = 0. \end{cases}$

2. 求解下列 Cauchy 问题:

(1) $\begin{cases} u_{tt} = a^2 u_{xx} + t\sin x, & x \in \mathbf{R}, t > 0, \\ u|_{t=0} = 0, u_t|_{t=0} = \sin x; \end{cases}$
　(2) $\begin{cases} u_{tt} = a^2 u_{xx} + 6, & x \in \mathbf{R}, t > 0, \\ u|_{t=0} = x^2, u_t|_{t=0} = 4x. \end{cases}$

3. 用延拓法求解下列定解问题:

$$\begin{cases} u_{tt} = a^2 u_{xx}, & x > 0, t > 0, \\ u|_{t=0} = \varphi(x), u_t|_{t=0} = \psi(x), \\ u_x|_{x=0} = 0. \end{cases}$$

4. 求解下面初值问题:

(1) $\begin{cases} u_{tt} = a^2(u_{xx} + u_{yy}), & x, y \in \mathbf{R}, t > 0, \\ u|_{t=0} = x^2(x+y), u_t|_{t=0} = 0; \end{cases}$

(2) $\begin{cases} u_{tt} = u_{xx} + u_{yy} + u_{zz}, & -\infty < x, y, z < +\infty, t > 0, \\ u|_{t=0} = 0, \\ u_t|_{t=0} = 2xy. \end{cases}$

5. 若 $\omega(x, t, \tau)$ 是定解问题

$$\begin{cases} \omega_{tt} = a^2 \omega_{xx}, & x > 0, t > 0, \\ \omega|_{x=0} = \omega|_{x=l} = 0, & t > 0, \\ \omega|_{t=\tau} = 0, \omega_t|_{t=\tau} = f(x, \tau), & x \geqslant 0 \end{cases}$$

的解. 试证: $u(x, t) = \displaystyle\int_0^t \omega(x, t, \tau)\mathrm{d}\tau$ 是定解问题

$$\begin{cases} u_{tt} = a^2 u_{xx} + f(x, t), & x > 0, t > 0, \\ u|_{x=0} = u|_{x=l} = 0, & t \geqslant 0, \\ u|_{t=0} = 0, u_t|_{t=0} = 0, & x \geqslant 0 \end{cases}$$

的解.

6. 求下列波动方程的混合问题:

(1) $\begin{cases} u_{tt} = a^2 u_{xx}, & 0 < x < 1, t > 0, \\ u(x,0) = \sin(2\pi x), & 0 \leqslant x \leqslant 1, \\ u_t(x,0) = x(1-x), & 0 \leqslant x \leqslant 1, \\ u(0,t) = u(1,t) = 0, & t \geqslant 0; \end{cases}$

(2) $\begin{cases} u_{tt} = a^2 u_{xx}, & 0 < x < l, t > 0, \\ u(x,0) = x^2 - 2lx, & 0 \leqslant x \leqslant l, \\ u_t(x,0) = 3\sin\dfrac{3\pi x}{2l}, & 0 \leqslant x \leqslant l, \\ u(0,t) = 0, u_x(l,t) = 0, & t \geqslant 0. \end{cases}$

7. 利用本征函数法求解下列定解问题:

$$\begin{cases} u_{tt} = a^2 u_{xx} + A\sin(\omega t)\cos\dfrac{\pi x}{l}, & 0 < x < l, t > 0, \\ u(x,0) = u_t(x,0) = 0, & 0 \leqslant x \leqslant l, \\ u_x(0,t) = u_x(l,t) = 0, & t \geqslant 0, \end{cases}$$

其中 A, ω 均为常数.

8. 求解稳定的非齐次定解问题:

$$\begin{cases} u_{tt} = a^2 u_{xx} + A, & 0 < x < l, t > 0, \\ u(x,0) = u_t(x,0) = 0, & 0 \leqslant x \leqslant l, \\ u(0,t) = 0, u(l,t) = B, & t \geqslant 0. \end{cases}$$

9. 求解二维强迫振动定解问题:

$$\begin{cases} u_{tt} = a^2(u_{xx} + u_{yy}) + f(x,y,t), & 0 < x, y < l, t > 0, \\ u(x,y,0) = \varphi(x,y), u_t(x,y,0) = \psi(x,y), & 0 \leqslant x, y \leqslant l, \\ u(0,y,t) = u(l,y,t) = 0, u(x,0,t) = u(x,l,t) = 0, & 0 \leqslant x, y \leqslant l, t \geqslant 0. \end{cases}$$

第 5 章　热传导方程与解法

本章首先通过微元法利用物理学运动规律建立热传导方程, 根据化学反应规律建立反应扩散方程, 并根据系统的边界所处的条件和系统的初始状态给出定解条件; 其次, 讨论分离变量法和本征函数法在求解热传导和反应扩散方程中的应用.

5.1　热传导与反应扩散模型

5.1.1　三维热传导模型

如果空间某物体内温度分布不均匀, 内部将会产生热应力, 当热应力过于集中时, 物体就会产生裂变, 从而破坏物体的形状, 工程技术上称此种现象为热裂. 当物体内各点处的温度不同时, 则热量就从温度较高的点处向温度较低的点处流动, 这种现象就是热传导.

假设　$u(x, y, z, t)$ 表示物体在位置 $M(x, y, z)$ 处 t 时刻的温度; $k(x, y, z)$ 表示物体在点 $M(x, y, z)$ 处的热传导系数, 物体各向同性且均匀时, $k(x, y, z)$ 为常数; 设 $c(x, y, z)$ 为物体的比热 (假设为常数), $\rho(x, y, z)$ 为物体的体密度 (物体均匀也设为常数).

模型的导出　为导出温度 $u(x, y, z, t)$ 所满足的方程, 主要根据热传播的 Fourier 定律: 物体在无穷小时段 $\mathrm{d}t$ 内流过一个无穷小面积 $\mathrm{d}s$ 的热量 $\mathrm{d}Q$ 与物体温度沿曲面 $\mathrm{d}s$ 法线方向的方向导数 $\dfrac{\partial u}{\partial \boldsymbol{n}}$ 成正比, 即

$$\mathrm{d}Q = -k(x, y, z) \frac{\partial u}{\partial \boldsymbol{n}} \mathrm{d}s \mathrm{d}t, \tag{5.1.1}$$

其中 $\boldsymbol{n}$ 为曲面 $\mathrm{d}s$ 沿热流方向的法线向量, 温度的法向导数为

$$\frac{\partial u}{\partial \boldsymbol{n}} = \mathrm{grad}u \cdot \boldsymbol{n} = \frac{\partial u}{\partial x} \cos(\boldsymbol{n}, x) + \frac{\partial u}{\partial y} \cos(\boldsymbol{n}, y) + \frac{\partial u}{\partial z} \cos(\boldsymbol{n}, z),$$

它表示温度沿 $\boldsymbol{n}$ 方向的变化率, (5.1.1) 中的负号表示热流方向与温度梯度方向相反, 因为热流方向总是由高温区指向低温区, 温度梯度 $\mathrm{grad}u$ 总是由低温区指向高温区.

在物体内任取一闭曲面, 它所包围的区域记作 Ω, 如图 5.1, 则从时刻 t_1 到时刻 t_2 经过曲面流入区域 Ω 的热量为

$$Q_1 = \int_{t_1}^{t_2} \left[\iint\limits_{S} k \frac{\partial u}{\partial \boldsymbol{n}} \mathrm{d}s \right] \mathrm{d}t$$

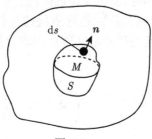

图 5.1

设函数 u 关于变量 x, y, z 具有二阶连续偏导数, 关于变量 t 具有一阶连续偏导数, 利用奥–高公式有

$$Q_1 = \int_{t_2}^{t_1} \left[\iiint\limits_{\Omega} \left[\frac{\partial}{\partial x} \left(k \frac{\partial u}{\partial x} \right) + \frac{\partial}{\partial y} \left(k \frac{\partial u}{\partial y} \right) + \frac{\partial}{\partial z} \left(k \frac{\partial u}{\partial z} \right) \right] \mathrm{d}v \right] \mathrm{d}t.$$

在 Ω 内有热源, 其热源体密度为 $F(x, y, z, t)$, 则时间区间 $[t_1, t_2]$ 内热源散发的热量为

$$Q_2 = \int_{t_2}^{t_1} \left[\iiint\limits_{\Omega} F(x, y, z, t) \mathrm{d}v \right] \mathrm{d}t.$$

在 Ω 内各点由 t_1 时刻温度 $u(x, y, z, t_1)$ 变化到 $u(x, y, z, t_2)$ 所需要的热量为

$$Q_3 = \iiint\limits_{\Omega} c(x, y, z) \rho(x, y, z) [u(x, y, z, t_2) - u(x, y, z, t_1)] \mathrm{d}v$$

$$= \iiint\limits_{\Omega} c\rho \left[\int_{t_1}^{t_2} \frac{\partial u}{\partial t} \mathrm{d}t \right] \mathrm{d}v = \int_{t_1}^{t_2} \left[\iiint\limits_{\Omega} c\rho \frac{\partial u}{\partial t} \mathrm{d}v \right] \mathrm{d}t.$$

根据热量守恒定律有 $Q_1 + Q_2 = Q_3$, 即

$$\int_{t_2}^{t_1} \left[\iiint\limits_{\Omega} \left[\frac{\partial}{\partial x} \left(k \frac{\partial u}{\partial x} \right) + \frac{\partial}{\partial y} \left(k \frac{\partial u}{\partial y} \right) + \frac{\partial}{\partial z} \left(k \frac{\partial u}{\partial z} \right) + F(x, y, z) \right] \mathrm{d}v \right] \mathrm{d}t$$

$$= \int_{t_1}^{t_2} \left[\iiint\limits_{\Omega} c\rho \frac{\partial u}{\partial t} \mathrm{d}v \right] \mathrm{d}t.$$

根据被积函数的连续性, 再由积分区域 Ω 和 $[t_1, t_2]$ 的任意性, 令 $a^2 = \dfrac{k}{c\rho}, f = \dfrac{F}{c\rho}$,
则有

$$\frac{\partial u}{\partial t} = a^2 \left(\frac{\partial^2 u}{\partial x^2} + \frac{\partial^2 u}{\partial y^2} + \frac{\partial^2 u}{\partial z^2} \right) + f. \tag{5.1.2}$$

若物体内无热源, 即 $F = 0$, 有

$$\frac{\partial u}{\partial t} = a^2 \left(\frac{\partial^2 u}{\partial x^2} + \frac{\partial^2 u}{\partial y^2} + \frac{\partial^2 u}{\partial z^2} \right). \tag{5.1.3}$$

称 (5.1.2) 为非齐次三维热传导方程, (5.1.3) 为齐次三维热传导方程, a 为导温系数.

特别, 若物体是一个薄片, 上、下底面不与周围介质进行热交换, 则有二维热传导方程

$$\frac{\partial u}{\partial t} = a^2 \left(\frac{\partial^2 u}{\partial x^2} + \frac{\partial^2 u}{\partial y^2} \right). \tag{5.1.4}$$

若物体是细长的棒, 侧面与周围介质不进行热交换, 垂直于轴线的截面上各点温度分布相同, 则有一维热传导方程

$$\frac{\partial u}{\partial t} = a^2 \frac{\partial^2 u}{\partial x^2}. \tag{5.1.5}$$

三维热传导方程的初值问题可表示为

$$\begin{cases} u_t = a^2 \Delta u + f(x, y, z, t), & (x, y, z) \in \mathbf{R}^3, t > 0, \\ u(x, y, z, t)|_{t=0} = \varphi(x, y, z), & (x, y, z) \in \mathbf{R}^3, \end{cases} \tag{5.1.6}$$

其中 $\varphi(x, y, z)$ 是初始时刻物体的温度分布.

如对长为 l 的均匀导热棒, 初始温度分布为 $\varphi(x)$, 若在 $x = 0$ 端有热量流出, 热流密度为 $\mu(t)$, 而 $x = l$ 端绝热, 则有边界条件

$$\frac{\partial u}{\partial x}\bigg|_{x=0} = \mu(t), \quad \frac{\partial u}{\partial x}\bigg|_{x=l} = 0,$$

从而有一维热传导的混合问题

$$\begin{cases} u_t = a^2 u_{xx}, & 0 < x < l, t > 0, \\ u(x, t)|_{t=0} = \varphi(x), \\ u_x(x, t)|_{x=0} = \mu(t), \\ u_x(x, t)|_{x=l} = 0. \end{cases}$$

5.1.2 反应扩散方程

近年来, 随着数学的广泛应用, 出现了很多二阶偏微分方程模型, 如化学反应扩散方程等近年来应用很广.

反应扩散过程是在化学、生物、物理等学科中常见的自然现象, 在实际生活中也经常碰到扩散问题, 在一定区域内, 某种液体或气体的浓度不均匀时, 就会发生由高浓度向低浓度的扩散现象, 反应扩散过程对应的数学模型为一类二阶偏微分方程 (组). 下面用质量守恒定律来建立反映化学物质反应与扩散过程的数学模型.

化学物质在空间的浓度分布不均匀时, 就会产生扩散现象, 即物质由浓度高的部分流向浓度低的部分. 实验结果表明物质的扩散通常满足下述扩散定律:

$$\mathrm{d}m = -k(t,x,y,z)\frac{\partial p}{\partial \boldsymbol{n}}\mathrm{d}S\mathrm{d}t, \tag{5.1.7}$$

其中 $p(t,x,y,z)$ 表示扩散物质的浓度 (单位体积中的质量), $\mathrm{d}m$ 表示在无穷小时段 $\mathrm{d}t$ 内沿法线方向 $\boldsymbol{n}$ 经一无穷小面积 $\mathrm{d}S$ 所扩散的物质的量, $k(t,x,y,z)$ 为扩散系数恒取正. (5.1.7) 中右端的负号反映物质总是由浓度高的部分向浓度低的部分扩散.

在考察的区域中任取一个子区域 G, G 的边界曲面记为 S, S 的外法线方向 $\boldsymbol{n}$ 指向外, 任取时间段 $[t_1,t_2]$, 在该时间段内经 S 流进区域 G 的质量为

$$Q_1 = \int_{t_1}^{t_2}\left(\iint_S k(t,x,y,z)\frac{\partial p}{\partial \boldsymbol{n}}\mathrm{d}S\right)\mathrm{d}t,$$

这里, Q_1 是由扩散作用引起的区域 G 内的物质质量的增加.

下面考察由化学反应所引起的物质质量的增加 Q_2. 设单位时间内由于化学反应所引起的物质浓度变换率为 $f(p)$, 则在时间段 $[t_1,t_2]$ 内, 区域 G 中由于化学反应增加的质量为

$$Q_2 = \int_{t_1}^{t_2}\left(\iiint_G f(p)\mathrm{d}V\right)\mathrm{d}t.$$

另外, 在时间段 $[t_1,t_2]$ 内, 由于物质浓度从 $p(t_1,x,y,z)$ 增加到 $p(t_2,x,y,z)$, 使得区域 G 内的物质质量的增加量为

$$Q = \iiint_G [p(t_2,x,y,z) - p(t_1,x,y,z)]\mathrm{d}V.$$

由质量守恒定律, 有 $Q = Q_1 + Q_2$, 即

$$\iiint_G [p(t_2,x,y,z) - p(t_1,x,y,z)]\mathrm{d}V$$

$$= \int_{t_1}^{t_2} \left(\iint_S k(t,x,y,z) \frac{\partial p}{\partial \boldsymbol{n}} \mathrm{d}S \right) \mathrm{d}t + \int_{t_1}^{t_2} \left(\iiint_G f(p) \mathrm{d}V \right) \mathrm{d}t,$$

假设函数 p 关于变量 x,y,z 有二阶连续偏导数, 关于 t 一阶连续可微, 扩散系数 k 为常数, 则由奥–高公式有

$$\iiint_G \left[\int_{t_1}^{t_2} \frac{\partial p}{\partial t} \mathrm{d}t \right] \mathrm{d}V = \int_{t_1}^{t_2} \left(\iiint_G k \left(\frac{\partial^2 p}{\partial x^2} + \frac{\partial^2 p}{\partial y^2} + \frac{\partial^2 p}{\partial z^2} \right) \mathrm{d}V \right) \mathrm{d}t$$
$$+ \int_{t_1}^{t_2} \left(\iiint_G f(p) \mathrm{d}V \right) \mathrm{d}t.$$

故有

$$\int_{t_1}^{t_2} \left(\iiint_G \left[\frac{\partial p}{\partial t} - k \left(\frac{\partial^2 p}{\partial x^2} + \frac{\partial^2 p}{\partial y^2} + \frac{\partial^2 p}{\partial z^2} \right) - f(p) \right] \mathrm{d}V \right) \mathrm{d}t = 0.$$

由 t_1, t_2 和区域 G 的任意性, 我们得到

$$\frac{\partial p}{\partial t} = k \left(\frac{\partial^2 p}{\partial x^2} + \frac{\partial^2 p}{\partial y^2} + \frac{\partial^2 p}{\partial z^2} \right) + f(p), \tag{5.1.8}$$

(5.1.8) 是拟线性的偏微分方程, 称为反应扩散方程, 其中非齐次项 $f(p)$ 为反应函数.

若有 n 类化学物质参与化学反应, 并各自按自身的扩散系数 $k_i(i = 1, 2, \cdots, n)$ 进行扩散, 则可得化学反应扩散方程组

$$\begin{cases} \dfrac{\partial p_1}{\partial t} = k \left(\dfrac{\partial^2 p_1}{\partial x^2} + \dfrac{\partial^2 p_1}{\partial y^2} + \dfrac{\partial^2 p_1}{\partial z^2} \right) + f(p_1, p_2, \cdots, p_n), \\[2mm] \dfrac{\partial p_2}{\partial t} = k \left(\dfrac{\partial^2 p_2}{\partial x^2} + \dfrac{\partial^2 p_2}{\partial y^2} + \dfrac{\partial^2 p_2}{\partial z^2} \right) + f(p_1, p_2, \cdots, p_n), \\[2mm] \qquad\qquad\qquad \cdots\cdots \\[2mm] \dfrac{\partial p_n}{\partial t} = k \left(\dfrac{\partial^2 p_n}{\partial x^2} + \dfrac{\partial^2 p_n}{\partial y^2} + \dfrac{\partial^2 p_n}{\partial z^2} \right) + f(p_1, p_2, \cdots, p_n). \end{cases} \tag{5.1.9}$$

下面主要考虑化学反应中各种物质浓度的变化怎样用微分方程表示出来. 设有化学物质 A 和 B, 经反应后生成物质 C, 设反应速度常数为 k_1, 大多数化学反

应遵循质量守恒定律, 当温度不变时, 化学反应速度与参加反应物质的质量或浓度成正比, 化学反应速度指的是反应物质浓度对时间的变化率. 假设 a, b, c 分别表示 t 时刻 A, B, C 三种物质的浓度, 则可表示为

$$\begin{cases} \dfrac{\mathrm{d}c}{\mathrm{d}t} = k_1 ab, \\[2mm] \dfrac{\mathrm{d}a}{\mathrm{d}t} = -k_1 ab, \\[2mm] \dfrac{\mathrm{d}b}{\mathrm{d}t} = -k_1 ab. \end{cases}$$

上述后两式的负号表示反应物质 A 或 B 的浓度越来越少.

如果考虑到 A, B, C 三种物质的扩散, 则有偏微分方程的表示形式

$$\begin{cases} \dfrac{\partial c}{\partial t} = k \left(\dfrac{\partial^2 c}{\partial x^2} + \dfrac{\partial^2 c}{\partial y^2} + \dfrac{\partial^2 c}{\partial z^2} \right) + k_1 ab, \\[3mm] \dfrac{\partial a}{\partial t} = k \left(\dfrac{\partial^2 a}{\partial x^2} + \dfrac{\partial^2 a}{\partial y^2} + \dfrac{\partial^2 a}{\partial z^2} \right) - k_1 ab, \\[3mm] \dfrac{\partial b}{\partial t} = k \left(\dfrac{\partial^2 b}{\partial x^2} + \dfrac{\partial^2 b}{\partial y^2} + \dfrac{\partial^2 b}{\partial z^2} \right) - k_1 ab. \end{cases}$$

5.1.3　带迁移的种群作用模型

我们在 1.2 节介绍过两种群相互作用的变化模型, 如果考虑两种群在平面区域的迁移扩散, 假设用函数 $p_1(t, x, y), p_2(t, x, y)$ 分别表示甲、乙两种群 t 时刻在 (x, y) 处分布的数量, 若 k_1, k_2 为甲、乙两种群的扩散系数, 对于 Volterra 研究的食用鱼 (食饵) 与软骨鱼 (捕食者) 模型

$$\begin{cases} \dfrac{\mathrm{d}x(t)}{\mathrm{d}t} = ax(t) - bx(t)y(t), \\[2mm] \dfrac{\mathrm{d}y(t)}{\mathrm{d}t} = -cy(t) + hx(t)y(t), \end{cases}$$

类同反应扩散方程的推导, 则有食饵–捕食者迁移方程组

$$\begin{cases} \dfrac{\partial p_1(t, x, y)}{\partial t} = k_1 \left(\dfrac{\partial^2 p_1}{\partial x^2} + \dfrac{\partial^2 p_1}{\partial y^2} \right) + ap_1 - bp_1 p_2, \\[3mm] \dfrac{\partial p_2(t, x, y)}{\partial t} = k_2 \left(\dfrac{\partial^2 p_2}{\partial x^2} + \dfrac{\partial^2 p_2}{\partial y^2} \right) - cp_1 + hp_1 p_2. \end{cases}$$

这里 $\Delta = \dfrac{\partial^2}{\partial x^2} + \dfrac{\partial^2}{\partial y^2}$ 为二维 Laplace 算子, 该偏微分方程组描述甲、乙两种群相互作用过程中在平面区域不断迁移扩散. 若考虑两种群在空中扩散迁移, 对应

有三维 Laplace 算子 $\Delta_3 = \dfrac{\partial^2}{\partial x^2} + \dfrac{\partial^2}{\partial y^2} + \dfrac{\partial^2}{\partial z^2}$, 则有下面三维的食饵–捕食者迁移方程组

$$
\begin{cases}
\dfrac{\partial p_1(t, x, y, z)}{\partial t} = k_1 \left(\dfrac{\partial^2 p_1}{\partial x^2} + \dfrac{\partial^2 p_1}{\partial y^2} + \dfrac{\partial^2 p_1}{\partial z^2} \right) + a p_1 - b p_1 p_2, \\[4mm]
\dfrac{\partial p_2(t, x, y, z)}{\partial t} = k_2 \left(\dfrac{\partial^2 p_2}{\partial x^2} + \dfrac{\partial^2 p_2}{\partial y^2} + \dfrac{\partial^2 p_2}{\partial z^2} \right) - c p_1 + h p_1 p_2.
\end{cases}
$$

这里, $k_1 \left(\dfrac{\partial^2 p_1}{\partial x^2} + \dfrac{\partial^2 p_1}{\partial y^2} + \dfrac{\partial^2 p_1}{\partial z^2} \right)$ 为扩散项, 描述甲种群在空间扩散时单位时间在点 (x, y, z) 处的增加数量, 而 $a p_1 - b p_1 p_2$ 表示甲种群因与乙种群的作用在单位时间内的减少数量. 求系统地确定解还需要知道初始状态和对应的边界条件.

空气污染和水污染现象具有扩散效应, 很适合用反应扩散方程描述.

5.2 分离变量法

5.2.1 有限杆的热传导问题

分离变量法不但可以求解波动方程的定解问题, 还可适用于多类偏微分方程的定解问题, 如热传导方程的定解问题.

问题 长为 l 的均匀细杆, 侧面绝热, 两端温度为零, 假设杆的初始温度分布为 $\varphi(x)$ 且内部无热源, 求杆上温度分布.

该问题可表示为热传导的混合问题

$$
\begin{cases}
u_t = a^2 u_{xx}, & 0 < x < l, t > 0, \\
u(x, 0) = \varphi(x), & 0 < x < l, \\
u(0, t) = u(l, t) = 0, & t > 0.
\end{cases}
\tag{5.2.1}
$$

若一端温度为零, 另一端绝热, 则可表示为

$$
\begin{cases}
u_t = a^2 u_{xx}, & 0 < x < l, t > 0, \\
u(x, 0) = \varphi(x), & 0 < x < l, \\
u(0, t) = 0, u_x(l, t) = 0, & t > 0;
\end{cases}
\tag{5.2.2}
$$

若两端都绝热, 则可表示为

$$
\begin{cases}
u_t = a^2 u_{xx}, & 0 < x < l, t > 0, \\
u(x, 0) = \varphi(x), & 0 < x < l, \\
u_x(0, t) = 0, u_x(l, t) = 0, & t > 0.
\end{cases}
\tag{5.2.3}
$$

下面对于 (5.2.3), 利用**分离变量法**求杆上任一点在任意时刻的温度 $u(x,t)$.
由分离变量法, 令 $u(x,t) = X(x)T(t)$, 代入方程 (5.2.3) 得

$$T'(t) + \lambda a^2 T(t) = 0,$$
$$X''(x) + \lambda X(x) = 0.$$

对应的齐次边界条件为

$$X'(0) = 0, \quad X'(l) = 0.$$

于是本征值问题为

$$\begin{cases} X''(x) + \lambda X(x) = 0, & 0 < x < l, \\ X'(0) = 0, \quad X'(l) = 0. \end{cases} \tag{5.2.4}$$

求解本征值问题 (5.2.4) 可得 $\lambda > 0$ 时的非零通解为

$$X(x) = A\cos\sqrt{\lambda}x + B\sin\sqrt{\lambda}x.$$

代入边界条件可求得 $B = 0, \sin(\sqrt{\lambda}l) = 0$, 非平凡解要求 A 不恒为零, 因此可得 (5.2.4) 的本征值和本征函数分别为

$$\lambda_n = \left(\frac{n\pi}{l}\right)^2, \quad X_n(x) = A_n\cos\left(\frac{n\pi x}{l}\right), \quad n = 1, 2, \cdots.$$

当 $\lambda = 0$ 时, 方程有非零常数解, 记为 $u_0(x,t) = X_0(x)T_0(t) = A_0 C_0 = \frac{1}{2}D_0$, 则本征值和本征函数分别表示为

$$\lambda_n = \left(\frac{n\pi}{l}\right)^2, \quad X_n(x) = A_n\cos\left(\frac{n\pi x}{l}\right), \quad n = 0, 1, 2, \cdots.$$

将本征值代入又得

$$T_n(t) = C_n \mathrm{e}^{-\left(\frac{n\pi a}{l}\right)^2 t}, \quad n = 0, 1, 2, \cdots,$$

于是, 方程 (5.2.3) 的边值问题的特解为

$$u_n(x,t) = D_n \mathrm{e}^{-\left(\frac{n\pi a}{l}\right)^2 t}\cos\frac{n\pi x}{l}, \quad n = 1, 2, \cdots,$$

其中 $D_n = A_n C_n (n = 1, 2, \cdots)$, 由叠加原理得方程 (5.2.3) 的边值问题的解为

$$u(x,t) = \frac{1}{2}D_0 + \sum_{n=1}^{\infty} D_n \mathrm{e}^{-\left(\frac{n\pi a}{l}\right)^2 t}\cos\frac{n\pi x}{l}. \tag{5.2.5}$$

由初始条件可得系数

$$D_n = \frac{2}{l} \int_0^l \varphi(\xi) \cos \frac{n\pi\xi}{l} d\xi \quad (n = 0, 1, 2, \cdots).$$

因此, 热传导混合问题 (5.2.3) 的解由 (5.2.5) 表出.

5.2.2 矩形薄板的热传导问题

分离变量法可应用于一维偏微分方程的求解, 同样也可适用于二维、三维偏微分方程定解问题的求解. 如下面二维热传导问题.

问题 一个长为 a, 宽为 b 的均匀矩形薄板, 薄板的上下底面绝热, 内部无热源, 薄板边缘温度为零, 初始温度为 $\varphi(x,y) = x(x-a)y(y-b)$, 求该薄板上的温度分布.

该问题归结为二维热传导的混合问题

$$\begin{cases} u_t = k^2(u_{xx} + u_{yy}), & 0 < x < a, 0 < y < b, t > 0, \\ u\,|_{t=0} = u(x,y,0) = x(x-a)y(y-b), \\ u(0,y,t) = u(a,y,t) = 0, & t > 0, \\ u(x,0,t) = u(x,b,t) = 0, & t > 0. \end{cases} \tag{5.2.6}$$

用分离变量法, 设 $u(x,y,t) = V(x,y)T(t)$, 代入 (5.2.6) 中第一个方程得

$$\frac{T'(t)}{k^2 T(t)} = \frac{V_{xx} + V_{yy}}{V} = -\lambda,$$

从而有

$$T'(t) + \lambda k^2 T(t) = 0,$$
$$V_{xx} + V_{yy} + \lambda V = 0.$$

另外再设 $V(x,y) = X(x)Y(y)$, 代入上式得

$$\frac{X''(x)}{X(x)} = -\frac{Y''(y) + \lambda Y(y)}{Y(y)} = -\mu,$$

于是有

$$X''(x) + \mu X(x) = 0,$$
$$Y''(y) + (\lambda - \mu)Y(y) = 0.$$

由边界条件得

$$X(0)Y(y) = X(a)Y(y) = X(x)Y(0) = X(x)Y(b) = 0;$$

由 $X(x)$ 和 $Y(y)$ 不恒等于零, 有

$$X(0) = X(a) = Y(0) = Y(b) = 0.$$

由本征值问题

$$\begin{cases} X''(x) + \mu X(x) = 0, \\ X(0) = X(a) = 0 \end{cases}$$

得本征值和本征函数分别为

$$\mu = \left(\frac{n\pi}{a}\right)^2, \quad X_n(x) = C_n \sin \frac{n\pi}{a} x, \quad n = 1, 2, \cdots.$$

再由

$$\begin{cases} Y'' + (\lambda - \mu)Y = 0, \\ Y(0) = Y(b) = 0 \end{cases}$$

又得本征值和本征函数分别为

$$\lambda - \mu = \left(\frac{m\pi}{b}\right)^2, \quad Y_m(x) = D_m \sin \frac{m\pi}{b} y, \quad m = 1, 2, \cdots,$$

因而有

$$V_{m,n}(x,y) = C_n D_m \sin \frac{n\pi}{a} x \sin \frac{m\pi}{b} y, \quad m, n = 1, 2, \cdots.$$

由 $\lambda = \frac{n^2\pi^2}{a^2} + \frac{m^2\pi^2}{b^2}$, 可解得

$$T_{m,n}(t) = L e^{-(\frac{n^2\pi^2}{a^2} + \frac{m^2\pi^2}{b^2})k^2 t}, \quad m, n = 1, 2, \cdots.$$

因此有 (5.2.6) 的特解

$$u_{m,n}(x,y,t) = C_n D_m L e^{-(\frac{n^2\pi^2}{a^2} + \frac{m^2\pi^2}{b^2})k^2 t} \sin \frac{n\pi}{a} x \sin \frac{m\pi}{b} y, \quad m, n = 1, 2, \cdots.$$

由叠加原理得

$$u(x,y,t) = \sum_{n=1}^{\infty} \sum_{m=1}^{\infty} A_n B_m e^{-(\frac{n^2\pi^2}{a^2} + \frac{m^2\pi^2}{b^2})k^2 t} \sin \frac{n\pi}{a} x \sin \frac{m\pi}{b} y,$$

其中系数 A_n, B_m 由初始条件

$$x(x-a)y(y-b) = \sum_{n=1}^{\infty} \sum_{m=1}^{\infty} A_n B_m \sin \frac{n\pi}{a} x \sin \frac{m\pi}{b} y$$

$$= \sum_{n=1}^{\infty} A_n \sin \frac{n\pi}{a} x \sum_{m=1}^{\infty} B_m \sin \frac{m\pi}{b} y,$$

得

$$x(x-a) = \sum_{n=1}^{\infty} A_n \sin \frac{n\pi}{a} x, \quad y(y-b) = \sum_{m=1}^{\infty} B_m \sin \frac{m\pi}{b} y.$$

从而有

$$A_n = \frac{2}{a} \int_0^a x(x-a) \sin \frac{n\pi}{a} x \mathrm{d}x = \frac{4a^2}{(n\pi)^3} [(-1)^n - 1],$$

$$B_m = \frac{2}{b} \int_0^b y(y-b) \sin \frac{m\pi}{b} y \mathrm{d}y = \frac{4a^2}{(m\pi)^3} [(-1)^m - 1].$$

所以, 得到定解问题 (5.2.6) 的解为

$$u(x,y,t) = \sum_{n=1}^{\infty} \sum_{m=1}^{\infty} \frac{16a^2b^2}{(mn\pi)^3} [(-1)^n - 1][(-1)^m - 1] \mathrm{e}^{-(\frac{n^2\pi^2}{a^2} + \frac{n^2\pi^2}{b^2})k^2 t} \sin \frac{n\pi}{a} x \sin \frac{m\pi}{b} y.$$

5.2.3 内部有热源的热传导问题

对于具有热源 $A \sin \omega t$, 两端绝热, 初始温度分布为 $\varphi(x)$ 的均匀细杆的热传导问题

$$\begin{cases} u_t = a^2 u_{xx} + A \sin \omega t, & 0 < x < l, t > 0, \\ u(x,0) = \varphi(x), & 0 < x < l, \\ u_x(0,t) = u_x(l,t) = 0, & t > 0. \end{cases} \tag{5.2.7}$$

我们把此问题分解为下面两个问题:

$$\begin{cases} v_t = a^2 v_{xx} + A \sin \omega t, & 0 < x < l, t > 0, \\ v(x,0) = 0, & 0 < x < l, \\ v_x(0,t) = v_x(l,t) = 0, & t > 0 \end{cases} \tag{5.2.8}$$

和

$$\begin{cases} w_t = a^2 w_{xx}, & 0 < x < l, t > 0, \\ w(x,0) = \varphi(x), & 0 < x < l, \\ w_x(0,t) = w_x(l,t) = 0, & t > 0, \end{cases} \tag{5.2.9}$$

则热传导问题 (5.2.7) 的解为 $u(x,t) = v(x,t) + w(x,t)$.

下面用本征函数法求解非齐次方程的定解问题 (5.2.8). 而 (5.2.9) 可由分离变量法求解.

由第 4 章已给出的常见本征值, 该问题本征函数系为 $\left\{\cos\dfrac{n\pi x}{l}\right\}$, 将解 $v(x,t)$ 展成 Fourier 级数

$$v(x,t) = \sum_{n=0}^{\infty} v_n(t)\cos\frac{n\pi x}{l}, \tag{5.2.10}$$

其中 $v_n(t)$ 为待定未知函数. 将 (5.2.10) 代入 (5.2.8) 中方程有

$$\sum_{n=0}^{\infty}\left[v_n'(t) + \left(\frac{n\pi a}{l}\right)^2 v_n(t)\right]\cos\frac{n\pi x}{l} = A\sin\omega t,$$

比较等式两边系数, 有

$$v_0'(t) = A\sin\omega t, \quad v_n'(t) + \left(\frac{n\pi a}{l}\right)^2 v_n(t) = 0, \quad n = 1, 2, \cdots, \tag{5.2.11}$$

由初始条件得 $v_n(0) = 0, n = 0, 1, 2, \cdots$, 此时求解 (5.2.11) 得

$$v_0(t) = \frac{A}{\omega}(1 - \cos\omega t),$$

$$v_n(t) = 0, \quad n = 1, 2, \cdots.$$

故定解问题 (5.2.8) 的解为

$$v(x,t) = \frac{A}{\omega}(1 - \cos\omega t).$$

5.2.4　非齐次边界条件的热传导问题

问题　如长为 l, 侧面绝热的均匀细杆, 内部无热源, 初始温度为 $\varphi(x)$, 单位时间两端点流入和流出的热量分别是随时间 t 变化的函数, 则杆上温度分布 $u(x,t)$ 满足下列非齐次边界条件的混合问题

$$\begin{cases} u_t = a^2 u_{xx}, & 0 < x < l, t > 0, \\ u(x,0) = \varphi(x), & 0 < x < l, \\ u_x(0,t) = \mu_1(t),\ u_x(l,t) = \mu_2(t), & t > 0. \end{cases} \tag{5.2.12}$$

对于非齐次边界条件的热传导问题 (5.2.12), 同样是先把边界条件齐次化, 令

$$u(x,t) = v(x,t) + U(x,t),$$

根据边界条件的形式可直接取辅助函数

$$U(x,t) = \frac{\mu_2(t) - \mu_1(t)}{2l}x^2 + \mu_1(t)x$$

或根据求导式

$$U_x(x,t) = \mu_1(t) + \frac{x}{l}(\mu_2(t) - \mu_1(t))$$

再对 x 积分得到. 将此辅助函数代入原问题可得关于 $v(x,t)$ 的齐次边界条件的定解问题

$$\begin{cases} v_t = a^2 v_{xx} - x\mu_1'(t) + \frac{1}{l}(\mu_2(t) - \mu_1(t)) - \frac{x^2}{2l}(\mu_2'(t) - \mu_1'(t)), & 0 < x < l, t > 0, \\ v(x,0) = \varphi(x) - x\mu_1(0) + \frac{x^2}{2l}(\mu_2(0) - \mu_1(0)), & 0 < x < l, \\ v_x(0,t) = v_x(l,t) = 0, & t > 0. \end{cases}$$

这可用本征函数法或叠加原理和齐次化原理求解.

例 5.1 求解钢锭传热问题 为便于轧制钢材, 需对钢锭加热以降低硬度, 要节约时间和燃料, 必须研究最佳出炉时间, 因此, 该问题可简化为求解表面温度为零度、初始温度为已知函数 $\varphi(x,y,z)$ 的正方体钢锭的热传导问题:

$$\begin{cases} u_t = a^2 \Delta u, & 0 < x,y,z < l, \ t > 0, \\ u(x,y,z,0) = \varphi(x,y,z), & 0 < x,y,z < l, \\ u(0,y,z,t) = u(l,y,z,t) = 0, & 0 < y,z < l, \ t > 0, \\ u(x,0,z,t) = u(x,l,z,t) = 0, & 0 < x,z < l, \ t > 0, \\ u(x,y,0,t) = u(x,y,l,t) = 0, & 0 < x,y < l, \ t > 0. \end{cases}$$

解 设分离变量形式的非零解为

$$u(x,y,z,t) = X(x)Y(y)Z(z)T(t),$$

代入方程有 $XYZT' = a^2(X''YZT + XY''ZT + XYZ''T)$ 或

$$\frac{T'}{a^2 T} = \frac{X''}{X} + \frac{Y''}{Y} + \frac{Z''}{Z},$$

此式左边是 t 的函数, 右边三项分别是 x,y,z 的函数, 因此它们都应为常数, 设

$$\frac{X''}{X} = -\alpha, \quad \frac{Y''}{Y} = -\beta, \quad \frac{Z''}{Z} = -\gamma,$$

其中 α, β, γ 为待定时常数, 从而有

$$T' + a^2(\alpha + \beta + \gamma)T = 0.$$

再由边界条件可得三个本征值问题和它们对应的本征值、本征函数为

$$\begin{cases} X'' + \alpha X = 0, \\ X(0) = X(l) = 0, \end{cases}$$

$$\alpha_m = \left(\frac{m\pi}{l}\right)^2, \quad X_m(x) = \sin\frac{m\pi}{l}x, \quad m = 1, 2, \cdots;$$

$$\begin{cases} Y'' + \beta Y = 0, \\ Y(0) = Y(l) = 0, \end{cases}$$

$$\beta_n = \left(\frac{n\pi}{l}\right)^2, \quad Y_n(x) = \sin\frac{n\pi}{l}y, \quad n = 1, 2, \cdots;$$

$$\begin{cases} Z'' + \gamma Z = 0, \\ Z(0) = Z(l) = 0, \end{cases}$$

$$\gamma_k = \left(\frac{k\pi}{l}\right)^2, \quad Z_k(z) = \sin\frac{k\pi}{l}z, \quad k = 1, 2, \cdots.$$

由此得

$$T_{mnk}(t) = T_{mnk}\mathrm{e}^{-(\frac{m^2}{l^2} + \frac{n^2}{l^2} + \frac{k^2}{l^2})a^2\pi^2 t},$$

因此满足原方程和齐次边界条件的解为

$$u(x, y, z, t) = \sum_{m=1}^{\infty}\sum_{n=1}^{\infty}\sum_{k=1}^{\infty}T_{mnk}\mathrm{e}^{-(\frac{m^2}{l^2} + \frac{n^2}{l^2} + \frac{k^2}{l^2})a^2\pi^2 t}\sin\frac{m\pi}{l}x\sin\frac{n\pi}{l}y\sin\frac{k\pi}{l}z,$$

再由初始条件可求出系数

$$T_{mnk} = \frac{8}{l^3}\int_0^l\int_0^l\int_0^l \varphi(x, y, z)\sin\frac{m\pi}{l}x\sin\frac{n\pi}{l}y\sin\frac{k\pi}{l}z\mathrm{d}x\mathrm{d}y\mathrm{d}z.$$

5.3　Laplace 方程及其求解

5.3.1　调和 (位势) 方程 (Laplace 方程)

在稳态过程中, 物理、化学、生物和工程技术等学科领域有很多现象, 其描述中的特征量 u 不随时间变化, 即 $\dfrac{\partial u}{\partial t} = 0$, 只随地点位置变化. 如在稳定的无热源

的热场中, 温度 $u(x, y, z)$ 不随时间变化, 它满足的方程为

$$\frac{\partial^2 u}{\partial x^2} + \frac{\partial^2 u}{\partial y^2} + \frac{\partial^2 u}{\partial z^2} = 0. \tag{5.3.1}$$

若物体内有热源, 则有

$$\frac{\partial^2 u}{\partial x^2} + \frac{\partial^2 u}{\partial y^2} + \frac{\partial^2 u}{\partial z^2} = -f(x, y, z). \tag{5.3.2}$$

具有二阶连续偏导数且满足方程 (5.3.1) 的连续函数称为调和函数, 因此常把方程 (5.3.1) 称为**调和方程**或**三维 Laplace 方程**. 方程 (5.3.2) 称为 **Poisson 方程**或**非齐次三维 Laplace 方程**.

记

$$\frac{\partial^2}{\partial x^2} + \frac{\partial^2}{\partial y^2} + \frac{\partial^2}{\partial z^2} \triangleq \Delta_3,$$

这里 Δ_3 称为 **Laplace 算子**, 则 Laplace 方程和 Poisson 方程可表示为简洁形式

$$\Delta_3 = 0 \quad \text{和} \quad \Delta_3 = -f.$$

又如介电常数 $\varepsilon = 1$, 电荷密度为 ρ 的静电场 $\boldsymbol{E}$ 的散度满足静电场方程

$$\text{div}\boldsymbol{E} = 4\pi\rho(x, y, z).$$

静电场 $\boldsymbol{E}$ 是有势场, 存在势函数 u 满足 $\boldsymbol{E} = -\text{grad}u$, 于是有

$$\text{div}\,\text{grad}u = -4\pi\rho(x, y, z),$$

即

$$\frac{\partial^2 u}{\partial x^2} + \frac{\partial^2 u}{\partial y^2} + \frac{\partial^2 u}{\partial z^2} = -4\pi\rho(x, y, z). \tag{5.3.3}$$

若区域内无电荷, 则有

$$\frac{\partial^2 u}{\partial x^2} + \frac{\partial^2 u}{\partial y^2} + \frac{\partial^2 u}{\partial z^2} = 0. \tag{5.3.4}$$

(5.3.3) 和 (5.3.4) 就是位势方程.

Laplace 方程和 Poisson 方程不仅描述稳态温度的分布规律, 还能描述稳定的浓度分布、静电场的电位分布、引力势和弹性力学中的调和势等的分布规律.

调和方程不含时间变量, 只能附加边界条件, 与第一、第二、第三类边界条件相对应的边值问题, 分别称为 Dirichlet 问题、Neumann 问题、Robin 问题.

5.3.2　Laplace 方程的边值问题

一些特殊区域上的 Laplace 方程的边值问题, 也可用分离变量法求解. 如下面矩形域上的 Laplace 方程的边值问题.

问题　一个长为 a, 宽为 b 的矩形薄板, 薄板的上下底面绝热, 内部无热源, 在稳恒状态时, 薄板一双对边温度为零, 另一双对边温度分别为 $f(x)$ 和 $g(x)$. 求在稳恒状态下的温度分布.

在稳恒状态下的温度分布不随时间变化, 设 $u(x,y)$ 表示薄板上点 (x,y) 处的温度, 则 $u(x,y)$ 满足 Laplace 方程

$$\begin{cases} u_{xx} + u_{yy} = 0, & 0 < x < a, 0 < y < b, \\ u(x,0) = f(x), u(x,b) = g(x), & 0 < x < a, \\ u(0,y) = 0, u(a,y) = 0, & 0 < y < b. \end{cases} \tag{5.3.5}$$

应用分离变量法, 设 $u(x,y)=X(x)Y(y)$, 代入方程得

$$\frac{X''(x)}{X(x)} = -\frac{Y''(y)}{Y(y)} = -\lambda,$$

由此得

$$X''(x) + \lambda X(x) = 0,$$
$$Y''(y) - \lambda Y(y) = 0.$$

由边界条件得

$$X(0) = X(a) = 0,$$

因此有本征值问题

$$\begin{cases} X''(x) + \lambda X(x) = 0, \\ X(0) = X(a) = 0. \end{cases}$$

可求得本征值和本征函数分别为

$$\lambda_n = \left(\frac{n\pi}{a}\right)^2, \quad X_n(x) = \sin\frac{n\pi x}{a}, \quad n = 1, 2, \cdots.$$

将本征值代入另一方程可得

$$Y_n(y) = A_n \mathrm{e}^{\frac{n\pi}{a}y} + B_n \mathrm{e}^{-\frac{n\pi}{a}y}, \quad n = 1, 2, \cdots.$$

由此得 (5.3.5) 的特解

$$u_n(x,y) = Y_n(y)X_n(x) = \left(A_n \mathrm{e}^{\frac{n\pi}{b}y} + B_n \mathrm{e}^{-\frac{n\pi}{b}y}\right) \sin\frac{n\pi x}{a}, \quad n = 1, 2, \cdots.$$

由叠加原理, 且再由另一边界条件可得 (5.3.5) 的解

$$u(x,y) = \sum_{n=1}^{\infty} \left(A_n e^{\frac{n\pi}{a}y} + B_n e^{-\frac{n\pi}{b}y} \right) \sin\frac{n\pi x}{a},$$

其中系数 A_n, B_n 满足

$$\begin{cases} A_n + B_n = \dfrac{2}{a}\displaystyle\int_0^a f(\xi)\sin\frac{n\pi\xi}{a}\mathrm{d}\xi, \\ A_n e^{\frac{n\pi}{a}b} + B_n e^{-\frac{n\pi}{a}b} = \dfrac{2}{a}\displaystyle\int_0^a g(\xi)\sin\frac{n\pi\xi}{a}\mathrm{d}\xi, \end{cases} \quad n = 1, 2, \cdots.$$

对于非齐次 Laplace 方程的边值问题也可用本征函数法求解.

　　对于非齐次边界条件的 Laplace 方程, 直接利用叠加原理, 将问题分解为关于其中一个变量是齐次边界即可.

　　如二维 Laplace 方程的定解问题

$$\begin{cases} u_{xx} + u_{yy} = 0, & 0 < x < a, 0 < y < b, \\ u(x,0) = \psi_1(x), \quad u(x,b) = \psi_2(x), & 0 < x < a, \\ u(0,y) = \varphi_1(y), \quad u(a,y) = \varphi_2(y), & 0 < y < b \end{cases}$$

可分解为

$$\begin{cases} v_{xx} + v_{yy} = 0, & 0 < x < a, 0 < y < b, \\ v(x,0) = \psi_1(x), \quad v(x,b) = \psi_2(x), & 0 < x < a, \\ v(0,y) = 0, \quad v(a,y) = 0, & 0 < y < b \end{cases}$$

和

$$\begin{cases} w_{xx} + w_{yy} = 0, & 0 < x < a, 0 < y < b, \\ w(x,0) = 0, \quad w(x,b) = 0, & 0 < x < a, \\ w(0,y) = \varphi_1(y), \quad w(a,y) = \varphi_2(y), & 0 < y < b. \end{cases}$$

则由叠加原理知原问题的解为

$$u(x,t) = v(x,t) + w(x,t).$$

习　题　5

1. 求解下列混合问题:

$$\begin{cases} u_t = a^2 u_{xx}, & 0 < x < \pi, t > 0, \\ u(x,0) = \sin x, & 0 \leqslant x \leqslant \pi, \\ u_x(0,t) = u_x(l,t) = 0, & t \geqslant 0. \end{cases}$$

2. 求解热传导问题:

$$\begin{cases} u_t = a^2 u_{xx} + f(x,t), & 0 < x < l, t > 0, \\ u(x,0) = 0, & 0 \leqslant x \leqslant l, \\ u(0,t) = u(l,t) = 0, & t \geqslant 0. \end{cases}$$

3. 设有一个半径为 r_0 的圆形薄板, 板的上下底面绝热, 圆周边界上温度分布为 $f(\theta)(0 \leqslant \theta \leqslant 2\pi, f(0) = f(2\pi))$, 求在稳恒状态下薄板上温度分布.

4. 设有某溶质在边长为 a 的立方体容器盛装的溶液中扩散, k 为扩散系数, $u(x,y,z,t)$ 表示 t 时刻在点 (x,y,z) 处该溶质的浓度, 已知初始浓度分布为 $\varphi(x,y,z)$, 溶质在容器溶液中无化学反应, 容器内表面密封性能好.

(1) 写出该扩散方程的定解问题;

(2) 用分离变量法写出其求解过程.

第 6 章　积分变换法

积分变换不仅是工程技术中常用的方法, 也是偏微分方程的基本求解方法之一. 它可把偏微分方程问题变换为常微分方程问题, 常微分方程又可经积分变换化为代数方程问题来求解. 因此, 积分变换已成为人们解决理论问题和实际问题的重要方法. 本章主要介绍 Fourier 变换和 Laplace 变换在求解偏微分方程问题中的应用.

6.1　Fourier 变换及应用

6.1.1　Fourier 变换

1. 定义

设 $f(x)$ 在 $\mathbf{R}^1$ 上绝对可积, 即 $\int_{-\infty}^{+\infty} |f(x)|\mathrm{d}x < +\infty$, 则称

$$g(\lambda) = \int_{-\infty}^{+\infty} f(x)\mathrm{e}^{-\mathrm{i}\lambda x}\mathrm{d}x$$

为 $f(x)$ 的 Fourier 变换, 记为

$$F[f] = \int_{-\infty}^{+\infty} f(x)\mathrm{e}^{-\mathrm{i}\lambda x}\mathrm{d}x. \tag{6.1.1}$$

同样, 当 $g(\lambda)$ 在 $\mathbf{R}^1$ 上绝对可积时, 称

$$f(x) = \frac{1}{2\pi} \int_{-\infty}^{+\infty} g(\lambda)\mathrm{e}^{\mathrm{i}\lambda x}\mathrm{d}\lambda$$

为 Fourier 变换 $g(\lambda)$ 的逆变换, 记为

$$F^{-1}[g] = \frac{1}{2\pi} \int_{-\infty}^{+\infty} g(\lambda)\mathrm{e}^{\mathrm{i}\lambda x}\mathrm{d}\lambda. \tag{6.1.2}$$

一般 n 维 Fourier 变换定义为

$$F[f] = g(\lambda_1, \cdots, \lambda_n)$$

$$= \int_{-\infty}^{+\infty} \cdots \int_{-\infty}^{+\infty} f(x_1, \cdots, x_n) e^{-i(\lambda_1 x_1 + \cdots + \lambda_n x_n)} dx_1 \cdots dx_n,$$

而 n 维 Fourier 逆变换定义为

$$F^{-1}[g(\lambda_1, \cdots, \lambda_n)]$$

$$= \frac{1}{(2\pi)^n} \int_{-\infty}^{+\infty} \cdots \int_{-\infty}^{+\infty} g(\lambda_1, \cdots, \lambda_n) e^{i(\lambda_1 x_1 + \cdots + \lambda_n x_n)} d\lambda_1 \cdots d\lambda_n.$$

如果 $f(x)$ 在 $\mathbf{R}^1$ 上连续可微且绝对可积, 可以证明

$$F^{-1}[F[f]] = f. \tag{6.1.3}$$

证明过程见参考文献 (张建国等, 2010).

2. 性质

下面给出 Fourier 变换的几个重要性质, 所出现的函数总假设满足 Fourier 变换存在的条件, 有关证明见参考文献 (张建国等, 2010).

(1) 线性性质.

设 α, β 为任意复数, 则

$$F[\alpha f_1(x) + \beta f_2(x)] = \alpha F[f_1] + \beta F[f_2], \tag{6.1.4}$$

$$F^{-1}[\alpha g_1(\lambda) + \beta g_2(\lambda)] = \alpha F^{-1}[g_1] + \beta F^{-1}[g_2].$$

(2) 微分性质.

假设 $f(x), f'(x)$ 都绝对可积, 且 $\lim\limits_{|x| \to +\infty} f(x) = 0$, 则

$$F[f'(x)] = i\lambda F[f(x)], \tag{6.1.5}$$

一般若 $\lim\limits_{|x| \to +\infty} f^{(k)}(x) = 0 (k = 0, 1, \cdots, n-1)$, 则

$$F[f^{(n)}(x)] = (i\lambda)^n F[f(x)], \tag{6.1.6}$$

更一般地, 若 $p_n(x)$ 是一个 n 次多项式, 则有

$$F\left[p_n\left(\frac{d}{dx}\right) f(x)\right] = p_n(i\lambda) F[f(x)].$$

(3) 积分性质.

$$F\left[\int_{-\infty}^{x} f(x) dx\right] = \frac{1}{i\lambda} F[f(x)]. \tag{6.1.7}$$

(4) 平移性质.

$$F[f(x-a)] = e^{-i\lambda a}F[f(x)] \quad (a \in \mathbf{R}^1). \tag{6.1.8}$$

(5) 伸缩性质.

$$F[f(kx)] = \frac{1}{|k|}F[f]\left(\frac{\lambda}{k}\right) = \frac{1}{|k|}g\left(\frac{\lambda}{k}\right) \quad (k \in \mathbf{R}^1, k \neq 0). \tag{6.1.9}$$

(6) 卷积性质.

设 $f_1(x), f_2(x)$ 在 $\mathbf{R}^1$ 上绝对可积, 定义

$$(f_1 * f_2)(x) = \int_{-\infty}^{+\infty} f_1(x-t)f_2(t)\mathrm{d}t \tag{6.1.10}$$

为 $f_1(x)$ 和 $f_2(x)$ 在 $\mathbf{R}^1$ 上的卷积. 显然卷积可交换即

$$(f_1 * f_2)(x) = (f_2 * f_1)(x),$$

卷积的 Fourier 变换有性质

$$F[(f_1 * f_2)(x)] = F[f_1(x)]F[f_2(x)] \tag{6.1.11}$$

或

$$F^{-1}[F[f_1(x)]F[f_2(x)]] = (f_1 * f_2)(x).$$

(7) 乘多项式性质.

$$F[xf(x)] = i\left(\frac{\mathrm{d}}{\mathrm{d}\lambda}\right)F[f](\lambda), \tag{6.1.12}$$

一般有

$$F[x^m f(x)] = i^m \left(\frac{\mathrm{d}^m}{\mathrm{d}\lambda^m}\right)F[f](\lambda). \tag{6.1.13}$$

更一般地, 若 $p_n(x)$ 是一个 n 次多项式, 则有

$$F[p_n(x)f(x)] = p_n\left(i\frac{\mathrm{d}}{\mathrm{d}x}\right)F[f(x)].$$

例 6.1 求函数 $f(x) = e^{-x^2}$ 的 Fourier 变换 $F[f(x)]$.

解　由分布积分性质和性质 (7) 得到

$$F[f(x)] = g(\lambda) = \int_{-\infty}^{+\infty} f(x)e^{-i\lambda x}dx = \int_{-\infty}^{+\infty} e^{-x^2}e^{-i\lambda x}dx$$

$$= \frac{i}{\lambda}[e^{-x^2}e^{-i\lambda x}]\Big|_{-\infty}^{+\infty} + \frac{2i}{\lambda}\int_{-\infty}^{+\infty} xe^{-x^2}e^{-i\lambda x}dx$$

$$= \frac{2i}{\lambda}F[xe^{-x^2}] = -\frac{2}{\lambda}\frac{d}{d\lambda}g(\lambda).$$

由于 $g(0) = \int_{-\infty}^{+\infty} e^{-x^2}dx = \sqrt{\pi}$, 因此, 有关于 $g(\lambda)$ 的常微分方程的初值问题

$$\begin{cases} \dfrac{dg(\lambda)}{d\lambda} + \dfrac{\lambda}{2}g(\lambda) = 0, \\ g(0) = \sqrt{\pi}. \end{cases}$$

解之得

$$F[f(x)] = g(\lambda) = \sqrt{\pi}e^{-\frac{\lambda^2}{4}}.$$

6.1.2　Fourier 变换的应用

利用 Fourier 变换及其性质通常可把线性偏微分方程定解问题化为常微分方程的定解问题, 又可把常系数线性常微分方程化为一般的函数方程的求解问题.

1. 一维波动方程的 Cauchy 问题

$$\begin{cases} u_{tt} = a^2 u_{xx}, & -\infty < x < +\infty, t > 0, \\ u(x,0) = \varphi(x), & -\infty < x < +\infty, \\ u_t(x,0) = \psi(x), & -\infty < x < +\infty. \end{cases} \tag{6.1.14}$$

对 (6.1.14) 中三个等式两边关于变量 x $(-\infty < x < +\infty)$ 进行 Fourier 变换, 并记

$$F[u(x,t)] = \tilde{u}(\lambda,t), \quad F[\varphi(x)] = \tilde{\varphi}(\lambda), \quad F[\psi(x)] = \tilde{\psi}(\lambda),$$

则根据 Fourier 变换性质有常微分方程的 Cauchy 问题

$$\begin{cases} \dfrac{d^2\tilde{u}}{dt^2} = -a^2\lambda^2\tilde{u}, \\ \tilde{u}(\lambda,0) = \tilde{\varphi}(\lambda), \quad \tilde{u}_t(\lambda,0) = \tilde{\psi}(\lambda). \end{cases} \tag{6.1.15}$$

求解 (6.1.15) 得到

$$\tilde{u}(\lambda,t) = \tilde{\varphi}(\lambda)\cos a\lambda t + \frac{\tilde{\psi}(\lambda)}{a\lambda}\sin a\lambda t$$

$$= \frac{1}{2}[\tilde{\varphi}(\lambda)\mathrm{e}^{\mathrm{i}a\lambda t} + \tilde{\varphi}(\lambda)\mathrm{e}^{-\mathrm{i}a\lambda t}] + \frac{1}{2a}\left[\frac{\tilde{\psi}(\lambda)}{\mathrm{i}\lambda}\mathrm{e}^{\mathrm{i}a\lambda t} - \frac{\tilde{\psi}(\lambda)}{\mathrm{i}\lambda}\mathrm{e}^{-\mathrm{i}a\lambda t}\right].$$

对上式关于 λ 作 Fourier 逆变换得

$$u(x,t) = \frac{1}{2}(F^{-1}[\tilde{\varphi}(\lambda)\mathrm{e}^{\mathrm{i}a\lambda t}] + F^{-1}[\tilde{\varphi}(\lambda)\mathrm{e}^{-\mathrm{i}a\lambda t}])$$

$$+ \frac{1}{2a}\left(F^{-1}\left[\frac{\tilde{\psi}(\lambda)}{\mathrm{i}\lambda}\mathrm{e}^{\mathrm{i}a\lambda t}\right] - F^{-1}\left[\frac{\tilde{\psi}(\lambda)}{\mathrm{i}\lambda}\mathrm{e}^{-\mathrm{i}a\lambda t}\right]\right).$$

由 Fourier 变换的平移性质 (4) 和积分性质 (3) 有

$$F^{-1}[\tilde{\varphi}(\lambda)\mathrm{e}^{\mathrm{i}a\lambda t}] = \varphi(x+at), \quad F^{-1}[\tilde{\varphi}(\lambda)\mathrm{e}^{-\mathrm{i}a\lambda t}] = \varphi(x-at),$$

$$F^{-1}\left[\frac{\tilde{\psi}(\lambda)}{\mathrm{i}\lambda}\mathrm{e}^{\mathrm{i}a\lambda t}\right] = \int_{-\infty}^{x+at}\psi(\xi)\mathrm{d}\xi, \quad F^{-1}\left[\frac{\tilde{\psi}(\lambda)}{\mathrm{i}\lambda}\mathrm{e}^{-\mathrm{i}a\lambda t}\right] = \int_{-\infty}^{x-at}\psi(\xi)\mathrm{d}\xi.$$

因此, 一维波动方程的 Cauchy 问题的解为

$$u(x,t) = \frac{\varphi(x-at)+\varphi(x+at)}{2} + \frac{1}{2a}\int_{x-at}^{x+at}\psi(\alpha)\mathrm{d}\alpha.$$

2. 一维热传导方程的 Cauchy 问题

$$\begin{cases} u_t = a^2 u_{xx} + f(x,t), & -\infty < x < +\infty, t > 0, \\ u(x,0) = \varphi(x), & -\infty < x < +\infty. \end{cases} \tag{6.1.16}$$

对 (6.1.16) 中两个等式两边关于变量 x $(-\infty < x < +\infty)$ 进行 Fourier 变换, 并记

$$F[u(x,t)] = \tilde{u}(\lambda,t), \quad F[f(x,t)] = \tilde{f}(\lambda,t), \quad F[\varphi(x)] = \tilde{\varphi}(\lambda).$$

则根据 Fourier 变换性质 (1) 和 (2) 有常微分方程的 Cauchy 问题

$$\begin{cases} \dfrac{\mathrm{d}\tilde{u}}{\mathrm{d}t} = -a^2\lambda^2\tilde{u} + \tilde{f}(\lambda,t), \\ \tilde{u}(\lambda,0) = \tilde{\varphi}(\lambda). \end{cases}$$

它的解为

$$\tilde{u}(\lambda,t) = \tilde{\varphi}(\lambda)\mathrm{e}^{-a^2\lambda^2 t} + \int_0^t \tilde{f}(\lambda,\tau)\mathrm{e}^{-a^2\lambda^2(t-\tau)}\mathrm{d}\tau.$$

两边关于 λ 作 Fourier 逆变换, 并利用

$$\mathrm{e}^{-a^2\lambda^2 t} = F\left[\frac{1}{2a\sqrt{\pi t}}\mathrm{e}^{-\frac{x^2}{4a^2 t}}\right], \quad \mathrm{e}^{-a^2\lambda^2(t-\tau)} = F\left[\frac{1}{2a\sqrt{\pi(t-\tau)}}\mathrm{e}^{-\frac{x^2}{4a^2(t-\tau)}}\right]$$

和卷积性质, 得到一维热传导方程的 Cauchy 问题的解为

$$u(x,t) = \frac{1}{2a\sqrt{\pi t}}\int_{-\infty}^{+\infty}\varphi(\xi)\mathrm{e}^{-\frac{(x-\xi)^2}{4a^2 t}}\mathrm{d}\xi$$

$$+ \frac{1}{2a\sqrt{\pi}}\int_0^t\int_{-\infty}^{+\infty}\frac{f(\xi,\tau)}{\sqrt{t-\tau}}\mathrm{e}^{-\frac{(x-\xi)^2}{4a^2(t-\tau)}}\mathrm{d}\xi\mathrm{d}\tau. \tag{6.1.17}$$

若记

$$G(x,t) = \frac{1}{2a\sqrt{\pi t}}\mathrm{e}^{-\frac{x^2}{4a^2 t}},$$

则 (6.1.17) 可写为

$$u(x,t) = \int_{-\infty}^{+\infty}\varphi(\xi)G(x-\xi,t)\mathrm{d}\xi + \int_0^t\int_{-\infty}^{+\infty}f(\xi,\tau)G(x-\xi,t-\tau)\mathrm{d}\xi\mathrm{d}\tau,$$

这里, 函数 $G(x,t)$ 称为**热核,** 也称为一维热传导方程 Cauchy 问题的**基本解.**

只要函数 $\varphi(x), f(x,t)$ 连续、有界, 就可保证 (6.1.16) 的解存在, (6.1.17) 给出的是古典解. 可以验证当函数 $\varphi(x), f(x,t)$ 关于 x 无穷次连续可微时, 一维热传导方程 Cauchy 问题 (6.1.16) 的解可以写成

$$u(x,t) = \sum_{n=0}^{\infty}\frac{(a^2 t)^n}{n!}\varphi^{(2n)}(x) + \sum_{n=0}^{\infty}\int_0^t\frac{[a^2(t-\tau)]^n}{n!}f_x^{(2n)}(x,\tau)\mathrm{d}\tau.$$

对于三维齐次热传导方程的 Cauchy 问题

$$\begin{cases} u_t = a^2(u_{xx}+u_{yy}+u_{zz}), & -\infty < x,y,z < +\infty, t>0, \\ u(x,y,z,0) = \varphi(x,y,z), & -\infty < x,y,z < +\infty, \end{cases}$$

同样可用 Fourier 变换得到解为

$$u(x,y,z,t) = \left(\frac{1}{2a\sqrt{\pi t}}\right)^3\int_{-\infty}^{+\infty}\int_{-\infty}^{+\infty}\int_{-\infty}^{+\infty}\varphi(\xi,\eta,\zeta)\mathrm{e}^{-\frac{(x-\xi)^2+(y-\eta)^2+(z-\zeta)^2}{4a^2 t}}\mathrm{d}\xi\mathrm{d}\eta\mathrm{d}\zeta.$$

一般地, 对于高维热传导方程的齐次 Cauchy 问题

$$\begin{cases} u_t = a^2 \Delta u, & x \in \mathbf{R}^n, t > 0, \\ u(x,0) = \varphi(x), & x \in \mathbf{R}^n, \end{cases}$$

其中 $x = (x_1, x_2, \cdots, x_n)$, $\Delta u = \dfrac{\partial^2 u}{\partial x_1^2} + \dfrac{\partial^2 u}{\partial x_2^2} + \cdots + \dfrac{\partial^2 u}{\partial x_n^2}$, 关于 x 施行 Fourier 变换得到解为

$$u(x,t) = \left(\frac{1}{2a\sqrt{\pi t}}\right)^n \int_{\mathbf{R}^n} \varphi(\xi) \mathrm{e}^{-\frac{|x-\xi|^2}{4a^2 t}} \,\mathrm{d}\xi,$$

这里 $\xi = (\xi_1, \xi_2, \cdots, \xi_n)$, 若记

$$G(x,t) = \left(\frac{1}{2a\sqrt{\pi t}}\right)^n \mathrm{e}^{-\frac{|x|^2}{4a^2 t}},$$

则 $u(x,t)$ 可表示为

$$u(x,t) = \int_{\mathbf{R}^n} \varphi(\xi) G(x-\xi, t) \,\mathrm{d}\xi,$$

函数 $G(x,t)$ 称为高维热传导方程的 **Green 函数**, 也称为高维热传导方程 Cauchy 问题的**基本解**.

同样对于非齐次的高维热传导方程 Cauchy 问题

$$\begin{cases} u_t = a^2 \Delta u + f(x,t), & x \in \mathbf{R}^n, t > 0, \\ u(x,0) = \varphi(x), & x \in \mathbf{R}^n. \end{cases}$$

应用齐次化原理可求得解为

$$u(x,t) = \int_{\mathbf{R}^n} \varphi(\xi) G(x-\xi, t) \,\mathrm{d}\xi + \int_0^t \int_{\mathbf{R}^n} f(\xi, \tau) G(x-\xi, t-\tau) \,\mathrm{d}\xi \mathrm{d}\tau.$$

特别当函数 $\varphi(x), f(x,t)$ 关于 x 无穷次连续可微时, 非齐次高维热传导方程 Cauchy 问题的解可以写成

$$u(x,t) = \sum_{k=0}^{\infty} \frac{(a^2 t)^k}{k!} \Delta^k \varphi(x) + \sum_{k=0}^{\infty} \int_0^t \frac{[a^2(t-\tau)]^k}{k!} \Delta_x^k f(x,\tau) \,\mathrm{d}\tau,$$

这里 $\Delta^k \varphi = \Delta(\Delta(\cdots(\Delta\varphi)))$, Δ_x 是关于 x 求导.

3. 调和方程的边值问题

$$\begin{cases} u_{xx} + u_{yy} = 0, & -\infty < x < +\infty, y > 0, \\ u(x,0) = \varphi(x), & -\infty < x < +\infty, \\ |u| < +\infty, & y \to +\infty \end{cases} \tag{6.1.18}$$

关于变量 x 作 Fourier 变换, 记

$$F[u(x,y)] = \tilde{u}(\lambda,y), \quad F[\varphi(x)] = \tilde{\varphi}(\lambda),$$

则有

$$\begin{cases} \dfrac{\mathrm{d}^2\tilde{u}}{\mathrm{d}y^2} = \lambda^2\tilde{u}, \\ \tilde{u}(\lambda,0) = \tilde{\varphi}(\lambda) . \end{cases}$$

常微分方程的通解为

$$\tilde{u}(\lambda,y) = C_1(\lambda)\mathrm{e}^{\lambda y} + C_2(\lambda)\mathrm{e}^{-\lambda y},$$

因为当 $y \to +\infty$ 时 u 有界, 从而 $\tilde{u}$ 也有界. 所以当 $\lambda > 0$ 时, $C_1(\lambda) = 0$, $C_2(\lambda) = \tilde{\varphi}(\lambda)$; 当 $\lambda < 0$ 时, $C_2(\lambda) = 0$, $C_1(\lambda) = \tilde{\varphi}(\lambda)$. 令

$$\widetilde{G}(\lambda,y) = \begin{cases} \mathrm{e}^{-\lambda y}, & \lambda \geqslant 0, \\ \mathrm{e}^{\lambda y}, & \lambda < 0. \end{cases}$$

则有 $\tilde{u}(\lambda,y) = \widetilde{G}(\lambda,y)\tilde{\varphi}(\lambda)$.

由 Fourier 逆变换, 有

$$G(\lambda,y) = \frac{1}{2\pi}\int_{-\infty}^{+\infty}\widetilde{G}(\lambda,y)\mathrm{e}^{\mathrm{i}\lambda x}\mathrm{d}\lambda = \frac{1}{\pi}\frac{y}{x^2+y^2},$$

再由 Fourier 变换的卷积性质得到

$$u(x,t) = G(x,y) * \varphi(x) = \int_{-\infty}^{+\infty} G(x-\xi,y)\varphi(\xi)\mathrm{d}\xi$$

$$= \frac{1}{\pi}\int_{-\infty}^{+\infty}\frac{y\varphi(\xi)}{(x-\xi)^2+y^2}\mathrm{d}\xi.$$

4. 振动问题

$$\begin{cases} u_{tt} + a^2 u_{xxxx} = 0, & -\infty < x < +\infty, t > 0, \\ u(x,0) = \varphi(x), & -\infty < x < +\infty, \\ u_t(x,0) = 0, & -\infty < x < +\infty, \end{cases} \tag{6.1.19}$$

对 (6.1.19) 中三个等式两边关于变量 x $(-\infty < x < +\infty)$ 作 Fourier 变换, 得

$$
\begin{cases}
\dfrac{\mathrm{d}^2 \tilde{u}}{\mathrm{d}t^2} + a^2 \lambda^4 \tilde{u} = 0, \\[2mm]
\tilde{u}(\lambda, 0) = \tilde{\varphi}(\lambda), \quad \tilde{u}_t(\lambda, 0) = 0.
\end{cases}
$$

它的通解为 $\tilde{u}(\lambda, t) = C_1(\lambda) \cos(a\lambda^2 t) + C_2(\lambda) \sin(a\lambda^2 t)$.

由初始条件得 $C_1(\lambda) = \tilde{\varphi}(\lambda), C_2(\lambda) = 0$, 于是

$$
\tilde{u}(\lambda, t) = \tilde{\varphi}(\lambda) \cos(a\lambda^2 t).
$$

查 Fourier 变换表并利用 Fourier 变换的对称性得

$$
F^{-1}[\cos(a\lambda^2 t)] = \frac{1}{2\pi} F[\cos(a\lambda^2 t)](-x) = \frac{1}{2\sqrt{a\pi t}} \cos\left(\frac{x^2}{4at} - \frac{\pi}{4}\right),
$$

由 Fourier 逆变换的卷积性质有

$$
u(x, t) = \varphi(x) * F^{-1}[\cos(a\lambda^2 t)]
$$

$$
= \frac{1}{2\sqrt{a\pi t}} \int_{-\infty}^{+\infty} \varphi(\xi) \cos\left(\frac{(\xi - x)^2}{4at} - \frac{\pi}{4}\right) \mathrm{d}\xi.
$$

6.2 Laplace 变换及应用

6.2.1 Laplace 变换

1. 定义

设函数 $f(t)$ 在 $t \geqslant 0$ 有定义, 若积分 $\displaystyle\int_0^{+\infty} f(t)\mathrm{e}^{-st}\mathrm{d}t$ (s 为复参量) 在 s 的某一范围内收敛, 则称函数

$$
F(s) = \int_0^{+\infty} f(t)\mathrm{e}^{-st}\mathrm{d}t
$$

为 $f(t)$ 的 **Laplace 变换**, 记为

$$
L[f] = \int_0^{+\infty} f(t)\mathrm{e}^{-st}\mathrm{d}t. \tag{6.2.1}
$$

同样, 反过来称 $f(t)$ 为 $F(s)$ 的 **Laplace 逆变换**, 记为 $f(t)=L^{-1}[F(s)]$.

关于 Laplace 变换, 有下面存在性定理.

定理 6.2.1　若函数 $f(t)$ 满足条件: ①在 $t \geqslant 0$ 的任一有限区间上分段连续; ②在 $t \to +\infty$ 时, 其增长是指数级的, 即存在 $M > 0$ 和 $c \geqslant 0$ (称 c 为 $f(t)$ 的增长指数), 使得 $|f(t)| \leqslant Me^{ct}$ $(0 \leqslant t < +\infty)$. 则函数 $f(t)$ 的 Laplace 变换

$$F(s) = \int_0^{+\infty} f(t)e^{-st}\mathrm{d}t$$

在半平面 $\mathrm{Re}(s) > c_0$ 上一定存在, 此时右端积分绝对 (且一致) 收敛, 并在此半平面内 $F(s)$ 为解析函数.

证明　因为当 $c > c_0$ 时, 有

$$\left|f(t)e^{-st}\right| \leqslant Me^{c_0 t}e^{-t\mathrm{Re}(s)} = Me^{-(c-c_0)t} \quad (0 \leqslant t < +\infty),$$

而积分 $\displaystyle\int_0^{+\infty} e^{-(c-c_0)t}\mathrm{d}t$ 是收敛的. 因此, 在半平面 $\mathrm{Re}(s) = c > c_0$ 上积分 $\displaystyle\int_0^{+\infty} f(t)e^{-st}\mathrm{d}t$ 是绝对收敛的, 所以 $F(s)$ 在半平面 $\mathrm{Re}(s) > c_0$ 上一定存在. 又因为

$$\left|\frac{\mathrm{d}}{\mathrm{d}s}[f(t)e^{-st}]\right| = \left|-tf(t)e^{-st}\right| \leqslant Mte^{-(c-c_0)t} \quad (0 \leqslant t < +\infty),$$

而当 $c > c_0$ 时, 积分 $\displaystyle\int_0^{+\infty} te^{-(c-c_0)t}\mathrm{d}t$ 是收敛的, 因此积分 $\displaystyle\int_0^{+\infty} \frac{\mathrm{d}}{\mathrm{d}s}[f(t)e^{-st}]\mathrm{d}t$ 也在半平面 $\mathrm{Re}(s) = c > c_0$ 上绝对收敛. 故有

$$\frac{\mathrm{d}}{\mathrm{d}s}F(s) = \frac{\mathrm{d}}{\mathrm{d}s}\int_0^{+\infty} f(t)e^{-st}\mathrm{d}t = \int_0^{+\infty} \frac{\mathrm{d}}{\mathrm{d}s}[f(t)e^{-st}]\mathrm{d}t$$

$$= \int_0^{+\infty} -tf(t)e^{-st} = L[-tf(t)],$$

即 $F(s)$ 在半平面 $\mathrm{Re}(s) > c_0$ 内可微, 因此 $F(s)$ 在半平面 $\mathrm{Re}(s) > c_0$ 内解析.

在工程技术中的函数一般都能满足存在性定理中的条件. 当 $t \to +\infty$ 时, 要求函数增长是指数级的比绝对可积的要求要弱, 因此, 有时 Laplace 变换的应用要广于 Fourier 变换.

2. 性质

下面介绍 Laplace 变换的性质, 总假设函数的 Laplace 变换及其逆变换是存在的.

(1) 线性性质.

设 α, β 为任意复数, 则

$$L[\alpha f_1(t) + \beta f_2(t)] = \alpha L[f_1] + \beta L[f_2], \tag{6.2.2}$$

$$L^{-1}[\alpha g_1(\lambda) + \beta g_2(\lambda)] = \alpha L^{-1}[g_1] + \beta L^{-1}[g_2].$$

(2) 微分性质.

假设 $f(t), f'(t)$ 都在 $t \geqslant 0$ 的有限区间上分段连续, 则

$$L[f'(t)] = sL[f(t)] - f(0). \tag{6.2.3}$$

一般地, 有

$$L[f^{(n)}(t)] = s^n L[f(t)] - s^{n-1} f(0) - s^{n-2} f'(0) - \cdots - f^{(n-1)}(0).$$

特别, 当 $f(0) = f'(0) = \cdots = f^{(n-1)}(0) = 0$ 时, 则有

$$L[f^{(n-1)}(t)] = s^n L[f(t)].$$

另外, 由定理 6.2.1 的证明知,

$$\frac{\mathrm{d}}{\mathrm{d}s}(L[f(t)]) = \frac{\mathrm{d}}{\mathrm{d}s}F(s) = L[-tf(t)] \quad (\mathrm{Re}(s) > c),$$

$$\frac{\mathrm{d}^n}{\mathrm{d}s^n}(L[f(t)]) = \frac{\mathrm{d}^n}{\mathrm{d}s^n}F(s) = L[(-t)^n f(t)] \quad (\mathrm{Re}(s) > c),$$

(3) 积分性质.

$$L\left[\int_0^t f(t)\mathrm{d}t\right] = \frac{1}{s}L[f(t)]. \tag{6.2.4}$$

(4) 平移性质.

若 $L[f(t)] = F(s)$, 则

$$L[f(t-a)] = \mathrm{e}^{-sa}F(s), \quad L[\mathrm{e}^{at}f(t)] = F(s-a) \quad (\mathrm{Re}(s-a) > c, a > 0). \tag{6.2.5}$$

(5) 延迟性质.

若 τ 为非负实数, 则

$$L[f(t-\tau)] = \mathrm{e}^{-s\tau}F(s) \quad (\mathrm{Re}(s) > c) \tag{6.2.6}$$

或

$$L^{-1}[\mathrm{e}^{-s\tau}F(s)] = f(t-\tau) \quad (\mathrm{Re}(s) > c).$$

(6) 伸缩性质.

$$L[f(kt)] = \frac{1}{k}F\left(\frac{s}{k}\right) \quad (k > 0).$$　(6.2.7)

(7) 卷积性质.

设 $f_1(t), f_2(t)$ 在 $t \geqslant 0$ 的有限区间上分段连续, 定义

$$(f_1 * f_2)(t) = \int_0^t f_1(\tau)f_2(t - \tau)\mathrm{d}\tau$$　(6.2.8)

为 $f_1(t)$ 和 $f_2(t)$ 的卷积. 显然卷积可交换即

$$(f_1 * f_2)(t) = (f_2 * f_1)(t),$$

卷积的 Laplace 变换有性质

$$L[(f_1 * f_2)(t)] = L[f_1(t)]L[f_2(t)]$$　(6.2.9)

或

$$L^{-1}[L[f_1(t)]L[f_2(t)]] = (f_1 * f_2)(t).$$

一般地, 有 $L[(f_1 * f_2 * \cdots * f_n)(t)] = L[f_1(t)]L[f_2(t)] \cdots L[f_n(t)].$

(8) 乘多项式性质.

$$L[tf(t)] = -\frac{\mathrm{d}}{\mathrm{d}s}F(s).$$　(6.2.10)

一般有

$$L[t^m f(t)] = (-1)^m \frac{\mathrm{d}^m}{\mathrm{d}s^m}F(s)$$　(6.2.11)

或

$$L^{-1}\left[\frac{\mathrm{d}^m}{\mathrm{d}s^m}F(s)\right] = (-1)^m t^m f(t), \quad m = 1, 2, \cdots.$$

更一般地, 若 $p_m(t)$ 是一个 m 次多项式, 则有

$$L[p_m(t)f(t)] = p_m\left((-1)\frac{\mathrm{d}}{\mathrm{d}s}\right)F(s).$$

例 6.2　单位阶梯函数 (Heaviside 函数) 为

$$H(x) = \begin{cases} 1, & x > 0, \\ 0, & x \leqslant 0. \end{cases}$$

对于常数 a, 由定义

$$
\begin{aligned}
L[H(x-a)] &= \int_0^{+\infty} H(x-a)\mathrm{e}^{-sx}\mathrm{d}x \\
&= \int_0^a H(x-a)\mathrm{e}^{-sx}\mathrm{d}x + \int_a^{+\infty} H(x-a)\mathrm{e}^{-sx}\mathrm{d}x \\
&= \int_a^{+\infty} \mathrm{e}^{-sx}\mathrm{d}x = \frac{\mathrm{e}^{-sa}}{s},
\end{aligned}
$$

对于函数 $f(x)$, 可以证得

$$
L[H(x-a)f(x-a)] = \mathrm{e}^{-as}L[f(x)].
$$

如 $f(x) = \mathrm{e}^{k(x-a)}$, 则函数 $g(x) = \mathrm{e}^{k(x-a)}H(x-a)$ 的 Laplace 变换为

$$
L[g(x)] = L[\mathrm{e}^{k(x-a)}H(x-a)] = \mathrm{e}^{-as}L[\mathrm{e}^{kx}] = \mathrm{e}^{-as}\frac{1}{s-k} \quad (\mathrm{Re}s > \mathrm{Re}k).
$$

例 6.3 求函数 $f(x) = \sin kx$ 的 Laplace 变换.

解 因为 $\sin kx = \dfrac{1}{2\mathrm{i}}(\mathrm{e}^{\mathrm{i}kx} - \mathrm{e}^{-\mathrm{i}kx})$, 所以由 Laplace 变换的性质

$$
\begin{aligned}
L[\sin kx] &= L\left[\frac{1}{2\mathrm{i}}(\mathrm{e}^{\mathrm{i}kx} - \mathrm{e}^{-\mathrm{i}kx})\right] = \frac{1}{2\mathrm{i}}(L[\mathrm{e}^{\mathrm{i}kx}] - L[\mathrm{e}^{-\mathrm{i}kx}]) \\
&= \frac{1}{2\mathrm{i}}\left(\frac{1}{s-\mathrm{i}k} - \frac{1}{s+\mathrm{i}k}\right) = \frac{k}{s^2+k^2}.
\end{aligned}
$$

由平移性质又可得

$$
L[\mathrm{e}^{-ax}\sin kx] = \frac{k}{(s+a)^2+k^2}.
$$

6.2.2 Laplace 变换的应用

同 Fourier 变换一样, 利用 Laplace 变换及其性质通常可把线性偏微分方程定解问题化为常微分方程的定解问题, 又可把常系数线性常微分方程化为一般的函数方程的求解问题.

1. 半无限长杆的热传导问题

$$
\begin{cases}
u_t - a^2 u_{xx} = 0, & x > 0, t > 0, \\
u(x,0) = 0, & x \geqslant 0, \\
u(0,t) = f(t), & \lim\limits_{x \to +\infty} |u(x,t)| < +\infty.
\end{cases} \tag{6.2.12}
$$

显然, 该问题不能用 Fourier 变换求解, 因为自变量 x, t 的变换范围都是 $(0, +\infty)$. 所以采用 Laplace 变换求解. 又因为方程关于 t 是一阶导数, 关于 x 是二阶导数, 但没有给出 u_x 在 $x = 0$ 处的值, 故只能对 t 进行 Laplace 变换.

记 $L[u(x,t)] = U(x,s)$, $L[f(t)] = F(s)$, 对 (6.2.12) 中方程和定解条件关于 t 施行 Laplace 变换, 得到

$$\begin{cases} U_{xx}(x,s) - \dfrac{s}{a^2}U(x,s) = 0, & x > 0, \\ U(0,s) = F(s). \end{cases}$$

暂把 s 看作参数, 求得

$$U(x,s) = C_1(s)\mathrm{e}^{-\frac{\sqrt{s}}{a}x} + C_2(s)\mathrm{e}^{\frac{\sqrt{s}}{a}x}.$$

由 $\lim\limits_{x \to +\infty} |u(x,t)| < +\infty$ 知函数 u 有界, 从而 $U(x,s)$ 也有界, 故 $C_2(s) = 0$, 又由 $U(x,0) = F(s)$ 得 $C_1(s) = F(s)$, 所以

$$U(x,s) = F(s)\mathrm{e}^{-\frac{\sqrt{s}}{a}x}.$$

在上式两边取 Laplace 逆变换得

$$u(x,t) = L^{-1}[U(x,s)] = L^{-1}[F(s)\mathrm{e}^{-\frac{\sqrt{s}}{a}x}] = f * L^{-1}[\mathrm{e}^{-\frac{\sqrt{s}}{a}x}].$$

又 (查表) 知

$$L^{-1}\left[\frac{1}{s}\mathrm{e}^{-\frac{\sqrt{s}}{a}x}\right] = \frac{2}{\sqrt{\pi}}\int_{\frac{x}{2a\sqrt{t}}}^{+\infty}\mathrm{e}^{-y^2}\mathrm{d}y,$$

由微分性质得

$$L^{-1}[\mathrm{e}^{-\frac{\sqrt{s}}{a}x}] = L^{-1}\left[s\frac{1}{s}\mathrm{e}^{-\frac{\sqrt{s}}{a}x}\right] = \frac{\mathrm{d}}{\mathrm{d}t}\left(\frac{2}{\sqrt{\pi}}\int_{\frac{x}{2a\sqrt{t}}}^{+\infty}\mathrm{e}^{-y^2}\mathrm{d}y\right)$$

$$= \frac{x}{2a\sqrt{\pi}t^{\frac{3}{2}}}\mathrm{e}^{-\frac{x^2}{4a^2t}},$$

因此, 由卷积性质得定解问题的解为

$$u(x,t) = f * L^{-1}[\mathrm{e}^{-\frac{\sqrt{s}}{a}x}] = \frac{x}{2a\sqrt{\pi}}\int_0^t \frac{f(\tau)}{(t-\tau)^{\frac{3}{2}}}\mathrm{e}^{-\frac{x^2}{4a^2(t-\tau)}}\mathrm{d}\tau.$$

当函数 $f(t)$ 在 $[0, +\infty)$ 上连续且有界时, 上式确定的 $u(x,t)$ 是问题的古典解.

2. 非齐次强迫振动问题

$$\begin{cases} u_{tt} - u_{xx} = k\sin\pi x, & 0 < x < 1, t > 0, \\ u(0,t) = u(1,t) = 0, & t > 0, \\ u(x,0) = u_t(x,0) = 0, & 0 \leqslant x \leqslant 1. \end{cases} \qquad (6.2.13)$$

该问题只能对 t 施行 Laplace 变换, 对 (6.2.13) 中主方程两边取 Laplace 变换得

$$s^2 U(x,s) - su(x,0) - u_t(x,0) - \frac{\mathrm{d}^2}{\mathrm{d}x^2}U(x,s) = \frac{k}{s}\sin\pi x,$$

由初始条件 $u(x,0) = u_t(x,0) = 0$, 有

$$s^2 U(x,s) - \frac{\mathrm{d}^2}{\mathrm{d}x^2}U(x,s) = \frac{k}{s}\sin\pi x,$$

可解得

$$U(x,s) = C_1(s)\mathrm{e}^{sx} + C_2(s)\mathrm{e}^{-sx} + \frac{k}{s(s^2+\pi^2)}\sin\pi x,$$

由边界条件 $u(0,t) = u(1,t) = 0$, 知 $U(0,s) = U(1,s) = 0$, 代入上式得 $C_1(s) = C_2(s) = 0$, 于是

$$U(x,s) = \frac{k}{s(s^2+\pi^2)}\sin\pi x = \frac{k}{\pi^2}\left(\frac{1}{s} - \frac{s}{s^2+\pi^2}\right)\sin\pi x.$$

因此, 对上式施行 Laplace 逆变换得非齐次振动问题的解为

$$u(x,t) = \frac{k}{\pi^2}(1 - \cos\pi t)\sin\pi x.$$

下面给出一个用 Laplace 变换求解一阶偏微分方程的例子.

例 6.4 求一阶偏微分方程的定解问题

$$\begin{cases} u_t + xu_x = x, & x > 0, t > 0, \\ u(0,t) = 0, & t > 0, \\ u(x,0) = 0, & x > 0. \end{cases}$$

解 关于 x, t 都可以施行 Laplace 变换, 我们对方程两边关于 t 施行 Laplace 变换 (取 s 为实数), 有

$$sU(x,s) - u(x,0) + x\frac{\mathrm{d}}{\mathrm{d}x}U(x,s) = \frac{x}{s}.$$

由条件 $u(x,0) = 0$, 上述方程为

$$\frac{\mathrm{d}}{\mathrm{d}x}U(x,s) + \frac{s}{x}U(x,s) = \frac{1}{s},$$

求解得

$$U(x,s) = C(s)\frac{1}{x^s} + \frac{x}{s(s+1)},$$

由条件 $u(0,t) = 0$ 得 $U(0,s) = 0$, 从而 $C(s) = 0$, 代入上式并应用 Laplace 逆变换得

$$u(x,t) = L^{-1}[U(x,s)] = L^{-1}\left[\frac{x}{s(s+1)}\right] = L^{-1}\left[x\left(\frac{1}{s} - \frac{1}{s+1}\right)\right]$$

$$= xL^{-1}\left[\frac{1}{s}\right] - xL^{-1}\left[\frac{1}{s+1}\right] = x(1 - \mathrm{e}^{-t}).$$

此题若关于 x 作 Laplace 变换, 求解要麻烦一些, 不妨一试.

通过前面讨论看出, 用积分变换求解偏微分方程的定解问题主要步骤:

(1) 根据自变量的变化范围以及定解条件, 选择合适的积分变换, 把偏微分方程转化为关于像函数的常微分方程;

(2) 对定解条件取积分变换, 导出关于像函数的常微分方程的定解条件;

(3) 求解常微分方程的定解问题, 求出像函数;

(4) 对像函数取逆积分变换, 得到原定解问题的解.

习　题　6

1. 求下列函数的 Fourier 变换:

(1) $f(x) = \begin{cases} 1, & |x| \leqslant A, \\ 0, & |x| > A; \end{cases}$　　　　　　(2) $f(x) = \begin{cases} \sin s_0 x, & |x| \leqslant a, \\ 0, & |x| > a. \end{cases}$

2. 求下列函数的 Laplace 变换:

(1) $f(t) = \sqrt{\dfrac{1}{t}}$;　　　　　　　　　　(2) $f(t) = \cos kt.$

3. 求下列函数的 Laplace 逆变换:

(1) $F(s) = \dfrac{s}{(s^2+1)(s^2+2)}$;　　　　(2) $F(s) = \dfrac{1}{(s-1)(s-2)}.$

4. 用 Fourier 变换求下列定解问题:

(1) $\begin{cases} u_t = a^2 u_{xx}, & -\infty < x < +\infty, t > 0, \\ u(x,0) = \varphi(x), & -\infty < x < +\infty; \end{cases}$

(2) $\begin{cases} u_{xx} + u_{tt} = 0, & -\infty < x < +\infty, y > 0, \\ u|_{y=0} = \varphi(x), & -\infty < x < +\infty. \end{cases}$

5. 用 Laplace 变换求下列定解问题:

(1) $\begin{cases} u_{tt} = a^2 u_{xx}, & x > 0, t > 0, \\ u(x,0) = 0, \ u_t(x,0) = 0, & x \geqslant 0, \\ u(0,t) = f(t), \ \lim\limits_{x \to +\infty} u(x,t) = 0, & t \geqslant 0; \end{cases}$

(2) $\begin{cases} xu_t + u_x = x, & x > 0, t > 0, \\ u(0,t) = 0, & t \geqslant 0, \\ u(x,0) = 0, & x \geqslant 0. \end{cases}$

6. 求解半无界振动问题

$$\begin{cases} u_{tt} = a^2 u_{xx}, & x > 0, t > 0, \\ u(x,0) = 0, \ u_t(x,0) = 0, & x \geqslant 0, \\ u(0,t) = A \sin \omega t, & t \geqslant 0, \end{cases}$$

并给出物理解释.

7. 假设函数 $\varphi(x), f(x,t)$ 无穷次连续可微, 试证一维热传导方程的 Cauchy 问题

$$\begin{cases} u_t = a^2 u_{xx} + f(x,t), & -\infty < x < +\infty, t > 0, \\ u(x,0) = \varphi(x), & -\infty < x < +\infty \end{cases}$$

的解可以表示为

$$u(x,t) = \sum_{n=0}^{\infty} \frac{(a^2 t)^n}{n!} \varphi^{(2n)}(x) + \sum_{n=0}^{\infty} \int_0^t \frac{[a^2(t-\tau)]^n}{n!} f_x^{(2n)}(x,\tau) \mathrm{d}\tau.$$

第 7 章 偏微分方程其他解法

本章简单介绍几种偏微分方程的求解方法——差分法、变分法、有限元法和 Green 函数法等. 这些方法在自然科学和工程技术等方面归结的偏微分方程定解问题求解中有重要应用.

7.1 数 值 解 法

本节简单介绍求解偏微分方程常用的几种数值解法, 主要是差分法、变分法和有限元法.

7.1.1 差分法简介

1. 差商与差分方程

对于一元函数 $f(x)$, 我们把它的增量 Δf 与自变量增量 Δx 的比值称为一阶差商. 一阶差商的极限为函数的微商, 即

$$\frac{\mathrm{d}f(x)}{\mathrm{d}x} = \lim_{\Delta x \to 0} \frac{\Delta f}{\Delta x} = \lim_{\Delta x \to 0} \frac{f(x + \Delta x) - f(x)}{\Delta x}.$$

当自变量增量 Δx 很小时, 一阶差商 $\dfrac{\Delta f}{\Delta x}$ 可以近似代替微商 $\dfrac{\mathrm{d}f}{\mathrm{d}x}$.

常用的一阶差商有三种类型:

(1) 向前差商

$$\frac{\mathrm{d}f}{\mathrm{d}x} \approx \frac{f(x + \Delta x) - f(x)}{\Delta x};$$

(2) 向后差商

$$\frac{\mathrm{d}f}{\mathrm{d}x} \approx \frac{f(x) - f(x - \Delta x)}{\Delta x};$$

(3) 中心差商

$$\frac{\mathrm{d}f}{\mathrm{d}x} \approx \frac{f(x + \Delta x) - f(x - \Delta x)}{2\Delta x}.$$

当 Δx 固定时, 一阶差商为 x 的函数, 关于变量 x 还可继续求二阶差商

$$\frac{\mathrm{d}^2 f}{\mathrm{d}x^2} \approx \frac{\dfrac{f(x + \Delta x) - f(x)}{\Delta x} - \dfrac{f(x) - f(x - \Delta x)}{\Delta x}}{\Delta x}$$

$$= \frac{f(x + \Delta x) - 2f(x) + f(x - \Delta x)}{(\Delta x)^2}.$$

如此继续可求高阶差商. 而高阶微商可由高阶差商近似得到.

对于多元函数的偏导数, 也有近似差商. 如二元函数 $f(x, y)$ 有下列一阶差商近似

$$\frac{\partial f}{\partial x} \approx \frac{f(x + \Delta x, y) - f(x, y)}{\Delta x},$$

$$\frac{\partial f}{\partial y} \approx \frac{f(x, y + \Delta y) - f(x, y)}{\Delta y};$$

有下列二阶偏导数的中心差商

$$\frac{\partial^2 f}{\partial x^2} \approx \frac{f(x + \Delta x, y) - 2f(x, y) + f(x - \Delta x, y)}{(\Delta x)^2},$$

$$\frac{\partial^2 f}{\partial y^2} \approx \frac{f(x, y + \Delta y) - 2f(x, y) + f(x, y - \Delta y)}{(\Delta y)^2},$$

$$\frac{\partial^2 f}{\partial x \partial y} \approx \frac{f(x + \Delta x, y + \Delta y) - f(x + \Delta x, y - \Delta y) + f(x - \Delta x, y - \Delta y) - f(x - \Delta x, y + \Delta y)}{4 \Delta x \Delta y}.$$

含有未知函数差分的方程称为差分方程. 一个微分方程可以用相应的差分方程来近似, 得到对应的差分方程. 如一维热传导方程

$$u_t - a^2 u_{xx} = 0,$$

其对应的差分方程为

$$\frac{u(x, t + \Delta t) - u(x, t)}{\Delta t} = a^2 \frac{u(x + \Delta x, t) - 2u(x, t) + u(x - \Delta x, t)}{(\Delta x)^2}, \qquad (7.1.1)$$

用差分方程近似代替微分方程时有误差, 通常是在 Taylor 展开过程中由有限项代替无限项时产生的, 这种误差称为**截断误差**.

如对二元函数 $u(x, t)$ 作 Taylor 展开, 有

$$u(x, t + \Delta t) - u(x, t) = \frac{\partial u}{\partial t} \Delta t + \frac{1}{2!} \frac{\partial^2 u}{\partial t^2} (\Delta t)^2 + \cdots,$$

$$u(x + \Delta x, t) - u(x, t) = \frac{\partial u}{\partial x} \Delta x + \frac{1}{2!} \frac{\partial^2 u}{\partial x^2} (\Delta x)^2 + \cdots,$$

$$u(x - \Delta x, t) - u(x, t) = -\frac{\partial u}{\partial x} \Delta x + \frac{1}{2!} \frac{\partial^2 u}{\partial x^2} (\Delta x)^2 + \cdots.$$

由第一式, 有

$$\frac{u(x, t + \Delta t) - u(x, t)}{\Delta t} = \frac{\partial u}{\partial t} + O(\Delta t),$$

后两式子相加有

$$\frac{u(x + \Delta x, t) - 2u(x, t) + u(x - \Delta x, t)}{(\Delta x)^2} = \frac{\partial^2 u}{\partial x^2} + O((\Delta x)^2),$$

因此, 一维热传导方程的差分方程 (7.1.1) 的截断误差为 $O(\Delta t + (\Delta x)^2)$.

类似地, 一维波动方程 $u_{tt} - a^2 u_{xx} = 0$ 的差分方程

$$\frac{u(x, t + \Delta t) - 2u(x, t) + u(x, t - \Delta t)}{(\Delta t)^2}$$
$$= a^2 \frac{u(x + \Delta x, t) - 2u(x, t) + u(x - \Delta x, t)}{(\Delta x)^2} \tag{7.1.2}$$

的截断误差为 $O((\Delta t)^2 + (\Delta x)^2)$.

2. 差分格式

差分法求解微分方程, 主要是将微分方程的求解区域分成足够细的网格, 用差商代替微商, 把微分方程及定解条件化为以未知函数在节点上的近似值为未知量的代数方程组, 把求解代数方程组得到的节点上未知函数的值作为微分方程的近似解.

1) 热传导方程的差分格式

热传导方程的混合问题

$$\begin{cases} u_t - a^2 u_{xx} = 0, & 0 < x < l,\ 0 < t < T, \\ u|_{t=0} = \varphi(x), & 0 \leqslant x \leqslant l, \\ u|_{x=0} = \mu(t),\ u|_{x=0} = \gamma(t), & 0 \leqslant t \leqslant T. \end{cases} \tag{7.1.3}$$

假设初值满足相容性条件

$$\varphi(0) = \mu(0), \quad \varphi(l) = \gamma(0).$$

作两族平行于坐标轴的直线

$$x_i = i\Delta x\ (i = 0, 1, 2, \cdots, m), \quad m = \frac{l}{\Delta x},$$
$$t_j = j\Delta t\ (j = 0, 1, 2, \cdots, n), \quad n = \left[\frac{T}{\Delta t}\right].$$

把求解区域 $0 < x < l, 0 \leqslant t \leqslant T$ 分割成网格. 在内节点 (x_i, t_j) 处, 将 u_t, u_{xx} 分别用关于 t 的向前差商和关于 x 的二阶中心差商代替, 得到差分方程

$$\frac{u(x_i, t_{j+1}) - u(x_i, t_j)}{\Delta t} = a^2 \frac{u(x_{i+1}, t_j) - 2u(x_i, t_j) + u(x_{i-1}, t_j)}{(\Delta x)^2},$$

$i = 1, 2, \cdots, m; j = 1, 2, \cdots, n$. 若记 $U_{i,j+1} = u(x_i, t_j), \omega = a^2 \dfrac{\Delta t}{(\Delta x)^2}$, 则差分方程可写为

$$U_{i,j+1} = (1 - 2\omega)U_{i,j} + \omega(U_{i+1,j} + U_{i-1,j}), \quad i = 1, 2, \cdots, m; j = 1, 2, \cdots, n.$$

因此, 热传导方程的定解问题 (7.1.3) 可化为差分格式

$$\begin{cases} U_{i,j+1} = (1 - 2\omega)U_{i,j} + \omega(U_{i+1,j} + U_{i-1,j}), \quad i = 1, 2, \cdots, m, j = 1, 2, \cdots, n, \\ U_{i,0} = \varphi(x_i) \triangleq \varphi_i, \quad i = 1, 2, \cdots, m - 1, \\ U_{0,j} = \mu(t_j) \triangleq \mu_j, U_{m,j} = \gamma(t_j) \triangleq \gamma_j, \quad j = 1, 2, \cdots, n, \end{cases}$$

(7.1.4)

这里 $U_{0,0} = \mu_0, U_{m,0} = \gamma_0$.

如果一个差分格式, 其第 k 排节点上的值可由前面各排节点的值求出, 则称其为**显式差分格式**; 否则称其为**隐式差分格式**.

易看出, 差分格式 (7.1.4) 为显式差分格式. 若选用向后差商, 就可能出现隐式差分格式.

2) 波动方程的差分格式

一维波动方程的混合问题

$$\begin{cases} u_{tt} - a^2 u_{xx} = 0, & 0 < x < l, \ 0 < t < T, \\ u|_{t=0} = \varphi(x), u_t|_{t=0} = \psi(x), & 0 \leqslant x \leqslant l, \\ u|_{x=0} = u|_{x=l} = 0, & 0 \leqslant t \leqslant T. \end{cases}$$

(7.1.5)

作两族平行于坐标轴的直线

$$x_i = i\Delta x \quad (i = 0, 1, 2, \cdots, m), \quad m = \frac{l}{\Delta x},$$

$$t_j = j\Delta t \quad (j = 0, 1, 2, \cdots, n), \quad n = \left[\frac{T}{\Delta t}\right].$$

把求解区域 $0 < x < l, 0 \leqslant t \leqslant T$ 分割成网格. 在内节点 (x_i, t_j) 处, 将 u_{tt}, u_{xx} 分别用关于 t 和 x 的差商代替, 得到差分方程

$$\frac{u(x_i, t_{j+1}) - 2u(x_i, t_j) + u(x_i, t_{j-1})}{(\Delta t)^2} = a^2 \frac{u(x_{i+1}, t_j) - 2u(x_i, t_j) + u(x_{i-1}, t_j)}{(\Delta x)^2},$$

$i = 1, 2, \cdots, m-1; j = 1, 2, \cdots, n-1.$ 若记 $U_{i,j} = u(x_i, t_j), \omega = a\dfrac{\Delta t}{\Delta x}$, 则差分方程可写为

$$U_{i,j+1} = 2(1 - \omega^2)U_{i,j} + \omega^2(U_{i+1,j} + U_{i-1,j}) - U_{i,j-1},$$

$$i = 1, 2, \cdots, m-1; \quad j = 1, 2, \cdots, n-1.$$

由 (7.1.5) 的初始条件得

$$U_{i,0} = \varphi(x_i), \quad U_{i,1} - U_{i,0} = \psi(x_i)\Delta t, \quad i = 1, 2, \cdots, m-1.$$

由 (7.1.5) 的边界条件得

$$U_{0,j} = U_{m,j} = 0, \quad j = 0, 1, 2, \cdots, n.$$

因此, 波动方程的定解问题 (7.1.5) 可化为差分格式

$$\begin{cases} U_{i,j+1} = 2(1 - \omega^2)U_{i,j} + \omega^2(U_{i+1,j} + U_{i-1,j}) - U_{i,j-1}, \\ \quad i = 1, 2, \cdots, m-1, j = 1, 2, \cdots, n-1, \\ U_{i,0} = \varphi(x_i), U_{i,1} - U_{i,0} = \psi(x_i)\Delta t, \quad i = 1, 2, \cdots, m-1, \\ U_{0,j} = U_{m,j} = 0, \quad j = 0, 1, 2, \cdots, n. \end{cases} \tag{7.1.6}$$

根据差分格式 (7.1.6) 可以求出所有内结点处 $U_{i,j}$ 的值. 特别, 当步长 $\Delta x, \Delta t$ 满足 $a\dfrac{\Delta t}{\Delta x} \leqslant 1$ 时, 差分格式 (7.1.6) 不仅稳定, 而且收敛, 且在定解条件满足一定光滑性的条件下, 其解必收敛到定解问题 (7.1.5) 的解.

7.1.2 变分法简介

1. 变分问题

如设 $\Gamma: \begin{cases} x = x(s), \\ y = y(s) \end{cases} (0 \leqslant s \leqslant s_0)$ 为平面有界区域 Ω 的充分光滑的边界, 在 Γ 上定义了一条空间闭曲线

$$L: \begin{cases} x = x(s), \\ y = y(s), \quad 0 \leqslant s \leqslant s_0, \\ u = \varphi(s), \end{cases}$$

现在要求一张定义在 $\overline{\Omega} = \Omega \cap \Gamma$ 上的空间曲面 Σ, 使得①曲面 Σ 以曲线 L 为边界; ②曲面 Σ 的表面积最小. 即在所有定义在 $\overline{\Omega}$ 上并以 L 为边界的曲面中求出表面积最小的曲面来.

该问题可描述为: 设定义在 $\overline{\Omega}$ 上并以 L 为边界的所有曲面对应的函数集合为

$$M = \left\{ v \mid v \in C^1(\overline{\Omega}),\ v|_\Gamma = \varphi \right\}, \tag{7.1.7}$$

定义在 $\overline{\Omega}$ 上并以 L 为边界的曲面 $v = v(x, y)$ 的表面积为

$$J(v) = \iint\limits_{\Omega} \sqrt{1 + v_x^2 + v_y^2}\,\mathrm{d}x\mathrm{d}y, \tag{7.1.8}$$

现在要求函数 $u(x, y) \in M$, 使得

$$J(u) = \min_{v \in M} J(v). \tag{7.1.9}$$

这里 $J(v)$ 称为定义在函数集合 M 上的一个**泛函**, 而 u 为泛函 $J(v)$ 在集合 M 上达到极小值的 "点". 像这样求一个泛函的极值问题称为**变分问题**. 集合 M 为泛函 $J(v)$ 的**定义域**, u 为变分问题 (7.1.9) 的**解**.

2. 与边值问题等价的变分问题

下面考察 Laplace 方程的边值问题

$$\begin{cases} -\Delta u = f(x, y) & x, y \in \Omega, \\ \dfrac{\partial u}{\partial \boldsymbol{n}} + \sigma u = \varphi(x, y), & x, y \in \partial\Omega, \end{cases} \tag{7.1.10}$$

其中 $\Omega \subset \mathbf{R}^2$ 为有界区域. 再构造一个变分问题, 设 $M = \{v(x, y) \mid v \in C^1(\Omega) \cap C(\overline{\Omega})\}$, 记

$$J(v) = \frac{1}{2} \iint\limits_{\Omega} |\nabla v|^2 \mathrm{d}x\mathrm{d}y - \iint\limits_{\Omega} fv\,\mathrm{d}x\mathrm{d}y + \int_{\partial\Omega} \left(\frac{1}{2}\sigma v^2 - \varphi v \right) \mathrm{d}s,$$

这里 $|\nabla v|^2 = \left(\dfrac{\partial v}{\partial x} \right)^2 + \left(\dfrac{\partial v}{\partial y} \right)^2$, f, φ 分别是定义在 $\Omega, \partial\Omega$ 上的已知连续函数, $\sigma \in \mathbf{R}^1, \sigma \geqslant 0$. 这样在集合 M 上求泛函 $J(v)$ 的极值

$$J(u) = \min_{v \in M} J(v), \tag{7.1.11}$$

即构成一个变分问题.

下面的定理说明在某种意义下边值问题 (7.1.10) 的解与变分问题 (7.1.11) 的解是等价的.

定理 7.1.1 函数 $u \in C^2(\Omega) \cap C^1(\overline{\Omega})$ 为边值问题 (7.1.10) 的解的充分必要条件是函数 u 为变分问题 (7.1.11) 的解.

证明　充分性　设函数 u 为变分问题 (7.1.11) 的解, 记

$$M = \left\{ v(x,y) \,\middle|\, v \in C^1(\overline{\Omega}) \right\},$$

对于任意取定的 $v \in M$, 令 $j(\varepsilon) = J(u + \varepsilon v)$, 则 $j(\varepsilon)$ 为定义在 $\mathbf{R}^1$ 上的可微函数, 由 (7.1.11) 知 $j(\varepsilon) \geqslant j(0)(\forall \varepsilon \in \mathbf{R}^1)$, 从而函数 $j(\varepsilon)$ 在 $\varepsilon = 0$ 达到最小值, 所以 $j'(0) = 0$, 又

$$j'(\varepsilon) = \iint\limits_{\Omega} \left[\left(\frac{\partial u}{\partial x} + \varepsilon \frac{\partial v}{\partial x} \right) \frac{\partial v}{\partial x} + \left(\frac{\partial u}{\partial y} + \varepsilon \frac{\partial v}{\partial y} \right) \frac{\partial v}{\partial y} \right] \mathrm{d}x\mathrm{d}y$$

$$- \iint\limits_{\Omega} fv\mathrm{d}x\mathrm{d}y + \int_{\partial\Omega} [\sigma(u + \varepsilon v) - \varphi]v\mathrm{d}s, \tag{7.1.12}$$

代入 $j'(0) = 0$, 得到

$$\iint\limits_{\Omega} \left(\frac{\partial u}{\partial x}\frac{\partial v}{\partial x} + \frac{\partial u}{\partial y}\frac{\partial v}{\partial y} \right) \mathrm{d}x\mathrm{d}y - \iint\limits_{\Omega} fv\mathrm{d}x\mathrm{d}y + \int_{\partial\Omega} (\sigma u - \varphi)v\mathrm{d}s = 0, \quad \forall v \in M. \tag{7.1.13}$$

因为 $u \in C^2(\Omega) \cap C^1(\overline{\Omega})$, 由 Green 公式, 可得

$$- \iint\limits_{\Omega} (\Delta u + f)v\mathrm{d}x\mathrm{d}y + \int_{\Omega} \left(\frac{\partial u}{\partial \boldsymbol{n}} + \sigma u - \varphi \right) v\mathrm{d}s = 0. \tag{7.1.14}$$

由 v 的任意性, 取 $v \in C^1(\overline{\Omega})$, $v|_{\partial\Omega} = 0$, 则

$$- \iint\limits_{\Omega} (\Delta u + f)v\mathrm{d}x\mathrm{d}y = 0.$$

再由有界区域 Ω 的任意性知

$$-\Delta u = f,$$

将其代入 (7.1.14) 有

$$\int_{\Omega} \left(\frac{\partial u}{\partial \boldsymbol{n}} + \sigma u - \varphi \right) v\mathrm{d}s = 0,$$

所以有

$$\frac{\partial u}{\partial \boldsymbol{n}} + \sigma u = \varphi.$$

必要性　设 $u \in C^2(\Omega) \cap C^1(\overline{\Omega})$ 是定解问题 (7.1.10) 的解, 要证 $j(\varepsilon) = J(u + \varepsilon v)$ 在 $\varepsilon = 0$ 达到极小值. 显然有 $j'(0) = 0$, 又由 (7.1.14) 得

$$j''(\varepsilon) = \iint\limits_{\Omega} \left[\left(\frac{\partial v}{\partial x}\right)^2 + \left(\frac{\partial v}{\partial y}\right)^2 \right] \mathrm{d}x\mathrm{d}y + \int_{\partial\Omega} \sigma v^2 \mathrm{d}s > 0,$$

因此知, 函数 u 为变分问题 (7.1.11) 的解.

同样, Laplace 方程的边值问题

$$\begin{cases} -\Delta u = f(x,y), & x,y \in \Omega, \\ u = \varphi(x,y), & x,y \in \partial\Omega \end{cases}$$

的解 (弱解) 也对应有下列变分问题的解:

$$M = \left\{ v(x,y) \,\middle|\, v \in C^1(\Omega) \cap C(\overline{\Omega}), v\,|_{\partial\Omega} = \varphi \right\},$$

$$J(v) = \frac{1}{2} \iint\limits_{\Omega} |\nabla v|^2 \mathrm{d}x\mathrm{d}y - \iint\limits_{\Omega} fv\mathrm{d}x\mathrm{d}y,$$

$$J(u) = \min_{v \in M} J(v).$$

7.1.3 有限元法简介

前述差分法在求解偏微分方程边值问题时, 把求解区域分解成矩形网格, 求节点上未知函数的值. 当求解区域变得很不规则时, 矩形网格分割的办法就显示出许多缺点. 这时我们的想法自然是把分割区域离散化, 如求二维区域 Ω 上的边值问题时, 可将精确解 $z = u(x,y)$ 理解为定义在 Ω 上的一张曲面 Σ. 我们把区域分解成三角形的小区域 Δ^i, 来求三个顶点 P_1^i, P_2^i, P_3^i 上未知函数的值 $u(P_1^i), u(P_2^i), u(P_3^i)$, 再用过这三点的小平面近似代替过该三点的曲面片. 将这些相邻的平面片依次连接起来, 构成一个分片线性的近似解和对应的近似曲面. 这种把求解区域分割成有限单元进行插值求近似解的办法叫**有限元法**.

7.2 Green 函数法

本节首先介绍 Green 函数及其有关概念, 其次通过 Green 公式引入 Laplace 方程边值问题的 Green 函数并求解一些边值问题.

7.2.1 调和函数与 Green 公式

1. 调和函数与基本解

定义 7.2.1 如果函数 $u(X)$ 在 n 维空间 $\mathbf{R}^n$ 的有界区域 Ω 内有直到二阶的连续偏导, 且在 Ω 内满足 Laplace 方程

$$\Delta_n u \equiv u_{x_1 x_1} + u_{x_2 x_2} + \cdots + u_{x_n x_n} = 0, \tag{7.2.1}$$

则称 $u(X)$ 为 Ω 内的**调和函数**. 这里 $\Delta_n = \dfrac{\partial^2}{\partial x_1} + \dfrac{\partial^2}{\partial x_2} + \cdots + \dfrac{\partial^2}{\partial x_n}$ 为 $\mathbf{R}^n$ 中的 Laplace 算子, 通常记 $\Delta = \dfrac{\partial^2}{\partial x} + \dfrac{\partial^2}{\partial y} + \dfrac{\partial^2}{\partial z}$ 为三维空间的 Laplace 算子.

由 Laplace 方程的齐次性和齐次方程的叠加原理知, 调和函数的线性组合仍为调和函数. 根据调和函数的定义, 人们也常把 Laplace 方程称为调和方程.

下面主要考虑三维和二维 Laplace 方程 (调和方程).

对于三维 Laplace 方程

$$\Delta u \equiv u_{xx} + u_{yy} + u_{zz} = 0, \tag{7.2.2}$$

由直角坐标和球坐标的变换

$$\begin{cases} x - x_0 = r\sin\theta\cos\varphi, & 0 < r < \infty, \\[2mm] y - y_0 = r\sin\theta\sin\varphi, & -\dfrac{\pi}{2} \leqslant \theta \leqslant \dfrac{\pi}{2}, \\[2mm] z - z_0 = r\cos\varphi, & 0 < \varphi \leqslant 2\pi, \end{cases}$$

有下面形式

$$\frac{1}{r^2}\frac{\partial}{\partial r}\left(r^2\frac{\partial u}{\partial r}\right) + \frac{1}{r^2\sin\theta}\frac{\partial}{\partial \theta}\left(\sin\theta\frac{\partial u}{\partial \theta}\right) + \frac{1}{r^2\sin^2\theta}\frac{\partial^2 u}{\partial \varphi^2} = 0. \tag{7.2.3}$$

求方程 (7.2.3) 的球对称解 (即与 θ 和 φ 无关的解), 则方程 (7.2.3) 简化为

$$\frac{1}{r^2}\frac{\partial}{\partial r}\left(r^2\frac{\partial u}{\partial r}\right) = 0.$$

它的通解为 $u = \dfrac{c_1}{r} + c_2 \ (r \neq 0)$, 这里 c_1, c_2 是任意常数. 若取 $c_1 = 1, c_2 = 0$, 则得方程的一个球对称特解

$$u = \frac{1}{r} = \frac{1}{\sqrt{(x - x_0)^2 + (y - y_0)^2 + (z - z_0)^2}} \quad (r \neq 0),$$

它在不包含点 $M_0(x_0, y_0, z_0)$ 的任一区域内是调和的, 它在点 $M_0(x_0, y_0, z_0)$ 有奇性.

函数 $u = \dfrac{1}{r}$ 在研究三维 Laplace 方程中起着重要作用, 称它为 Laplace 方程 (7.2.2) 的**基本解**.

同样对于二维 Laplace 方程 $u_{xx} + u_{yy} = 0$, 在极坐标系下可化为

$$\frac{\partial^2 u}{\partial r^2} + \frac{1}{r}\frac{\partial u}{\partial r} + \frac{1}{r^2}\frac{\partial^2 u}{\partial \theta^2} = 0.$$

我们可得二维 Laplace 方程的**基本解** $u = \ln\dfrac{1}{r}\,(r \neq 0)$.

2. Green 公式

首先回忆奥–高公式: 设 Ω 是以足够光滑的曲面 Γ 为边界的有界区域, 若函数 $P(x, y, z), Q(x, y, z), R(x, y, z)$ 在闭区域 $\Omega+\Gamma$ 上连续, 且在 Ω 内有一阶连续偏导, 则成立奥–高公式

$$\iiint\limits_{\Omega} \left(\frac{\partial P}{\partial x} + \frac{\partial Q}{\partial x} + \frac{\partial R}{\partial x} \right) \mathrm{d}x\mathrm{d}y\mathrm{d}z$$

$$= \iint\limits_{\Gamma} [P\cos(\boldsymbol{n}, x) + Q\cos(\boldsymbol{n}, y) + R\cos(\boldsymbol{n}, z)]\mathrm{d}s, \tag{7.2.4}$$

其中 $\boldsymbol{n}$ 是曲面 Γ 的单位外法向量, $\mathrm{d}s$ 是曲面 Γ 的面积元素.

(7.2.4) 可推广为一般的散度定理: 设 Ω 是 n 维空间中以足够光滑的曲面 Γ 为边界所围成的有界连通区域, 若函数 $P_i(x_1, x_2, \cdots, x_n)\,(i = 1, 2, \cdots, n)$ 在闭区域 $\Omega+\Gamma$ 上连续, 且在 Ω 内有一阶连续偏导数, 则

$$\int\limits_{\Omega} \cdots \int \sum_{i=1}^{n} \frac{\partial P_i}{\partial x_i}\mathrm{d}x_1\mathrm{d}x_2\cdots\mathrm{d}x_n = \int\limits_{\Gamma} \cdots \int \sum_{i=1}^{n} P_i\cos(\boldsymbol{n}, x_i)\mathrm{d}s, \tag{7.2.5}$$

其中 $\boldsymbol{n}$ 是曲面 Γ 的单位外法向量, $\mathrm{d}s$ 是曲面 Γ 的面积元素.

由奥–高公式可直接推出 Green 公式.

设函数 $u(x_1, x_2, \cdots, x_n)$ 和 $v(x_1, x_2, \cdots, x_n)$ 在闭区域 $\Omega+\Gamma$ 上连续且有一阶连续偏导数, 在 Ω 内有二阶连续偏导数, 令 $P_i = u\dfrac{\partial v}{\partial x_i}\,(i = 1, 2, \cdots, n)$, 代入 (7.2.5) 可得

$$\int\limits_{\Omega} \cdots \int u\Delta_n v\mathrm{d}\Omega + \int\limits_{\Omega} \cdots \int \sum_{i=1}^{n} \frac{\partial u}{\partial x_i}\frac{\partial v}{\partial x_i}\mathrm{d}\Omega = \int\limits_{\Gamma} \cdots \int u\frac{\partial v}{\partial \boldsymbol{n}}\mathrm{d}s, \tag{7.2.6}$$

将 (7.2.6) 中函数 u 和 v 的位置互相对换, 得

$$\int\limits_{\Omega} \cdots \int v\Delta_n u\mathrm{d}\Omega + \int\limits_{\Omega} \cdots \int \sum_{i=1}^{n} \frac{\partial v}{\partial x_i}\frac{\partial u}{\partial x_i}\mathrm{d}\Omega = \int\limits_{\Gamma} \cdots \int v\frac{\partial u}{\partial \boldsymbol{n}}\mathrm{d}s, \tag{7.2.7}$$

称 (7.2.6) 和 (7.2.7) 为 **Green 第一公式**.

将 (7.2.6) 与 (7.2.7) 相减, 则得

$$\int\limits_{\Omega} \cdots \int (u\Delta_n v - v\Delta_n u)\mathrm{d}\Omega = \int\limits_{\Gamma} \cdots \int \left(u\frac{\partial v}{\partial \boldsymbol{n}} - v\frac{\partial u}{\partial \boldsymbol{n}} \right)\mathrm{d}s, \tag{7.2.8}$$

称 (7.2.8) 为 **Green 第二公式**.

特别, 对于在 Ω 内有二阶连续偏导数, 在闭区域 $\Omega+\Gamma$ 上连续且有一阶连续偏导数的任意函数 $u(x,y,z), v(x,y,z)$, 有下列三维情况下的 **Green 第一公式**

$$\iiint\limits_{\Omega} u\Delta v\mathrm{d}\Omega + \iiint\limits_{\Omega}\left(\frac{\partial u}{\partial x}\frac{\partial v}{\partial x}+\frac{\partial u}{\partial y}\frac{\partial v}{\partial y}+\frac{\partial u}{\partial z}\frac{\partial v}{\partial z}\right)\mathrm{d}\Omega = \iint\limits_{\Gamma} u\frac{\partial v}{\partial \boldsymbol{n}}\mathrm{d}s, \quad (7.2.9)$$

$$\iiint\limits_{\Omega} v\Delta u\mathrm{d}\Omega + \iiint\limits_{\Omega}\left(\frac{\partial u}{\partial x}\frac{\partial v}{\partial x}+\frac{\partial u}{\partial y}\frac{\partial v}{\partial y}+\frac{\partial u}{\partial z}\frac{\partial v}{\partial z}\right)\mathrm{d}\Omega = \iint\limits_{\Gamma} v\frac{\partial u}{\partial \boldsymbol{n}}\mathrm{d}s \quad (7.2.10)$$

和 **Green 第二公式**

$$\iiint\limits_{\Omega} (u\Delta v - v\Delta u)\mathrm{d}\Omega = \iint\limits_{\Gamma}\left(u\frac{\partial v}{\partial \boldsymbol{n}} - v\frac{\partial u}{\partial \boldsymbol{n}}\right)\mathrm{d}s. \quad (7.2.11)$$

由 Green 公式我们可得三维空间的基本积分公式, 见下面定理.

定理 7.2.1　设函数 $u(x,y,z)$ 在有界闭区域 $\Omega+\Gamma$ 上连续且有一阶连续偏导数, 在 Ω 内有二阶连续偏导数, 则当点 $M_0(x_0,y_0,z_0)\in\Omega$ 时, 有

$$u(M_0) = \frac{1}{4\pi}\iint\limits_{\Gamma}\left[\frac{1}{r}\frac{\partial u}{\partial \boldsymbol{n}} - u\frac{\partial}{\partial \boldsymbol{n}}\left(\frac{1}{r}\right)\right]\mathrm{d}s - \frac{1}{4\pi}\iiint\limits_{\Omega}\frac{1}{r}\Delta u\mathrm{d}\Omega, \quad (7.2.12)$$

其中 $r = \sqrt{(x-x_0)^2+(y-y_0)^2+(z-z_0)^2}$, $\boldsymbol{n}$ 为边界曲面 Γ 的单位外法向量, $\mathrm{d}s$ 为曲面 Γ 的面积单元, $\mathrm{d}\Omega$ 为体积单元.

证明　以 M_0 为中心, 充分小的正数 ε 为半径作一球 K_ε, 使得 $K_\varepsilon\subset\Omega$, 用 Γ_ε 表示球 K_ε 的球面, 则在区域 $\Omega-K_\varepsilon$ 上函数 $u,v=\dfrac{1}{r}$ 都满足 Green 第二公式的条件, 代入得

$$\iiint\limits_{\Omega-K_\varepsilon}\left[u\Delta\left(\frac{1}{r}\right) - \frac{1}{r}\Delta u\right]\mathrm{d}\Omega = \iint\limits_{\Gamma+\Gamma_\varepsilon}\left[u\frac{\partial}{\partial \boldsymbol{n}}\left(\frac{1}{r}\right) - \frac{1}{r}\frac{\partial u}{\partial \boldsymbol{n}}\right]\mathrm{d}s,$$

因为函数 $v=\dfrac{1}{r}$ 是区域 $\Omega-K_\varepsilon$ 上的调和函数, 即 $\Delta\left(\dfrac{1}{r}\right)=0$, 有

$$-\iiint\limits_{\Omega-K_\varepsilon}\frac{1}{r}\Delta u\mathrm{d}\Omega = \iint\limits_{\Gamma+\Gamma_\varepsilon}\left[u\frac{\partial}{\partial \boldsymbol{n}}\left(\frac{1}{r}\right) - \frac{1}{r}\frac{\partial u}{\partial \boldsymbol{n}}\right]\mathrm{d}s, \quad (7.2.13)$$

在边界 Γ_ε 上任一点的外法线方向实际上从该点沿半径指向球心 M_0, 所以有

$$\frac{\partial}{\partial \boldsymbol{n}}\left(\frac{1}{r}\right) = -\frac{\partial}{\partial r}\left(\frac{1}{r}\right) = \frac{1}{r^2} = \frac{1}{\varepsilon^2},$$

由此得

$$\iint\limits_{\Gamma_\varepsilon}\left[u\frac{\partial}{\partial \boldsymbol{n}}\left(\frac{1}{r}\right) - \frac{1}{r}\frac{\partial u}{\partial \boldsymbol{n}}\right]\mathrm{d}s = \frac{1}{\varepsilon^2}\iint\limits_{\Gamma_\varepsilon}u\mathrm{d}s - \frac{1}{\varepsilon}\iint\limits_{\Gamma_\varepsilon}\frac{\partial u}{\partial \boldsymbol{n}}\mathrm{d}s = 4\pi\overline{u} - 4\pi\overline{\frac{\partial u}{\partial \boldsymbol{n}}},$$

这里 $\overline{u}, \overline{\dfrac{\partial u}{\partial \boldsymbol{n}}}$ 分别是函数 $u, \dfrac{\partial u}{\partial \boldsymbol{n}}$ 在球面 Γ_ε 上的平均值. 于是 (7.2.13) 可写成

$$-\iiint\limits_{\Omega-K_\varepsilon}\frac{1}{r}\Delta u\mathrm{d}\Omega = \iint\limits_{\Gamma}\left[u\frac{\partial}{\partial \boldsymbol{n}}\left(\frac{1}{r}\right) - \frac{1}{r}\frac{\partial u}{\partial \boldsymbol{n}}\right]\mathrm{d}s + 4\pi\left[\overline{u} - \varepsilon\overline{\frac{\partial u}{\partial \boldsymbol{n}}}\right],$$

因为, $\lim\limits_{\varepsilon\to 0}\overline{u} = u(M_0)$, $\lim\limits_{\varepsilon\to 0}\overline{\dfrac{\partial u}{\partial \boldsymbol{n}}} = 0$, 且当 $\varepsilon \to 0$ 时, $\Omega - K_\varepsilon \to \Omega$, 于是得到

$$u(M_0) = \frac{1}{4\pi}\iint\limits_{\Gamma}\left[\frac{1}{r}\frac{\partial u}{\partial \boldsymbol{n}} - u\frac{\partial}{\partial \boldsymbol{n}}\left(\frac{1}{r}\right)\right]\mathrm{d}s - \frac{1}{4\pi}\iiint\limits_{\Omega}\frac{1}{r}\Delta u\mathrm{d}\Omega.$$

若 u 是调和函数, 则有调和函数的基本积分公式

$$u(M_0) = \frac{1}{4\pi}\iint\limits_{\Gamma}\left[\frac{1}{r}\frac{\partial u}{\partial \boldsymbol{n}} - u\frac{\partial}{\partial \boldsymbol{n}}\left(\frac{1}{r}\right)\right]\mathrm{d}s. \tag{7.2.14}$$

同样可推得二维空间的基本积分公式为

$$u(M_0) = \frac{1}{2\pi}\int_{\Gamma}\left[\ln\frac{1}{r}\frac{\partial u}{\partial \boldsymbol{n}} - u\frac{\partial}{\partial \boldsymbol{n}}\left(\ln\frac{1}{r}\right)\right]\mathrm{d}l - \frac{1}{2\pi}\iint\limits_{\Omega}\ln\frac{1}{r}\Delta_2 u\mathrm{d}\sigma, \tag{7.2.15}$$

这里 $\mathrm{d}l$ 为边界 Γ 上的线元素, $\mathrm{d}\sigma$ 是平面区域 Ω 上的面积元素.

3. 调和函数基本性质

性质 1 设 $u(x, y, z)$ 是有界区域 Ω 内的调和函数, 且在闭区域 $\Omega+\Gamma$ 上有一阶连续偏导数, 则

$$\iint\limits_{\Gamma}\frac{\partial u}{\partial \boldsymbol{n}}\mathrm{d}s = 0. \tag{7.2.16}$$

证明　在 Green 第二公式 (7.2.11) 中, 令 $v = 1$, 取 u 为满足条件的调和函数, 即得证.

由此性质容易知道 Laplace 边值问题

$$\begin{cases} \Delta u(x, y, z) = 0, \quad (x, y, z) \in \Omega, \\ \dfrac{\partial u}{\partial \boldsymbol{n}}\bigg|_{\Gamma} = f(x, y, z) \end{cases}$$

存在解的必要条件是

$$\iint\limits_{\Gamma} f(x, y, z) \mathrm{d}s = 0.$$

性质 2 (平均值定理)　设 $u(x, y, z)$ 是区域 Ω 内的调和函数, $M_0(x_0, y_0, z_0)$ 是 Ω 内的任意一点, 以 M_0 为球心、a 为半径的球面为 Γ_a, 若此球完全落在区域 Ω 内, 则有

$$u(M_0) = \frac{1}{4\pi a^2} \iint\limits_{\Gamma_a} u \mathrm{d}s. \tag{7.2.17}$$

证明　把 (7.2.14) 应用到球面 Γ_a 上, 有

$$u(M_0) = \frac{1}{4\pi} \iint\limits_{\Gamma_a} \left[\frac{1}{r} \frac{\partial u}{\partial \boldsymbol{n}} - u \frac{\partial}{\partial \boldsymbol{n}} \left(\frac{1}{r} \right) \right] \mathrm{d}s.$$

因 u 为调和函数, 于是由性质 1 知第一项的积分为零, 又因为在球面上的外法线方向与半径的方向一致, 有

$$\left[\frac{\partial}{\partial \boldsymbol{n}} \left(\frac{1}{r} \right) \right]\bigg|_{\Gamma_a} = \left[\frac{\partial}{\partial r} \left(\frac{1}{r} \right) \right]\bigg|_{\Gamma_a} = -\frac{1}{a^2},$$

所以有

$$u(M_0) = \frac{1}{4\pi a^2} \iint\limits_{\Gamma_a} u \mathrm{d}s.$$

采用球面坐标, 则 (7.2.17) 可写为

$$u(M_0) = \frac{1}{4\pi} \int_0^\pi \int_0^{2\pi} u(a, \theta, \varphi) \sin \theta \mathrm{d}\varphi \mathrm{d}\theta. \tag{7.2.18}$$

(7.2.17) 称为平均值公式, 它说明调和函数在球心处的值等于它在球面上的平均值.

性质 3 (强极值原理)　设不恒为常数的函数 $u(x, y, z)$ 是有界区域 Ω 内的调和函数, 在闭区域 $\Omega + \Gamma$ 上连续, 则它在区域上的最大值和最小值只能在边界 Γ 上达到. 证略.

该性质说明在稳定温度场中的最高温度和最低温度只能在边界上达到.

推论 (调和函数比较原理) 设 u 和 v 都是有界区域 Ω 内的调和函数, 且在 Ω 的边界 Γ 上连续, 如果在 Γ 上有不等式 $u \leqslant v$, 则在 Ω 内亦有 $u \leqslant v$.

利用性质 3 可以证明 Laplace 方程的边值问题 (Dirichlet 问题)

$$\begin{cases} \Delta u(x,y,z) = 0, & (x,y,z) \in \Omega, \\ u|_\Gamma = f(x,y,z) \end{cases} \tag{7.2.19}$$

的解的唯一性和解对边界的连续依赖性.

定理 7.2.2 若 (7.2.19) 的解存在, 则解必唯一, 且连续依赖于边界条件 f.

证明 假设 u_1, u_2 为 (7.2.19) 的两个解, 令 $u = u_1 - u_2$, 则 u 满足

$$\begin{cases} \Delta u(x,y,z) = 0, & (x,y,z) \in \Omega, \\ u|_\Gamma = 0. \end{cases}$$

由调和函数极值原理

$$0 = \min_\Gamma u < u(x,y,z) < \max_\Gamma u = 0,$$

故有 $u \equiv 0$, 即 $u_1 \equiv u_2$. 故解唯一.

设对应于 f_1, f_2, 定解问题

$$\begin{cases} \Delta u(x,y,z) = 0, & (x,y,z) \in \Omega, \\ u|_\Gamma = f_i, & i = 1, 2 \end{cases}$$

有解 u_1, u_2, 令 $u = u_1 - u_2$, 则

$$\begin{cases} \Delta u(x,y,z) = 0, & (x,y,z) \in \Omega, \\ u|_\Gamma = f_1 - f_2. \end{cases}$$

当 $|f_1 - f_2| < \eta$ 时, 由极值原理

$$-\eta < \min_\Gamma (f_1 - f_2) < u(x,y,z) < \max_\Gamma (f_1 - f_2) < \eta,$$

所以取 $\eta = \varepsilon$, 则有 $|u| < \varepsilon$, 即 $|u_1 - u_2| < \varepsilon$. 因此, 解连续依赖于边界.

7.2.2 Green 函数及其应用

1. Green 函数的性质

为求解 Laplace 方程的 Dirichlet 边值问题

$$\begin{cases} \Delta u(x,y,z) = 0, & (x,y,z) \in \Omega, \\ u|_\Gamma = f(x,y,z), & (x,y,z) \in \Gamma, \end{cases} \tag{7.2.20}$$

下面引出 Green 函数的概念.

(7.2.14) 使我们想到求解边值问题 (7.2.20), 要求出未知函数 u 在区域 Ω 内的值, 必须同时知道函数 u 和 $\dfrac{\partial u}{\partial \boldsymbol{n}}$ 在边界 Γ 上的值. 在 (7.2.14) 中能否消去 $\dfrac{\partial u}{\partial \boldsymbol{n}}$ 这一项, 我们对函数 u 和调和函数 v 应用 Green 第二公式, 有

$$0 = \iint\limits_{\Gamma} \left(u\frac{\partial v}{\partial \boldsymbol{n}} - v\frac{\partial u}{\partial \boldsymbol{n}} \right) \mathrm{d}s. \tag{7.2.21}$$

将 (7.2.14) 与 (7.2.21) 两边相加有

$$u(M_0) = \iint\limits_{\Gamma} \left[\left(\frac{1}{4\pi r} - v \right) \frac{\partial u}{\partial \boldsymbol{n}} - u\frac{\partial}{\partial \boldsymbol{n}} \left(\frac{1}{4\pi r} - v \right) \right] \mathrm{d}s,$$

如果选取调和函数 v 满足

$$v|_{\Gamma} = \frac{1}{4\pi r_{MM_0}}, \quad M \in \Gamma,$$

则可消去 $\dfrac{\partial u}{\partial \boldsymbol{n}}$ 这一项, 因此有

$$u(M_0) = -\iint\limits_{\Gamma} u\frac{\partial}{\partial \boldsymbol{n}} \left(\frac{1}{4\pi r_{MM_0}} - v \right) \mathrm{d}s.$$

令

$$G(M, M_0) = \frac{1}{4\pi r_{MM_0}} - v(M, M_0), \tag{7.2.22}$$

则有

$$u(M_0) = -\iint\limits_{\Gamma} u(M)\frac{\partial G(M, M_0)}{\partial \boldsymbol{n}}\mathrm{d}s.$$

从而 Dirichlet 边值问题 (7.2.20) 的解为

$$u(M_0) = -\iint\limits_{\Gamma} f(M)\frac{\partial G(M, M_0)}{\partial \boldsymbol{n}}\mathrm{d}s. \tag{7.2.23}$$

我们把 (7.2.22) 给出的函数 $G(M, M_0)$ 称为 Laplace 方程的 Dirichlet 边值问题的 **Green** 函数 (源函数).

Green 函数在静电学中的意义: 设在点 M_0 处放置一个单位正电荷, 则在自由空间 Ω 内的 M 点处的电位为 $\dfrac{1}{4\pi r_{MM_0}}$, 若封闭的导电面 Γ 外层接地, 则内层感应电荷将会产生一个附加电场, 附加电场对 M 点的电位为 $v(M, M_0)$, 此时在导电面内的电位为

$$G(M, M_0) = \frac{1}{4\pi r_{MM_0}} - v(M, M_0).$$

下面给出 Green 函数的几个重要性质.

性质 1 区域 Ω 内的 Green 函数 $G(M, M_0)$ 除去 M_0 点外处处调和, 当 $M \to M_0$ 时, 函数 $G(M, M_0) \to +\infty$, 其阶数与 $\dfrac{1}{r_{MM_0}}$ 相同.

证明 由 (7.2.22) 易证.

性质 2 在区域 Ω 的边界 Γ 上, 有 $G(M, M_0) \equiv 0$.

证明 由 (7.2.22) 易证.

性质 3 $\displaystyle\iint\limits_{\Gamma} \frac{\partial G(M, M_0)}{\partial \boldsymbol{n}} \mathrm{d}s = -1.$

证明 Dirichlet 边值问题

$$\begin{cases} \Delta u(x, y, z) = 0, & (x, y, z) \in \Omega, \\ u|_{\Gamma} = 1, & (x, y, z) \in \Gamma \end{cases}$$

的解为

$$u(M_0) = -\iint\limits_{\Gamma} \frac{\partial G(M, M_0)}{\partial \boldsymbol{n}} \mathrm{d}s,$$

由极值原理知 $u \equiv 1$ 为解, 再由 Dirichlet 边值问题解的唯一性知

$$1 = -\iint\limits_{\Gamma} \frac{\partial G(M, M_0)}{\partial \boldsymbol{n}} \mathrm{d}s.$$

性质 4 对区域 Ω 内的任一点 $M \neq M_0$, 都有

$$0 < G(M, M_0) < \frac{1}{4\pi r_{MM_0}}.$$

证明 利用调和函数强极值原理证得.

性质 5 (对称性) 设 M_1, M_2 为区域 Ω 内的任意两点, 则有

$$G(M_1, M_2) = G(M_2, M_1).$$

证明　设 M_1, M_2 为区域 Ω 内的任意两点, $\rho > 0$ 为充分小的正数, 我们分别以 M_1, M_2 为心, 以 ρ 为半径在 Ω 内作两球 K_1, K_2, 它们的表面为 Γ_1, Γ_2, 使它们不相交. 设 Ω_0 为 Ω 中挖去球 K_1, K_2 后剩下的区域, 其边界为 $\Gamma_0 = \Gamma + \Gamma_1 + \Gamma_2$, 这里 Γ 为 Ω 的边界. 在区域 Ω_0 上对函数 $G(M, M_1), G(M, M_2)$ 应用 Green 第二公式并注意到在 Γ 上有 $G(M, M_1)|_\Gamma = G(M, M_2)|_\Gamma = 0$, 得到

$$
\iint\limits_{\Gamma_1 + \Gamma_2} \left[G(M, M_1) \frac{\partial G(M, M_2)}{\partial \boldsymbol{n}} - G(M, M_2) \frac{\partial G(M, M_1)}{\partial \boldsymbol{n}} \right] \mathrm{d}s = 0,
$$

即

$$
\iint\limits_{\Gamma_1} \left[G(M, M_1) \frac{\partial G(M, M_2)}{\partial \boldsymbol{n}} - G(M, M_2) \frac{\partial G(M, M_1)}{\partial \boldsymbol{n}} \right] \mathrm{d}s
$$
$$
+ \iint\limits_{\Gamma_2} \left[G(M, M_1) \frac{\partial G(M, M_2)}{\partial \boldsymbol{n}} - G(M, M_2) \frac{\partial G(M, M_1)}{\partial \boldsymbol{n}} \right] \mathrm{d}s = 0.
$$

令 $\rho \to 0^+$, 对上式两边取极限, 可以证明左端第一项积分 I_1 的极限为 $-G(M_1, M_2)$, 第二项积分 I_2 的极限为 $G(M_2, M_1)$. 事实上, 第一项积分为

$$
I_1 = \iint\limits_{\Gamma_1} \left[G(M, M_1) \frac{\partial G(M, M_2)}{\partial \boldsymbol{n}} - G(M, M_2) \frac{\partial G(M, M_1)}{\partial \boldsymbol{n}} \right] \mathrm{d}s
$$
$$
= \iint\limits_{\Gamma_1} \left[\frac{1}{4\pi r_{MM_1}} \frac{\partial G(M, M_2)}{\partial \boldsymbol{n}} - G(M, M_2) \frac{\partial}{\partial \boldsymbol{n}} \left(\frac{1}{4\pi r_{MM_1}} \right) \right] \mathrm{d}s
$$
$$
+ \iint\limits_{\Gamma_1} \left[-v(M, M_1) \frac{\partial G(M, M_2)}{\partial \boldsymbol{n}} - G(M, M_2) \frac{\partial v(M, M_1)}{\partial \boldsymbol{n}} \right] \mathrm{d}s.
$$

由于在球 K_1 内, 函数 $v(M, M_1), G(M, M_2)$ 都是调和函数, 且在 Γ_1 上具有一阶连续偏导, 因此, 由 Green 第二公式知 I_1 中第二项积分为零. 于是有

$$
I_1 = \iint\limits_{\Gamma_1} \left[\frac{1}{4\pi r_{MM_1}} \frac{\partial G(M, M_2)}{\partial \boldsymbol{n}} - G(M, M_2) \frac{\partial}{\partial \boldsymbol{n}} \left(\frac{1}{4\pi r_{MM_1}} \right) \right] \mathrm{d}s.
$$

因为 $\dfrac{\partial G(M, M_2)}{\partial \boldsymbol{n}}$ 在 K_1 上有界, 所以当 $\rho \to 0^+$ 时, 有 $\displaystyle\iint\limits_{\Gamma_1} \frac{1}{4\pi r_{MM_1}} \frac{\partial G(M, M_2)}{\partial \boldsymbol{n}} \mathrm{d}s \to$

0. 又因为函数 $G(M, M_2)$ 在 M_1 点连续, 所以当 $\rho \to 0^+$ 时, 有

$$-\iint\limits_{\Gamma_1} G(M, M_2)\frac{\partial}{\partial \boldsymbol{n}}\left(\frac{1}{4\pi r_{MM_1}}\right)\mathrm{d}s = -\frac{1}{4\pi\delta^2}\iint\limits_{\Gamma_1} G(M, M_2)\mathrm{d}s \to -G(M_1, M_2).$$

于是当 $\rho \to 0^+$ 时, $I_1 \to -G(M_1, M_2)$.

对于

$$I_2 = \iint\limits_{\Gamma_2}\left[G(M, M_1)\frac{\partial G(M, M_2)}{\partial \boldsymbol{n}} - G(M, M_2)\frac{\partial G(M, M_1)}{\partial \boldsymbol{n}}\right]\mathrm{d}s,$$

同理可得当 $\rho \to 0^+$ 时, $I_2 \to G(M_2, M_1)$. 故有 $G(M_1, M_2) = G(M_2, M_1)$.

2. Green 函数的应用

下面利用镜像法 (或叫静电源像法) 求一些特殊区域上的 Green 函数, 进而利用 Green 函数求解 Laplace 方程的 Dirichlet 边值问题.

1) 半空间的 Green 函数及 Dirichlet 边值问题

即求 $z > 0$ 半空间的 Green 函数, 并求解下列 Dirichlet 边值问题

$$\begin{cases} \Delta u(x, y, z) = 0, & -\infty < x, y < +\infty, z > 0, \\ u(x, y, 0) = f(x, y), & -\infty < x, y < +\infty, \\ \lim\limits_{r \to +\infty} u = 0, & r = \sqrt{x^2 + y^2 + z^2}. \end{cases} \tag{7.2.24}$$

先求 Green 函数 $G(M, M_0)$. 由 Green 函数在静电学中的意义知, 在 $M_0(x_0, y_0, z_0)(z_0 > 0)$ 处放置一单位正电荷, 它在点 M 处产生的电位是 $\dfrac{1}{4\pi r_{MM_0}}$, 在 M_0 关于平面 $z = 0$ 的对称点 $M_1(x_0, y_0, -z_0)$ 处放置一单位正电荷, 它在点 M 处产生的电位是 $-\dfrac{1}{4\pi r_{MM_1}}$, 如图 7.1.

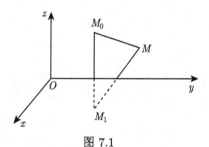

图 7.1

　　由它们所形成的静电场的电位在平面 $z = 0$ 上恰好为零. 因此, 上半空间的 Green 函数为

$$G(M, M_0) = \frac{1}{4\pi} \left(\frac{1}{r_{MM_0}} - \frac{1}{r_{MM_1}} \right). \tag{7.2.25}$$

　　要求边值问题 (7.2.24) 的解, 只需计算 $\left. \dfrac{\partial G(M, M_0)}{\partial \boldsymbol{n}} \right|_{z=0}$. 因为在平面 $z = 0$ 上的外法线方向是 z 轴的负向, 因此

$$\left. \frac{\partial G(M, M_0)}{\partial \boldsymbol{n}} \right|_{z=0} = - \left. \frac{\partial G(M, M_0)}{\partial \boldsymbol{z}} \right|_{z=0}$$

$$= \frac{1}{4\pi} \left[\frac{z - z_0}{[(x-x_0)^2 + (y-y_0)^2 + (z-z_0)^2]^{\frac{3}{2}}} \right.$$

$$\left. \left. - \frac{z + z_0}{[(x-x_0)^2 + (y-y_0)^2 + (z+z_0)^2]^{\frac{3}{2}}} \right] \right|_{z=0}$$

$$= -\frac{1}{2\pi} \frac{z_0}{[(x-x_0)^2 + (y-y_0)^2 + z_0^2]^{\frac{3}{2}}}, \tag{7.2.26}$$

将 (7.2.26) 代入 (7.2.23) 中得到 (7.2.24) 的解为

$$u(M_0) = \frac{z_0}{2\pi} \int_{-\infty}^{+\infty} \int_{-\infty}^{+\infty} \frac{f(x, y) \mathrm{d}x \mathrm{d}y}{[(x-x_0)^2 + (y-y_0)^2 + z_0^2]^{\frac{3}{2}}}.$$

　　同理, 对于上半平面上的边值问题

$$\begin{cases} \Delta u(x, y) = 0, & -\infty < x < +\infty, y > 0, \\ u(x, 0) = f(x), & -\infty < x < +\infty, \end{cases}$$

其 Green 函数为

$$G(M, M_0) = \frac{1}{2\pi} \left(\ln \frac{1}{r_{MM_0}} - \ln \frac{1}{r_{MM_1}} \right),$$

其解为

$$u(M_0) = \frac{y_0}{\pi} \int_{-\infty}^{+\infty} \frac{f(x) \mathrm{d}x}{(x-x_0)^2 + y_0^2}.$$

2) 球体区域的 Green 函数及 Dirichlet 边值问题

求解球体区域的 Green 函数及下面的 Dirichlet 边值问题

$$\begin{cases} \Delta u(x,y,z) = 0, & (x,y,z) \in \Omega, \\ u|_\Gamma = f(x,y,z), & (x,y,z) \in \Gamma, \end{cases} \tag{7.2.27}$$

其中 Ω 是以 O 为心, R 为半径的球域, 它的边界为 Γ.

先求球 Ω 上的 Green 函数. 在球内任取一点 $M_0(x_0, y_0, z_0)$, 用 r_0 表示它到原点 O 的距离, 在射线 OM_0 上取一点 M_1, 如图 7.2, 使得

$$r_0 r_1 = R^2, \tag{7.2.28}$$

这里 r_1 为点 M_1 到原点 O 的距离. 我们把点 M_1 称为点 M_0 关于球面 Γ 的对称点 (或镜像点). 在球面 Γ 上任取一点 $P(x,y,z)$, 它到点 M_0, M_1 的距离分别为 r_{M_0P}, r_{PM_1}. 对于三角形 $\triangle OPM_0, \triangle OPM_1$, 它们有一个公共角 $\angle POM_0$, 由 (7.2.28) 知该夹角的两对边成比例, 因此这两三角形相似, 于是有

$$\frac{r_{PM_1}}{r_{M_0P}} = \frac{R}{r_0} \quad 或 \quad \frac{1}{r_{M_0P}} - \frac{R}{r_0} \frac{1}{r_{PM_1}} = 0,$$

由此不难看出, 对于球 Ω 内任一点 $M(x,y,z)$, 只要取函数

$$v(M, M_0) = \frac{R}{4\pi r_0 r_{MM_1}},$$

则球 Ω 上的 Green 函数有如下形式

$$G(M, M_0) = \frac{1}{4\pi r_{M_0M}} - \frac{R}{4\pi r_0 r_{MM_1}}. \tag{7.2.29}$$

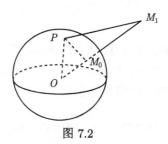

图 7.2

为求 (7.2.27) 的解, 需计算 $\left. \dfrac{\partial G(M, M_0)}{\partial \boldsymbol{n}} \right|_\Gamma$. 设 α 表示 OM 与 OM_0 之间的夹角, r 为点 M 到原点 O 的距离, 则有

$$r_{M_0M}^2 = r_0^2 + r^2 - 2r_0 r \cos\alpha, \quad r_{MM_1}^2 = r_1^2 + r^2 - 2r_1 r \cos\alpha,$$

代入 (7.2.29) 得

$$G(M, M_0) = \frac{1}{4\pi} \left(\frac{1}{\sqrt{r_0^2 + r^2 - 2r_0 r \cos\alpha}} - \frac{1}{\sqrt{R^4 + r_0^2 r^2 - 2R^2 r_0 r \cos\alpha}} \right),$$

它在球面 Γ 上的法向导数为

$$\left. \frac{\partial G(M, M_0)}{\partial \boldsymbol{n}} \right|_\Gamma$$

$$= \left. \frac{\partial G(M, M_0)}{\partial r} \right|_{r=R}$$

$$= -\frac{1}{4\pi} \left(\frac{r - r_0 \cos\alpha}{(r_0^2 + r^2 - 2r_0 r \cos\alpha)^{\frac{3}{2}}} - \frac{R(r_0^2 r - R^2 r_0 \cos\alpha)}{(R^4 + r_0^2 r^2 - 2R^2 r_0 r \cos\alpha)^{\frac{3}{2}}} \right) \Bigg|_{r=R}$$

$$= -\frac{1}{4\pi R} \frac{R^2 - r_0^2}{(R^2 + r_0^2 - 2R r_0 \cos\alpha)^{\frac{3}{2}}},$$

于是由 (7.2.23), 得到 (7.2.27) 的解为

$$u(M_0) = \frac{1}{4\pi R} \iint_\Gamma f(x, y, z) \frac{R^2 - r_0^2}{(R^2 + r_0^2 - 2R r_0 \cos\alpha)^{\frac{3}{2}}} \mathrm{d}s. \tag{7.2.30}$$

在球坐标系中, M_0 点的球坐标为 $(r_0, \theta_0, \varphi_0)$, 球面上 M 点的球坐标为 (R, θ, φ), 则 (7.2.30) 可表示为

$$u(r_0, \theta_0, \varphi_0) = \frac{R}{4\pi} \int_0^{2\pi} \int_0^\pi f(R, \theta, \varphi) \frac{R^2 - r_0^2}{(R^2 + r_0^2 - 2R r_0 \cos\alpha)^{\frac{3}{2}}} \sin\theta \mathrm{d}\theta \mathrm{d}\varphi. \tag{7.2.31}$$

我们把公式 (7.2.30), (7.2.31) 称为球上的 **Poisson 公式**.

　　注 1　公式 (7.2.30), (7.2.31) 中的 $\cos\alpha = \cos\theta\cos\theta_0 + \sin\theta\sin\theta_0\cos(\varphi - \varphi_0)$. 因为 OM 与 OM_0 方向上的单位向量分别为

$$(\sin\theta\cos\varphi, \sin\theta\sin\varphi, \cos\theta)$$

和

$$(\sin\theta_0\cos\varphi_0, \sin\theta_0\sin\varphi_0, \cos\theta_0).$$

　　注 2　上述方法同样适用于 n 维空间的 Laplace 方程, 同时对于其他的一些特殊区域上的边值问题也可用对称开拓法来构造 Green 函数进行求解.

习 题 7

1. 给出热传导方程的混合问题

$$\begin{cases} u_t - u_{xx} = 0, & 0 < x < 1, \ 0 < t, \\ u|_{t=0} = \sin \pi x, & 0 \leqslant x \leqslant 1, \\ u|_{x=0} = u|_{x=1} = 0, & 0 \leqslant t. \end{cases}$$

当取 $\Delta x = \dfrac{1}{n}$ (n 为正整数) 时列出其差分格式, 并指出此时的稳定性条件.

2. 列出下列波动方程混合问题的差分格式

$$\begin{cases} u_{tt} - u_{xx} = 0, & 0 < x < 1, \ 0 < t, \\ u|_{t=0} = x(1-x), u_t|_{t=0} = 0, & 0 \leqslant x \leqslant 1, \\ u|_{x=0} = u|_{x=1} = 0, & 0 \leqslant t. \end{cases}$$

3. 求矩形区域上边值问题

$$\begin{cases} u_{yy} - u_{xx} = 0, & 0 < x < \pi, \ 0 < y < \pi, \\ u|_{y=0} = 0, u|_{y=\pi} = 0, & 0 \leqslant x \leqslant \pi, \\ u|_{x=0} = u|_{x=\pi} = 0, & 0 \leqslant y \leqslant \pi \end{cases}$$

的差分格式.

4. 对于上半平面上的边值问题

$$\begin{cases} \Delta u(x,y) = 0, & -\infty < x < +\infty, y > 0, \\ u(x,0) = f(x), & -\infty < x < +\infty. \end{cases}$$

证明其 Green 函数为

$$G(M, M_0) = \frac{1}{2\pi} \left(\ln \frac{1}{r_{MM_0}} - \ln \frac{1}{r_{MM_1}} \right);$$

而其解为

$$u(M_0) = \frac{y_0}{\pi} \int_{-\infty}^{+\infty} \frac{f(x)\mathrm{d}x}{(x - x_0)^2 + y_0^2}.$$

5. 设有一个半径为 R 的均匀球体, 球的上半球面的温度保持为 $0°C$, 下半球面稳定保持为 $1°C$. 求: (1) 球内温度的稳定分布; (2) 在球的铅垂直径上的温度分布; (3) 球心的温度.

参 考 文 献

陈兰荪, 2017. 数学生态学模型与研究方法. 2 版. 北京: 科学出版社.

廖晓昕, 1999. 稳定性理论、方法和应用. 武汉: 华中科技大学出版社.

陆启韶, 彭临平, 杨卓琴, 2010. 常微分方程与动力系统. 北京: 北京航空航天大学出版社.

马知恩, 周义仓, 李承治, 2015. 常微分方程定性与稳定性方法. 2 版. 北京: 科学出版社.

马知恩, 周义仓, 王稳地, 等, 2004. 传染病动力学的数学建模与研究. 北京: 科学出版社.

唐三一, 肖燕妮, 梁菊花, 等, 2019. 生物数学. 北京: 科学出版社.

王定江, 2007. 应用偏微分方程. 杭州: 浙江大学出版社.

张建国, 李沔岸, 2010. 复变函数与积分变换. 北京: 机械工业出版社.

张锦炎, 1987. 常微分方程几何理论与分支问题. 北京: 北京大学出版社.

张隽, 沈守枫, 潘祖梁, 2008. 数学物理方程与 Mathematica 软件应用. 北京: 机械工业出版社.

中山大学数学力学系常微分方程组, 1978. 常微分方程. 北京: 人民教育出版社.

Braun M, 1992. Differential Equations and Their Applications. 4th ed. New York: Springer-Verlag.

Hritonenko N, Yatsenko Y, 2011. 经济、生态与环境科学中的数学模型. 申笑颜, 译. 北京: 中国人民大学出版社.

John F, Marsden J E, Sirovich L, et al, 1991. Differential Equations and Dynamical Systems. New York: Springer-Verlag.

Lucas W F, 1998. 微分方程模型. 长沙: 国防科技大学出版社.

附录 1 数学软件及其应用

一般来说, 用于处理数学及其应用问题的软件称为数学软件, 即其为利用计算机解决科学技术领域中所提出的数学问题提供求解手段. 数学软件又是组成众多应用软件的基本构件. 数学软件的基本功能有符号运算、科学计算、数学规划、统计运算、绘制数学图形和制作数学动画等. Mathematica、Maple 和 MATLAB 被称为当今世界上最优秀的三大科学计算软件.

Mathematica 软件从 1988 年发布至今, 到 2019 年为止已经发展到 12.0 版本, 功能更新非常迅速. 例如, 2005 年起, Mathematica 5.2 已经支持自动多线程计算. 2010 年发布的 Mathematica 8.0 可以自动生成 C 代码, 即由 Intel C++ 编译器或者 Visual Studio 2010 编译器进行编译. 2014 年发布的 Mathematica 10.0 已经可做高级地理计算, 包括强大的新地理图形函数, 用于地图构建.

Mathematica 分为前端和内核两部分. 前端使得用户可以创建和编辑一个 "笔记本文档"(notebook), 该文档可以包含程序代码和文本. 所有的内容和格式都可以在笔记本文档通过交互式方式进行编辑. 内核对程序代码 (即表达式) 进行解释, 并且返回运行结果. 也就是说, Mathematica 的使用方式类似于计算器, 使用者通过键盘、鼠标等设备在 Mathematica 的笔记本文档输入运算命令, Mathematica 完成给定的运算工作后把结果储存或者通过显示设备告诉使用者. Mathematica 内部定义了 1000 多个各种各样的函数, 使用者只要知道其中的变量所代表的含义, 会调用相应的函数就行了. 事实上, Mathematica 内置有非常完整的函数使用说明文件. Mathematica 还是一个很容易扩展和修改的系统, 其可让使用者定义自己所需的函数, 甚至能够修改其内部函数, 不必像其他编程语言那样困扰于输入输出格式, 从而可以方便地解决各种特殊问题.

Maple 的使用方式和 Mathematica 非常类似, 这里不再赘述. 需要指出的是, Maple 提供非常强大的符号运算引擎和微分方程求解器.

考虑到 Mathematica 良好的人机交互性, 这里我们用简短的篇幅介绍 Mathematica 软件的使用.

进入 Mathematica, 在工作窗口 notebook 输入运算表达式后, 按 Shift+Enter 组合键来执行运算 (附图 1). 需要注意的是, 不需要输入 "In[k]:=" 和 "Out[k]=" 符号, 它们是系统自动生成用来标注输入提示符和输出提示符的次数. Mathematica 用扩展名为 *.nb 的文件格式来保存工作窗口的内容. 接下来, 我们以几个 Mathematica 中常用函数来说明. 对于大量没有介绍到的函数及其可选项, 读者可参考 Mathematica 的帮助文件来使用 (附图 2).

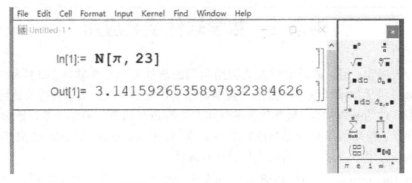

附图 1　Mathematica 工作界面

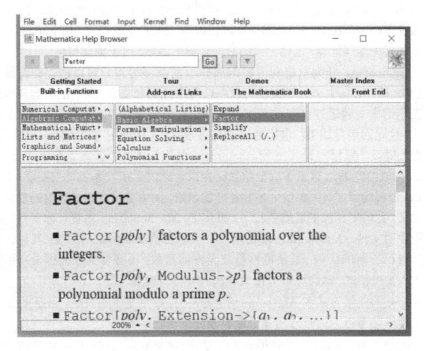

附图 2　Mathematica 帮助文件

　　Mathematica 提供了许多内部常数和内部数学函数, 如用 Pi 代表圆周率 $\pi=$ $3.1415926\cdots$, 用 E 代表自然对数底 $e = 2.71828\cdots$, 用 I 表示虚数单位, 用 Infinity 代表无穷大, 用 Sin[x]、Cos[x] 和 Tan[x] 表示三角函数, 等等. 这些符号的使用便于我们用键盘进行输入, 我们也可以用基本输入工具栏上对应的按钮输入, 那里的格式和符号更符合书写习惯. 另外, 我们可以用符号 "(∗ 内容 ∗)" 来对表达式注释, 以便使用者理解程序, 注释部分可以放在程序的任何位置. 表达式后面加上 ";" 表示只执行命令而不显示结果.

由于 Mathematica 专门设计了许多具有操作性质方面的函数, 因此 Mathematica 拥有非常强大的符号运算能力. 熟记一些常用的符号运算函数对于提高编程能力和编程速度是非常有帮助的. 附表 1 列出了一些常用的运算函数.

附表 1 常用运算函数

函数	功能
Expand[expr]	展开 expr
Factor[expr]	因式分解 expr
Simplify[expr]	化简 expr
Simplify[expr, assum]	根据条件 assum 化简 expr
Collect[expr, x]	按照 x 的幂次进行集项
Collect[expr, {x, y}]	先按照 x 的幂次集项, 再把集项后表达式的系数按照 y 的幂次集项
Denominator[expr]	提取 expr 的分母
Numerator[expr]	提取 expr 的分子
Together[expr]	对 expr 通分
Cancel[expr]	对 expr 约分
Coefficient[expr, form]	提取 expr 中 form 的系数
Coefficient[expr, form, n]	提取 expr 中 form 的 n 次的系数
Exponent[expr, form]	提取 expr 中 form 的最高次方
expr/.x→ value	对 expr 中的 x 置换成 value
expr/.{x→ value1, y→value2}	多个变量的置换
Limit[expr, x→value]	x 趋向 value 时, expr 的极限
D[expr, x]	expr 关于 x 微分
D[expr, {x, n}]	expr 关于 x 微分 n 次
Dt[expr, x]	expr 关于 x 的全微分
Dt[expr, {x, n}]	expr 关于 x 的 n 次全微分
Integrate[expr, x]	关于 x 的不定积分
Integrate[expr, {x, a, b}]	关于 x 的定积分
Sum[expr, {i, a, b}]	expr 的级数和
Series[expr, {x, x0, n}]	对 expr 在 x0 点做泰勒展开到 n 阶

例 1 求 $\dfrac{1}{3}$ 的 6 位数字精度的近似值.

$\text{In}[1] := \text{N}[1/3, 6]$

$\text{Out}[1] = 0.333333$

$\text{In}[2] := \text{Rationalize}[\%]$

$\text{Out}[2] = \dfrac{1}{3}$

这里 % 表示上一次表达式的结果. 类似地, 我们可以用 %%···%(共 k 个) 表示倒数第 k 次输出的结果.

例 2 变量替换.

In[2] := f = x^2 + 5x + 4

Out[2] = 4 + 5x + x²

In[3] := Factor[f]

Out[3] = (1 + x)(4 + x)

In[4] := f/.{x → t^2}

Out[4] = 4 + 5t² + t⁴

这里 /. 表示替换符号 (见附表 1), 而 → 的输入用 − 加上 > 完成.

例 3 以定积分为例, 说明两种输入方式.

In[1] := Integrate[x^5 * Sin[x], {x, 0, 1}]

Out[1] = −101Cos[1] + 65Sin[1]

In[2] := $\int_0^1 x^5 Sin[x]dx$

Out[2] = −101Cos[1] + 65Sin[1]

这里我们给出了键盘输入方式和模板输入方式. 子菜单 BasicInput 可以在 File 菜单下拉栏 Palettes 中找到.

例 4 展开和化简表达式.

In[17] := f = (x + 1)^2 * (x + 2)^3 * (x + 3)^4

Out [17] = (1 + x)²(2 + x)³(3 + x)⁴

In[18] := Expand[%]

Out [18] = 648 + 3132x + 6534x² + 7737x³ + 5744x⁴ + 2779x⁵

$\qquad$ + 878x⁶ + 175x⁷ + 20x⁸ + x⁹

In[19] := Simplify[%]

Out[19] = (1 + x)²(2 + x)³(3 + x)⁴

例 5 求导函数和偏导数.

In[4] := f = Exp [x^2] * Sin[3x]

$$\mathrm{D[f, x]}$$

$$\mathrm{Simplify[D[f, \{x, 2\}]]}$$

$\mathrm{Out}\,[4] = \mathrm{e}^{\mathrm{x}^2}\mathrm{Sin[3x]}$

$\mathrm{Out}[5] = 3\mathrm{e}^{\mathrm{x}^2}\mathrm{Cos[3x]} + 2\mathrm{e}^{\mathrm{x}^2}\mathrm{x}\,\mathrm{Sin[3x]}$

$\mathrm{Out}[6] = \mathrm{e}^{\mathrm{x}^2}\big(12\mathrm{x}\,\mathrm{Cos[3x]} + (-7 + 4\mathrm{x}^2)\,\mathrm{Sin[3x]}\big)$

$\mathrm{In}[11] := \mathrm{g} = \mathrm{Exp[x\char`\^2]} * \mathrm{Sin[x + y\char`\^3]}$

$$\mathrm{Simplify[D[g, \{x, 2\}, \{y, 1\}]]}$$

$\mathrm{Out}[11] = \mathrm{e}^{\mathrm{x}^2}\mathrm{Sin}\,[\mathrm{x} + \mathrm{y}^3]$

$\mathrm{Out}[12] = 3\mathrm{e}^{\mathrm{x}^2}\mathrm{y}^2\left(\left(1 + 4\mathrm{x}^2\right)\mathrm{Cos}\,[\mathrm{x} + \mathrm{y}^3] - 4\mathrm{x}\,\mathrm{Sin}\,[\mathrm{x} + \mathrm{y}^3]\right)$

例 6　求函数的 Taylor 展开式.

$\mathrm{In}[4] := \mathrm{Series[Sin[x], \{x, 0, 10\}]}$

$$\mathrm{Out}[4] = \mathrm{x} - \frac{\mathrm{x}^3}{6} + \frac{\mathrm{x}^5}{120} - \frac{\mathrm{x}^7}{5040} + \frac{\mathrm{x}^9}{362880} + \mathrm{O[x]}^{11}$$

$\mathrm{In}[5] := \mathrm{Series[Exp[x], \{x, 1, 4\}]}$

$$\mathrm{Out}[5] = \mathrm{e} + \mathrm{e}(\mathrm{x} - 1) + \frac{1}{2}\mathrm{e}(\mathrm{x} - 1)^2 + \frac{1}{6}\mathrm{e}(\mathrm{x} - 1)^3$$
$$+ \frac{1}{24}\mathrm{e}(\mathrm{x} - 1)^4 + \mathrm{O[x} - 1]^5$$

例 7　求和与求积.

$\mathrm{In}[1] := \mathrm{Sum}\,[x^\wedge \mathrm{n/n!}, \{n, 0, 5\}]$

$$\mathrm{Out}[1] = 1 + \mathrm{x} + \frac{\mathrm{x}^2}{2} + \frac{\mathrm{x}^3}{6} + \frac{\mathrm{x}^4}{24} + \frac{\mathrm{x}^5}{120}$$

$\mathrm{In}[2] := \mathrm{Sum}\,[x^\wedge \mathrm{n/n!}, \{n, 0,\ \mathrm{Infinity}\}]$

$\mathrm{Out}[2] = \mathrm{e}^{\mathrm{x}}$

在命令系统里还设计了求积函数命令 $\mathrm{Product}\,[u_n, \{n, n_1, n_2\}]$, 然而有些时候求和求积命令得不到预期结果, 需要特别注意.

例 8　解微分方程 $y''' + 3y'' - 4y' = x^2\sin x$.

$\mathrm{In}[1] := \mathrm{DSolve}\,[\mathrm{y'''[x]} + 3\mathrm{y''[x]} - 4\mathrm{y'[x]} = \mathrm{x\char`\^2\,Sin[x]}, \mathrm{y[x]}, \mathrm{x}]$

$$\mathrm{Out}[1] = \Big\{\Big\{\mathrm{y[x]} \rightarrow -\frac{1}{4}\mathrm{e}^{-4\mathrm{x}}\mathrm{C[1]} + \mathrm{e}^{\mathrm{x}}\mathrm{C[2]} + \mathrm{C[3]} + \frac{1}{9826}\,\big((-5905 - 1938\mathrm{x}$$
$$+ 1445\mathrm{x}^2)\,\mathrm{Cos[x]}\big) - \frac{1}{9826}\,\big((-993 + 4964\mathrm{x} + 867\mathrm{x}^2)\,\mathrm{Sin[x]}\big)\Big\}\Big\}$$

事实上, 对于某些非线性方程如 $y = (y')^2 - xy' + \dfrac{x^2}{2}$, 直接使用 Dsolve 命令会求解失败.

例 9 解微分方程 $(x^3 + xy^2 + x + y)\,\mathrm{d}x - (x - y)\,\mathrm{d}y = 0$.

In[2] := DSolve $[y'[x] == (x + x^\wedge3 + x * y[x]^\wedge2 + y[x])\,/(x - y[x]), y[x],\ x]$

    Solve::tdep : The equations appear to involve the variables

      to be solved for in an essentially non-algebraic way. More...

$$\text{Out}[2] = \text{Solve}\left[-\text{ArcTan}\left[\frac{y[x]}{x}\right] + \frac{1}{2}\text{Log}\left[1 + \frac{y[x]^2}{x^2}\right]\right.$$

$$\left. = -\frac{x^2}{2} + \text{C}[1] - \text{Log}[x], y[x]\right]$$

对于这个例子, DSolve 命令给出了隐函数形式的通解.

例 10 绘制函数 $y = \sin x$ 的图形.

In[1] := Plot[Sin[x], {x, -2Pi, 4Pi}]

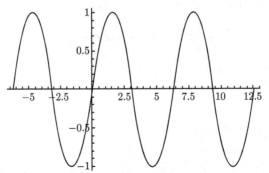

Out [1]= -Graphics-

另外, 参数方程 $\begin{cases} x = x(t), \\ y = y(t) \end{cases}$ 的绘图命令为 ParaetricPlot[$\{x(t), y(t)\}$, $\{t, t_1, t_2\}$, 可选项]. 事实上, 在绘图命令中用系统默认值画出的图形可能没有预期效果, 所以需要修改一些默认值, 即可选项, 如附表 2. 可选项的内容非常丰富, 我们不需要死记硬背, 要善于利用帮助文件 Help Browser 查询相关命令的可选项. 隐式方程 $F(x, y) = 0$ 的绘图命令为 ImplicitPlot[$F[x, y] == 0, \{x, x_1, x_2\}$, 可选项], 对于该命令, 因为使用频率不高并没有放入系统的内部函数中, 所以在调用时要先加载程序包命令为 <<Graphics′Graphics′ 或者 <<Graphics′.

例 11 绘制函数 $\begin{cases} x(t) = (1 + \sin t - 2\cos 4t)\cos t, \\ y(t) = (1 + \sin t - 2\cos 4t)\sin t \end{cases}$ 的图形.

附表 2 平面图形常用可选项

PlotRange	作图的范围
Axes	是否画坐标轴
AxesLabel	是否作坐标轴标记
PlotPoints	画图时最少取点数
Frame	是否画边框

In[7]: = ParametricPlot[(1 + Sin[t] − 2 Cos[4t])∗

{Cos[t], Sin[t]}, {t, 0, 2Pi}, Axes → None,

PlotStyle → {RGBColor[0.9, 0.3, 0.5], Thickness[0.01]}]

Out[7]= - Graphics -

对于空间曲线, 我们可以使用命令 ParaetricPlot3D[{$x(t), y(t), z(t)$}, {t, t_1, t_2}, 可选项].

例 12 绘制函数 $z = xy\mathrm{e}^{-x^2-2y^2}$ 的图形.

In[9] := Plot3D [x∗y∗ Exp [−x^2 − 2∗y^2] , {x, −4, 4},

{y, −4, 4}, PlotPoints → {80, 80},

PlotRange → All,

AxesLabel → {″x″,″ y″,″ z″}]

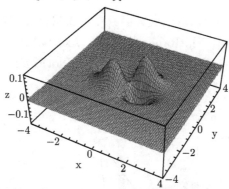

Out[9]= -SurfaceGraphics -

例 13 绘制单位球面 $x^2 + y^2 + z^2 = 1$.

In[17] :=<< Graphics

ContourPlot3D [x^2+y^2+z^2 − 1, {x, −1, 1}, {y, −1, 1}, {z, −1, 1} ,

Axes → True]

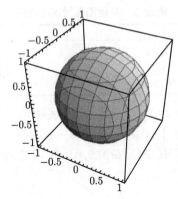

Out[18]= -Graphics3D-

例 14   参数方程的空间曲面绘制.

In[1] := px = 0.3 Sech$[\xi - 0.3t]$^2 + 0.5 * Sech$[\xi - 0.1t]$^2

          + 0.8 * Sech$[\xi + 0.1t]$^2;

x = ξ − 0.5 Tanh$[\xi - 0.3t]$ − 1.0 Tanh$[\xi - 0.1t]$ − 1.5 Tanh$[\xi + 0.1t]$;

p = Integrate[px * D[x, ξ], ξ] + 10;

qy = 0.3 Sech$[\eta - 0.3t]$^2 + 0.5 * Sech$[\eta - 0.1t]$^2 + 0.8 * Sech$[\eta + 0.1t]$^2;

y = η − 0.5 Tanh$[\eta - 0.3t]$ − 1.0 Tanh$[\eta - 0.1t]$ − 1.5 Tanh$[\eta + 0.1t]$;

q = Integrate[qy * D[y, η], η];

t = −25;

u = 1000(px * qy)/(p + q)^2;

η = 0;

ParametricPlot3D[{x, y, u}, {ξ, −10, 5}, {η, −10, 5}, PlotPoints

→ {80, 80}, PlotRange → All, AxesLabel → {″x″,″ y″,″ U″}]

ParametricPlot[{x, u}, {ξ, −10, 5}, PlotRange → All , AxesLabel

→ {″x″,″ u″}]

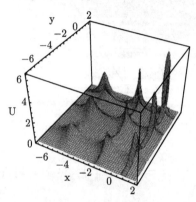

Out[10]= -Graphics3D-

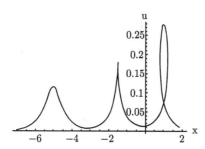

Out[11]= -Graphics-

例 15　解 Bessel 方程: $x^2 y''(x) + x y'(x) + (x^2 - \gamma^2) y(x) = 0$, 并画出第 0 阶、第 1 阶第一类型 Bessel 函数的图形.

In[13] := DSolve[x^2 * y''[x] + x * y'[x] + (x^2 - γ^2) * y[x] = 0, y[x], x]

　　　　Plot[{BesselJ[0, x], BesselJ[1, x]}, {x, 0, 10}, AxesLabel

　　　　→ {x, BesselJ[γ, x]}]

Out[13] = {{y[x] → BesselJ[γ, x]C[1] + BesselY[γ, x]C[2]}}

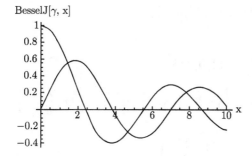

Out [14]= -Graphics-

例 16　求矩阵 $A = \begin{pmatrix} 1 & 1 & 0 \\ 0 & 1 & 0 \\ 0 & 0 & 2 \end{pmatrix}$ 的行列式、转置矩阵和逆矩阵.

In[12] := A = {{1, 1, 0}, {0, 1, 0}, {0, 0, 2}}

　　　　A//MatrixForm

　　　　Det[A]

　　　　Transpose[A]//MatrixForm

　　　　Inverse[A]//MatrixForm

Out[12] = {{1, 1, 0}, {0, 1, 0}, {0, 0, 2}}

Out[13]//MatrixForm =

$$\begin{pmatrix} 1 & 1 & 0 \\ 0 & 1 & 0 \\ 0 & 0 & 2 \end{pmatrix}$$

Out[14] = 2

Out[15]//MatrixForm =

$$\begin{pmatrix} 1 & 0 & 0 \\ 1 & 1 & 0 \\ 0 & 0 & 2 \end{pmatrix}$$

Out[16]//MatrixForm =

$$\begin{pmatrix} 1 & -1 & 0 \\ 0 & 1 & 0 \\ 0 & 0 & \dfrac{1}{2} \end{pmatrix}$$

例 17　求矩阵 $B = \begin{pmatrix} 0 & 1 & 1 \\ 1 & 2 & 0 \\ 4 & 0 & 1 \end{pmatrix}$ 的特征值和特征向量.

In[3] := B = {{0, 1, 1}, {1, 2, 0}, {4, 0, 1}}

　　　　Eigensystem[B]

Out[3] = {{0, 1, 1}, {1, 2, 0}, {4, 0, 1}}

$$\text{Out[4]} = \left\{ \{3, -\sqrt{3}, \sqrt{3}\}, \left\{ \{1, 1, 2\}, \left\{ -\frac{1}{4} - \frac{\sqrt{3}}{4}, -\frac{1}{4} + \frac{\sqrt{3}}{4}, 1 \right\}, \right. \right.$$

$$\left. \left. \left\{ -\frac{1}{4} + \frac{\sqrt{3}}{4}, -\frac{1}{4} - \frac{\sqrt{3}}{4}, 1 \right\} \right\} \right\}$$

例 18　解波动方程 $u_{tt} = a^2 u_{xx}$.

In[17] := DSolve[D[u[x, t], {t, 2}] == a^2 * D[u[x, t], {x, 2}], u[x, t], {x, t}]

$$\text{Out[17]} = \left\{ \left\{ u[x, t] \to C[1] \left[t - \frac{\sqrt{a^2}x}{a^2} \right] + C[2] \left[t + \frac{\sqrt{a^2}x}{a^2} \right] \right\} \right\}$$

In[18] := Simplify[%, a > 0]

$$\text{Out[18]} = \left\{ \left\{ u[x, t] \to C[1] \left[t - \frac{x}{a} \right] + C[2] \left[t + \frac{x}{a} \right] \right\} \right\}$$

为了对照, 这里我们也给出 Maple 程序.

> restart:

> alias(u = u(x, t)) :
> with(PDEtools): with(student):
> pde := diff(u, t\$2) = a^2 * diff(u, x\$2);

$$pde := \frac{\partial^2}{\partial t^2} u = a^2 \left(\frac{\partial^2}{\partial x^2} u \right)$$

> pdsolve(pde);

$$u = \_F1(at + x) + \_F2(at - x)$$

例 19 利用 Maple 给出 D'Alembert 公式.

> restart:
> with(PDEtools):with (student):
> pde := diff(u(x, t), t\$2) = a^2 * diff(u(x, t), x\$2);

$$pde := \frac{\partial^2}{\partial t^2} u(x, t) = a^2 \left(\frac{\partial^2}{\partial x^2} u(x, t) \right)$$

> pdsolve(pde);

$$u(x, t) = \_F1(at + x) + \_F2(at - x)$$

> ibc:=(u(x, 0)=phi(x), D[2](u)(x, 0)= psi(x));

$$ibc := u(x, 0) = \phi(x), D_2(u)(x, 0) = \psi(x)$$

> pdsolve({pde, ibc});

$$u(x, t) = \frac{1}{2} \frac{\phi(-at + x)a + \phi(at + x)a - \left(\int_0^{-at+x} \psi(x1)\mathrm{d}x1 \right) + \int_0^{at+x} \psi(x1)\mathrm{d}x1}{a}$$

例 20 解方程 $u_{tt} = u_{xx} + 1$.

In[2] := DSolve[D[u[x, t], {t, 2}] == D[u[x, t], {x, 2}] + 1,
     u[x, t], {x, t}]

Out[2] = $\left\{ \left\{ u[x, t] \to -\frac{x^2}{2} + C[1][t - x] + C[2][t + x] \right\} \right\}$

例 21 常微分方程数值解.

In[10] := sol = NDSolve [{y''[x] + Sin[x] * y[x] == 0, y[0] == 0, y'[0] == 1},
     y[x], {x, 0, 3}, MaxSteps → 200]

Out[10] = {{y[x] → InterpolatingFunction[{{0., 3.}}, <>][x]}}

In[12] := Plot[Evaluate[y[x]/.sol], {x, 0, 3}]

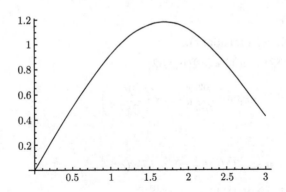

Out[12]= - Graphics -

例 22 热传导方程数值解.

In[1] := NDSolve[{D[u[x, t], t] == 1/4 * D[u[x, t], {x, 2}],

   u[0, t] == 0, u[1, t] == 0, u[x, 0] == x(1 − x)}, u,

   {x, 0, 1}, {t, 0, 1}]

Out[1] = {{u → InterpolatingFunction[{{0., 1.}, {0., 1.}}, <>]}}

In[2] := Plot3D[Evaluate[u[x, t]/.First[%]], {x, 0, 1},

   {t, 0, 1}, PlotPoints → 40]

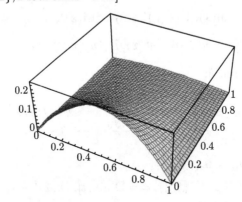

Out[2]= -SurfaceGraphics -

例 23 设 $f(x)$ 是周期为 2π 的周期函数, 它在 $[-\pi, \pi]$ 上的表达式为 $f(x)=$
$\begin{cases} x, & -\pi \leqslant x < 0, \\ 0, & 0 \leqslant x < \pi. \end{cases}$ 求 $f(x)$ 的 6 次 Fourier 级数.

In[17] := f[x_] := Which[−Pi ⩽ x ⩽ 0, x, 0 ⩽ x ⩽ Pi, 0]

   a[n_] := (1/Pi) * Integrate[f[x] * Cos[n * x], {x, −Pi, Pi}]

   b[n_] := (1/Pi) * Integrate[f[x] * Sin[n * x], {x, −Pi, Pi}]

$$a[0]/2 + \mathrm{Sum}[a[n] * \mathrm{Cos}[n * x] + b[n] * \mathrm{Sin}[n * x], \{n, 1, 6\}]$$

$$\mathrm{Out}[20] = -\frac{\pi}{4} + \frac{2\,\mathrm{Cos}[x]}{\pi} + \frac{2\,\mathrm{Cos}[3x]}{9\pi} + \frac{2\,\mathrm{Cos}[5x]}{25\pi} + \mathrm{Sin}[x] - \frac{1}{2}\,\mathrm{Sin}[2x]$$

$$+ \frac{1}{3}\,\mathrm{Sin}[3x] - \frac{1}{4}\,\mathrm{Sin}[4x] + \frac{1}{5}\,\mathrm{Sin}[5x] - \frac{1}{6}\,\mathrm{Sin}[6x]$$

例 24　积分变换.

In[7] :=

FourierTransform[Exp [−x^2] , x, λ]

InverseFourierTransform[%, λ, x]

LaplaceTransform[Sin[t], t, s]

LaplaceTransform[Exp[t] ∗ Sin[t], t, s]

$$\mathrm{InverseLaplaceTransform}\left[\frac{s}{(s^2+1)\,(s^2+2)}, s, t\right]$$

$$\mathrm{InverseLaplaceTransform}\left[\frac{1}{(s-1)(s-2)}, s, t\right]$$

$$\mathrm{Out}[7] = \frac{e^{-\frac{\lambda^2}{4}}}{\sqrt{2}}$$

$$\mathrm{Out}[8] = e^{-x^2}$$

$$\mathrm{Out}[9] = \frac{1}{1+s^2}$$

$$\mathrm{Out}[10] = \frac{1}{2 - 2\,s + s^2}$$

$$\mathrm{Out}[11] = \mathrm{Cos}[t] - \mathrm{Cos}[\sqrt{2}t]$$

$$\mathrm{Out}[12] = e^t\left(-1 + e^t\right)$$

这里需要注意的是, 在 Mathematica 里, Fourier 变换有系数的差别.

例 25　用 Maple 软件把 (2+1) 维非线性 Burgers 方程约化为线性方程.

> restart:

> alias(u = u(x, y, t), v = v(x, y, t), f = f(x, y, t), h = h(y));

$$u, v, f, h$$

> with(PDEtools):with(linalg):with(plots):with(student):

>equ1:= diff(u,t)−2*u*diff(u,x)−diff(v,x$2) = 0;

$$equ1 := \frac{\partial}{\partial t}u - 2u\left(\frac{\partial}{\partial x}u\right) - \frac{\partial^2}{\partial x^2}v = 0$$

>equ 2 := diff(diff(u, y), t)−diff(diff(u, x$2), y)−2 * u * diff(diff(v, x), y)
>　−2 * diff(u, x) *diff(v, y) = 0;

$$equ2 := \frac{\partial^2}{\partial t \partial y}u - \frac{\partial^3}{\partial x^2 \partial y}u - 2u\left(\frac{\partial^2}{\partial x \partial y}v\right) - 2\left(\frac{\partial}{\partial x}u\right)\left(\frac{\partial}{\partial y}v\right) = 0$$

> equ3 := expand(subs(v = u + alpha, equ1));

$$equ3 := \frac{\partial}{\partial t}u - 2u\left(\frac{\partial}{\partial x}u\right) - \frac{\partial^2}{\partial x^2}u = 0$$

> equ4 := expand(subs(v = u + alpha, equ2));

$$equ4 := \frac{\partial^2}{\partial t \partial y}u - \frac{\partial^3}{\partial x^2 \partial y}u - 2u\left(\frac{\partial^2}{\partial x \partial y}u\right) - 2\left(\frac{\partial}{\partial x}u\right)\left(\frac{\partial}{\partial y}u\right) = 0$$

接下来, 利用 Cole-Hopf 变换约化方程:

>equ6 := collect(expand(subs(u=diff(f,x)/f+h,equ3)),f);

$$equ6 := \frac{-2h\left(\frac{\partial^2}{\partial x^2}f\right) - \frac{\partial^3}{\partial x^3}f + \frac{\partial^2}{\partial t \partial x}f}{f}$$
$$+ \frac{2h\left(\frac{\partial}{\partial x}f\right)^2 - \left(\frac{\partial}{\partial x}f\right)\left(\frac{\partial}{\partial t}f\right) + \left(\frac{\partial}{\partial x}f\right)\left(\frac{\partial^2}{\partial x^2}f\right)}{f^2} = 0$$

>equ7 := collect(expand(subs(u=diff(f, x)/f+h, equ4)), f):
>equ8 := −2 * h * diff(f, x, x)+diff(f, t, x)−diff(f, x, x, x)=0;

$$equ8 := -2h\left(\frac{\partial^2}{\partial x^2}f\right) - \frac{\partial^3}{\partial x^3}f + \frac{\partial^2}{\partial t \partial x}f = 0$$

>equ9 := diff(f, t)=2 * h * diff(f, x)+diff(f, x, x);

$$equ9 := \frac{\partial}{\partial t}f = 2h\left(\frac{\partial}{\partial x}f\right) + \frac{\partial^2}{\partial x^2}f$$

>equ10 := collect(expand(subs(equ9, equ6)),f);

$$equ10 := 0 = 0$$

>equ11 :=collect(expand(subs(equ9, equ7)),f);

$$equ11 := 0 = 0$$

附录 2 积分变换简表

1. Fourier 变换简表

$$F[f(x)] = g(\lambda) = \int_{-\infty}^{+\infty} f(x)\mathrm{e}^{-\mathrm{i}\lambda x}\mathrm{d}x \quad (-\infty < x < +\infty)$$

原函数 $f(x)$	像函数 $F[f(x)](g(\lambda))$
$f(x) = \begin{cases} h, & -\mu < x < \mu, \\ 0, & \text{其他} \end{cases}$	$2h\dfrac{\sin \mu\lambda}{\lambda}$
$\delta(x)(\delta \text{ 函数})$	1
$\mathrm{e}^{-\mu|x|} \quad (\mu > 0)$	$\dfrac{2\mu}{\lambda^2 + \mu^2}$
单位函数 $I(x) = \begin{cases} 1, & 0 \leqslant x, \\ 0, & 0 > x \end{cases}$	$\dfrac{1}{\mathrm{i}\lambda}$
$I(x)x$	$-\dfrac{1}{\lambda^2}$
$I(x)x^n$	$\dfrac{n!}{(\mathrm{i}\lambda)^{n+1}}$
$I(x)\sin ax$	$\dfrac{a}{a^2 - \lambda^2}$
$I(x)\cos ax$	$\dfrac{\mathrm{i}\lambda}{a^2 - \lambda^2}$
$I(x)\mathrm{e}^{\mathrm{i}ax}$	$\dfrac{1}{\mathrm{i}(\lambda - a)}$
$I(x)\mathrm{e}^{-ax} \quad (a > 0)$	$\dfrac{1}{\mathrm{i}\lambda + a}$
$\mathrm{e}^{-a|x|} \quad (a > 0)$	$\dfrac{2a}{\lambda^2 + a^2}$
$\dfrac{\sin ax}{x}$	$\begin{cases} \pi, & |\lambda| < a, \\ 0, & |\lambda| > a \end{cases}$
$\dfrac{1}{|x|}$	$\dfrac{\sqrt{2\pi}}{|\lambda|}$
$\dfrac{1}{\sqrt{|x|}}$	$\sqrt{\dfrac{2\pi}{|\lambda|}}$

续表

原函数 $f(x)$	像函数 $F[f(x)](g(\lambda))$
$\sin bx^2 \quad (b>0)$	$\sqrt{\dfrac{\pi}{b}}\cos\left(\dfrac{\lambda^2}{4b}+\dfrac{\pi}{4}\right)$
$\cos bx^2 \quad (b>0)$	$\sqrt{\dfrac{\pi}{b}}\cos\left(\dfrac{\lambda^2}{4b}-\dfrac{\pi}{4}\right)$
$\mathrm{e}^{-bx^2} \quad (\mu>0)$	$\sqrt{\dfrac{\pi}{b}}\mathrm{e}^{-\frac{\lambda^2}{4b}}$
$\begin{cases} \mathrm{e}^{-cx+\mathrm{i}bx}, & 0<x, \\ 0, & 0>x \end{cases}$	$\dfrac{\mathrm{i}}{b-\lambda+c\mathrm{i}}$
$\begin{cases} \mathrm{e}^{\mathrm{i}bx}, & c<x<d, \\ 0, & c>x \text{ 或} x>d \end{cases}$	$\dfrac{\mathrm{i}}{b-\lambda}\left(\mathrm{e}^{\mathrm{i}c(b-\lambda)}-\mathrm{e}^{\mathrm{i}d(b-\lambda)}\right)$
$\dfrac{1}{b^2+x^2} \quad (\operatorname{Re}b<0)$	$-\dfrac{\pi}{b}\mathrm{e}^{b|\lambda|}$
$\dfrac{1}{b^2+x^3} \quad (b>0)$	$\dfrac{\pi}{b}\mathrm{e}^{-b|\lambda|}$
$\dfrac{1}{(b^2+x^2)^2} \quad (\operatorname{Re}b<0)$	$\dfrac{\mathrm{i}\lambda\pi}{2b}\mathrm{e}^{b|\lambda|}$
$\dfrac{\mathrm{e}^{\mathrm{i}cx}}{b^2+x^2} \quad (\operatorname{Re}b<0, c \text{ 为实数})$	$-\dfrac{\pi}{b}\mathrm{e}^{-b|\lambda-c|}$
$\dfrac{\cos cx}{b^2+x^2} \quad (\operatorname{Re}b<0, c \text{ 为实数})$	$-\dfrac{\pi}{2b}\left(\mathrm{e}^{b|\lambda-c|}+\mathrm{e}^{b|\lambda+c|}\right)$
$\dfrac{\sin cx}{b^2+x^2} \quad (\operatorname{Re}b<0, c \text{ 为实数})$	$-\dfrac{\pi}{2b\mathrm{i}}\left(\mathrm{e}^{b|\lambda-c|}+\mathrm{e}^{b|\lambda+c|}\right)$
$\dfrac{\sin ax}{\sqrt{|x|}}$	$\mathrm{i}\sqrt{\dfrac{\pi}{2}}\left(\dfrac{1}{\sqrt{|\lambda+a|}}-\dfrac{1}{\sqrt{|\lambda-a|}}\right)$
$\dfrac{\cos ax}{\sqrt{|x|}}$	$\sqrt{\dfrac{\pi}{2}}\left(\dfrac{1}{\sqrt{|\lambda+a|}}-\dfrac{1}{\sqrt{|\lambda-a|}}\right)$
$\arctan\dfrac{x}{a} \quad (a>0)$	$-\dfrac{\pi\mathrm{i}}{\lambda}\mathrm{e}^{-a|\lambda|}$

2. Laplace 变换简表

$$L[f(t)]=F(s)=\int_0^{+\infty}f(t)\mathrm{e}^{-\lambda t}\mathrm{d}t \quad (0<t<+\infty)$$

原函数 $f(t)$	像函数 $L[f(t)]$
1	$\dfrac{1}{s}$
$\delta(x) \quad (\delta \text{ 函数})$	1

续表

原函数 $f(t)$	像函数 $L[f(t)]$
$\mathrm{e}^{\mu t}$	$\dfrac{1}{s-\mu}$
$t^n \quad (n=0,1,2,\cdots)$	$\dfrac{n!}{s^{n+1}}$
$t^\alpha \quad (\alpha>-1)$	$\dfrac{\Gamma(\alpha+1)}{s^{\alpha+1}}$
$t^\alpha \mathrm{e}^{\mu t} \quad (\alpha>-1)$	$\dfrac{\Gamma(\alpha+1)}{(s+\mu)^{\alpha+1}}$
$\sin at$	$\dfrac{a}{a^2+s^2}$
$\cos at$	$\dfrac{s}{a^2+s^2}$
$\sinh at$	$\dfrac{a}{s^2-a^2}$
$\cosh at$	$\dfrac{s}{s^2-a^2}$
$\mathrm{e}^{-\mu t}\sin at$	$\dfrac{a}{a^2+(s+\mu)^2}$
$\mathrm{e}^{-\mu t}\cos at$	$\dfrac{s+\mu}{a^2+(s+\mu)^2}$
$\dfrac{1}{\sqrt{t}}$	$\sqrt{\dfrac{\pi}{s}}$
$\sqrt{t}$	$\dfrac{\sqrt{\pi}}{2\sqrt{s^3}}$
$\dfrac{1}{\sqrt{\pi t}}$	$\sqrt{\dfrac{1}{s}}$
$\dfrac{1}{\sqrt{\pi t}}\sin 2\sqrt{at}$	$\dfrac{1}{s^{\frac{3}{2}}}\mathrm{e}^{-\frac{a}{s}}$
$\dfrac{1}{\sqrt{\pi t}}\cos 2\sqrt{at}$	$\dfrac{1}{\sqrt{x}}\mathrm{e}^{-\frac{a}{s}}$
$\dfrac{1}{\sqrt{\pi t}}\mathrm{e}^{-\frac{a^2}{4t}}$	$\dfrac{1}{\sqrt{s}}\mathrm{e}^{-a\sqrt{x}}$
$\dfrac{1}{\sqrt{\pi t}}\mathrm{e}^{-2a\sqrt{t}}$	$\dfrac{1}{\sqrt{s}}\mathrm{e}^{\frac{a^2}{s}}\,\mathrm{erfc}\left(\dfrac{a}{\sqrt{s}}\right)$
$\dfrac{1}{\sqrt{\pi t}}\sin\dfrac{1}{2t}$	$\dfrac{1}{\sqrt{s}}\mathrm{e}^{-\sqrt{s}}\sin\sqrt{s}$
$\dfrac{1}{\sqrt{\pi t}}\cos\dfrac{1}{2t}$	$\dfrac{1}{\sqrt{s}}\mathrm{e}^{-\sqrt{s}}\cos\sqrt{s}$
$\dfrac{\mathrm{e}^{bt}-\mathrm{e}^{at}}{t}$	$\ln\dfrac{s-a}{s-b}$
$\dfrac{\sin at}{t}$	$\arctan\dfrac{a}{s}$
$\dfrac{\mathrm{e}^{at}}{\sqrt{t}}$	$\sqrt{\dfrac{\pi}{s-a}}$
$\cos^2 t$	$\dfrac{1}{2}\left(\dfrac{1}{s}+\dfrac{s}{s^2+4}\right)$

续表

原函数 $f(t)$	像函数 $L[f(t)]$
$\sin^2 t$	$\dfrac{1}{2}\left(\dfrac{1}{s} - \dfrac{s}{s^2 + 4}\right)$
$\dfrac{\sin at}{\sqrt{t}}$	$\sqrt{\dfrac{\pi}{2}}\sqrt{\dfrac{\sqrt{s^2 + a^2} - s}{s^2 + a^2}}$
$\dfrac{\cos at}{\sqrt{t}}$	$\sqrt{\dfrac{\pi}{2}}\sqrt{\dfrac{\sqrt{s^2 + a^2} + s}{s^2 + a^2}}$
$\dfrac{1 - \mathrm{e}^{-at}}{t}\quad (a > 0)$	$\ln\left(1 + \dfrac{a}{s}\right)$

注　(1) $\mathrm{erf}(t) = \dfrac{2}{\sqrt{\pi}} \displaystyle\int_0^t \mathrm{e}^{-x^2}\mathrm{d}x$ 称为误差函数.

(2) $\mathrm{erfc}(t) = 1 - \mathrm{erf}(t) = \dfrac{2}{\sqrt{\pi}} \displaystyle\int_t^{+\infty} \mathrm{e}^{-x^2}\mathrm{d}x$ 称为余误差函数.

(3) $\Gamma(t) = \displaystyle\int_t^{+\infty} x^{t-1}\mathrm{e}^{-x}\mathrm{d}x$ 称为 Γ 函数.

附录 3　习题参考答案

习　题　1

1. 通解为 $x(t) = c_1\cos t + c_2 t\cos t + c_3\sin t + c_4 t\sin t$ (其中 c_1, c_2, c_3, c_4 为任意常数).

2. 通解为 $x(t) = c_1 t + c_2 t^{-1}$ (其中 c_1, c_2 为任意常数).

3. 通解为 $x(t) = -t^2 + c_1 t$ (其中 c_1 为任意常数).

4. 通解为 $x(t) = c_1\mathrm{e}^{-t} + c_2\mathrm{e}^{3t} - \dfrac{1}{4}t\mathrm{e}^{-t}$ (其中 c_1, c_2 为任意常数).

5. 特解为 $X(t) = \begin{pmatrix} \dfrac{1}{8}\mathrm{e}^{t} - \dfrac{3}{4}\mathrm{e}^{3t} + \dfrac{5}{8}\mathrm{e}^{5t} \\[2mm] -\dfrac{1}{8}\mathrm{e}^{t} - \dfrac{3}{4}\mathrm{e}^{3t} + \dfrac{15}{8}\mathrm{e}^{5t} \end{pmatrix}.$

6. 通解为 $X(t) = \begin{pmatrix} \mathrm{e}^{t} & 0 & 0 \\ 0 & \mathrm{e}^{(1+\mathrm{i})t} & \mathrm{e}^{(1-\mathrm{i})t} \\ 0 & -\mathrm{i}\mathrm{e}^{(1+\mathrm{i})t} & \mathrm{i}\mathrm{e}^{(1-\mathrm{i})t} \end{pmatrix} \begin{pmatrix} c_1 \\ c_2 \\ c_3 \end{pmatrix}$, 其中 c_1, c_2, c_3 为任意常数

$\left(\text{或 } X(t) = \exp At \begin{pmatrix} c_1 \\ c_2 \\ c_3 \end{pmatrix}, \text{其中} \exp At = \mathrm{e}^{t}\begin{pmatrix} 1 & 0 & 0 \\ 0 & \cos t & -\sin t \\ 0 & \sin t & \cos t \end{pmatrix}\right).$

7. 基解矩阵为 $\varphi(t) = (x_1(t), x_2(t), x_3(t)) = \begin{pmatrix} \mathrm{e}^{2t} & \mathrm{e}^{(2+\mathrm{i})t}(\mathrm{i}+3) & (\mathrm{i}-3)\mathrm{e}^{(2-\mathrm{i})t} \\ 0 & -\mathrm{e}^{(2+\mathrm{i})t} & \mathrm{e}^{(2-\mathrm{i})t} \\ 0 & \mathrm{i}\mathrm{e}^{(2+\mathrm{i})t} & \mathrm{i}\mathrm{e}^{(2-\mathrm{i})t} \end{pmatrix}.$

通解为 $X(t) = \begin{pmatrix} \mathrm{e}^{2t} & \mathrm{e}^{(2+\mathrm{i})t}(\mathrm{i}+3) & (\mathrm{i}-3)\mathrm{e}^{(2-\mathrm{i})t} \\ 0 & -\mathrm{e}^{(2+\mathrm{i})t} & \mathrm{e}^{(2-\mathrm{i})t} \\ 0 & \mathrm{i}\mathrm{e}^{(2+\mathrm{i})t} & \mathrm{i}\mathrm{e}^{(2-\mathrm{i})t} \end{pmatrix} \begin{pmatrix} c_1 \\ c_2 \\ c_3 \end{pmatrix}.$

特解为 $X(t) = \mathrm{e}^{2t}\begin{pmatrix} 6 - 5\cos t + 5\sin t \\ 2\cos t - \sin t \\ \cos t + 2\sin t \end{pmatrix}.$

8. 对应齐次方程的基解矩阵为 $\Phi(t) = \begin{pmatrix} \mathrm{e}^{2t} & -t\mathrm{e}^{2t} + \mathrm{e}^{3t} & \mathrm{e}^{3t} \\ 0 & \mathrm{e}^{2t} & 0 \\ 0 & -\mathrm{e}^{2t} & \mathrm{e}^{3t} \end{pmatrix}$

$\left(\text{或 } \exp At = \begin{pmatrix} \mathrm{e}^{2t} & (-1-t)\mathrm{e}^{2t} + \mathrm{e}^{3t} & -\mathrm{e}^{2t} + \mathrm{e}^{3t} \\ 0 & \mathrm{e}^{2t} & 0 \\ 0 & -\mathrm{e}^{2t} + \mathrm{e}^{3t} & \mathrm{e}^{3t} \end{pmatrix}\right).$

非齐次方程通解为 $X(t) = \Phi(t) + X^*$，其中 $X^* = -\mathrm{e}^{2t}\begin{pmatrix} 1 \\ 0 \\ 1 \end{pmatrix}$.

初值问题解为 $X(t) = \begin{pmatrix} (-2-t)\mathrm{e}^{2t} + 3\mathrm{e}^{3t} \\ \mathrm{e}^{2t} \\ -2\mathrm{e}^{2t} + 3\mathrm{e}^{3t} \end{pmatrix}$.

9. (1) 基解矩阵为 $\Phi(t) = \begin{pmatrix} 0 & \mathrm{e}^{\cos t}\mathrm{e}^{\sin t} \\ 1 & \dfrac{\mathrm{e}^{\cos t}}{\cos t} \end{pmatrix}$.

通解为 $X(t) = \begin{pmatrix} 0 & \mathrm{e}^{\cos t}\mathrm{e}^{\sin t} \\ 1 & \dfrac{\mathrm{e}^{\cos t}}{\cos t} \end{pmatrix}\begin{pmatrix} c_1 \\ c_2 \end{pmatrix}$，其中 c_1, c_2 为任意常数.

(2) 对应齐次基解矩阵为 $\Phi(t) = \begin{pmatrix} 0 & \mathrm{e}^{\frac{1}{t}} \\ 1 & \mathrm{e}^{\frac{1}{t}} \end{pmatrix}$.

非齐次特解为 $X^* = \Phi(t)C(t) = t\begin{pmatrix} 1 \\ 2 \end{pmatrix}$.

非齐次通解为 $X(t) = \begin{pmatrix} 0 & \mathrm{e}^{\frac{1}{t}} \\ 1 & \mathrm{e}^{\frac{1}{t}} \end{pmatrix}\begin{pmatrix} c_1 \\ c_2 \end{pmatrix} + t\begin{pmatrix} 1 \\ 2 \end{pmatrix}$，其中 c_1, c_2 为任意常数.

10. (1) 基解矩阵为 $\Phi(t) = \begin{pmatrix} \mathrm{e}^{\frac{1}{t}} & \mathrm{e}^{-\frac{1}{t}} \\ -\mathrm{e}^{\frac{1}{t}} & \mathrm{e}^{-\frac{1}{t}} \end{pmatrix}$.

通解为 $X(t) = \Phi(t)\begin{pmatrix} c_1 \\ c_2 \end{pmatrix}$，其中 c_1, c_2 为任意常数.

初值问题解为 $X(t) = \begin{pmatrix} \mathrm{e}^{\frac{1}{t}} & \mathrm{e}^{-\frac{1}{t}} \\ -\mathrm{e}^{\frac{1}{t}} & \mathrm{e}^{-\frac{1}{t}} \end{pmatrix}\begin{pmatrix} \dfrac{1}{e} \\ e \end{pmatrix} = \begin{pmatrix} \mathrm{e}^{\frac{1}{t}-1} + \mathrm{e}^{1-\frac{1}{t}} \\ -\mathrm{e}^{\frac{1}{t}-1} + \mathrm{e}^{1-\frac{1}{t}} \end{pmatrix}$.

(2) 对应齐次基解矩阵为 $\Phi(t) = \begin{pmatrix} 0 & \mathrm{e}^{-\frac{2}{t}} \\ \mathrm{e}^{t} & -\mathrm{e}^{-\frac{2}{t}} \end{pmatrix}$.

非齐次特解为 $X^*(t) = \Phi(t)C(t) = \Phi(t)\begin{pmatrix} 1 \\ \dfrac{1}{3}t\mathrm{e}^{\frac{2}{t}} \end{pmatrix} = \begin{pmatrix} \dfrac{1}{3}t \\ \mathrm{e}^{t} - \dfrac{1}{3}t \end{pmatrix}$.

非齐次通解为 $X(t) = \Phi(t)\begin{pmatrix} c_1 \\ c_2 \end{pmatrix} + \begin{pmatrix} \dfrac{1}{3}t \\ \mathrm{e}^{t} - \dfrac{1}{3}t \end{pmatrix}$，其中 c_1, c_2 为任意常数.

初值问题的解为 $X(t) = \Phi(t)\begin{pmatrix} -1 \\ 0 \end{pmatrix} + \begin{pmatrix} \dfrac{1}{3}t \\ \mathrm{e}^{t} - \dfrac{1}{3}t \end{pmatrix} = \dfrac{1}{3}t\begin{pmatrix} 1 \\ -1 \end{pmatrix}$ $(t > 0)$.

11~13. 略.

14. 提示: 设 t 时刻, 第一个桶中含盐量为 $x_1(t)$, 第二个桶中含盐量为 $x_2(t)$, 则

$$\begin{cases} \Delta x_1(t) = -\dfrac{x_1(t)}{100} \cdot 2\Delta t, \\[2mm] \Delta x_2(t) = \dfrac{x_1(t)}{100} \cdot 2\Delta t - \dfrac{x_2(t)}{100 + 2t - t} \cdot \Delta t \end{cases}$$

且 $x_1(0) = x_2(0) = 50$, 解得

$$\begin{cases} x_1(t) = 50\mathrm{e}^{-\frac{1}{50}t}, \\[2mm] x_2(t) = \dfrac{1}{100 + t}[-7500\mathrm{e}^{-\frac{1}{50}t} - 50t\mathrm{e}^{-\frac{1}{50}t} + 12500], \end{cases}$$

故 t 时刻, 第二个桶中盐浓度为 $\dfrac{x_2(t)}{100 + 2t - t} = \dfrac{1}{(100 + t)^2}[-7500\mathrm{e}^{-\frac{1}{50}t} - 50t\mathrm{e}^{-\frac{1}{50}t} + 12500]$.

15~17. 略.

习 题 2

1. $\dfrac{\partial u}{\partial x} - \dfrac{1}{x}u = -xy^2 \Rightarrow u = \mathrm{e}^{\int \frac{1}{x}\mathrm{d}x}\left[\int -xy^2\mathrm{e}^{\int -\frac{1}{x}\mathrm{d}x}\mathrm{d}x + C(y)\right]$, 通解 $u = -x^2y^2 + xC(y)$, 其中 $C(\cdot)$ 为任意一元函数.

2. 提示: 特征方程为 $\dfrac{\mathrm{d}x}{1} = \dfrac{\mathrm{d}y}{1 + \sqrt{z - x - y}} = \dfrac{\mathrm{d}z}{2}$, 首次积分为

$$\varphi = 2x - z, \quad \psi = 2\sqrt{z - x - y} + x,$$

通解 $u = \Phi(2x - z, 2\sqrt{z - x - y} + x)$, 其中 Φ 为任意二元连续可微函数.

3. 提示: 特征方程为 $\dfrac{\mathrm{d}t}{1} = \dfrac{\mathrm{d}x}{a} = \dfrac{\mathrm{d}u}{f(x,t)}$, 首次积分为

$$\varphi = x - at, \quad \psi = u - \int_{t_0}^{t} f(a\tau + C_1, \tau)\mathrm{d}\tau,$$

隐式通解为 $\Phi\left(x - at, u - \displaystyle\int_{t_0}^{t} f(a\tau + C_1, \tau)\mathrm{d}\tau\right) = 0$, 其中 Φ 为任意二元连续可微函数.

通解 $u = \displaystyle\int_{t_0}^{t} f(a\tau + C_1, \tau)\mathrm{d}\tau + \Psi(x - at)$, 其中 Ψ 为由 Φ 确定的一元连续可微函数.

由定解条件知 $\Psi(x) = \varphi(x) - \displaystyle\int_{t_0}^{0} f(a\tau + C_1, \tau)\mathrm{d}\tau$, 故

$$u = \int_0^t f(a\tau + C_1, \tau)\mathrm{d}\tau + \varphi(x - at) = \int_0^t f(x + a(\tau - t), \tau)\mathrm{d}\tau + \varphi(x - at),$$

其中 a 为常数, $x \in \mathbf{R}, t > 0$.

4. 提示: 特征方程为 $\dfrac{\mathrm{d}x}{x} = \dfrac{\mathrm{d}y}{y} = \dfrac{\mathrm{d}z}{1} = \dfrac{\mathrm{d}u}{-u}$, 首次积分为 $\varphi = \dfrac{x}{y}, \psi = x\mathrm{e}^{-z}, \omega = xu$, 隐式通解为 $\Phi\left(\dfrac{x}{y}, x\mathrm{e}^{-z}, xu\right) = 0$, 其中 Φ 为任意三元连续可微函数.

通解 $u = \dfrac{1}{x}\Psi\left(\dfrac{x}{y}, xe^{-z}\right)$, 其中 Ψ 为由 Φ 确定的二元连续可微函数.

由定解条件知 $\varphi(x,y) = \dfrac{1}{x}\Psi\left(\dfrac{x}{y}, x\right) \Rightarrow \Psi(s,t) = t\varphi\left(t, \dfrac{t}{s}\right)$, 故 $u = e^{-z}\varphi(xe^{-z}, ye^{-z})$, 其中 $x \in \mathbf{R}, y \in \mathbf{R}, z > 0$.

5. 提示: 特征方程为 $\dfrac{\mathrm{d}x}{x+t} = \dfrac{\mathrm{d}t}{1} = \dfrac{\mathrm{d}u}{x-u}$, 首次积分为

$$\varphi = (x+t+1)e^{-t}, \quad \psi = \left(u - \dfrac{1}{2}(x-t+1)\right)e^{t},$$

隐式通解为 $\Phi\left((x+t+1)e^{-t}, \left(u - \dfrac{1}{2}(x-t+1)\right)e^{t}\right) = 0$, 其中 Φ 为任意二元连续可微函数.

通解 $u = \dfrac{1}{2}(x-t+1) + \Psi((x+t+1)e^{-t})e^{-t}$, 其中 Ψ 为由 Φ 确定的一元连续可微函数.

由定解条件知 $\Psi(x+1) = \dfrac{1}{2}(x-1) \Rightarrow \Psi(s) = \dfrac{1}{2}s - 1$, 故

$$u = \dfrac{1}{2}(x-t+1) + \dfrac{1}{2}(x+t+1)e^{-2t} - e^{-t}, \quad 其中 x \in \mathbf{R}, t > 0.$$

6~7. 略.

8. 提示: 扩散方程为 $u_t - k\nabla u = 0$, 也即

$$u_t - ku_{x_1} - ku_{x_2} - ku_{x_3} = 0, \quad x = (x_1, x_2, x_3) \in \mathbf{R}^3,$$

特征方程为 $\dfrac{\mathrm{d}t}{1} = \dfrac{\mathrm{d}x_1}{-k} = \dfrac{\mathrm{d}x_2}{-k} = \dfrac{\mathrm{d}x_3}{-k}$, 首次积分为 $\varphi = x_1 + kt, \psi = x_2 + kt, \omega = x_3 + kt$.

通解为 $u = \Phi(x_1+kt, x_2+kt, x_3+kt)$, 其中 Φ 为任意三元连续可微函数.

习　题　3

1. (1) 双曲型.

(2) 抛物型.

(3) 椭圆型.

2. 提示: 方程为双曲型.

特征方程为 $(\mathrm{d}y)^2 - a^2(\mathrm{d}x)^2 = 0$,

特征曲线为 $y + ax = C_1, y - ax = C_2$,

作变换 $\begin{cases} \xi = y + ax, \\ \eta = y - ax, \end{cases}$　代入方程化简可得 $u_{\xi\eta} = 0$.

3. 证明略.

习　题　4

1. (1) $u(x,t) = \dfrac{1}{2}(\sin(x+at) + \sin(x-at)) + \dfrac{1}{2a}\displaystyle\int_{x-at}^{x+at} \alpha\,\mathrm{d}\alpha = \sin x \cos at + xt$.

(2) $u(x,t) = \dfrac{(x-at)^3 + (x+at)^3}{2} = x^3 + 3a^2t^2x$.

2. $(1)u(x,t) = \dfrac{1}{2a}\displaystyle\int_{x-at}^{x+at}\sin s \mathrm{d}s + \dfrac{1}{2a}\int_{0}^{t}\int_{x-a(t-\tau)}^{x+a(t-\tau)}\tau\sin\xi\mathrm{d}\xi\mathrm{d}\tau$

$$= \dfrac{1}{a}\left(1 - \dfrac{1}{a^2}\right)\sin x\sin at + \dfrac{1}{a^2}t\sin x.$$

$(2)u(x,t) = \dfrac{1}{2}[(x+at)^2 + (x-at)^2] + \dfrac{1}{2a}\displaystyle\int_{x-at}^{x+at}4s\mathrm{d}s + \dfrac{1}{2a}\int_{0}^{t}\int_{x-a(t-\tau)}^{x+a(t-\tau)}6\mathrm{d}\xi\mathrm{d}\tau$

$$= x^2 + a^2t^2 + 4xt + 3t^2.$$

3. 由 $u_x|_{x=0} = 0$ 可知, 对 φ, ψ 分别作偶延拓, 则由 D'Alembert 公式可知

$$u(x,t) = \begin{cases} \dfrac{1}{2}[\varphi(x+at) + \varphi(x-at)] + \dfrac{1}{2a}\displaystyle\int_{x-at}^{x+at}\psi(s)\mathrm{d}s, & x \geqslant at, \\[3mm] \dfrac{1}{2}[\varphi(x+at) - \varphi(at-x)] + \dfrac{1}{2a}\left[\displaystyle\int_{0}^{at-x}\psi(s)\mathrm{d}s + \int_{0}^{x+at}\psi(s)\mathrm{d}s\right], & 0 \leqslant x < at. \end{cases}$$

4. (1) $u(x,y,t) = x^2(x+y) + (3x+y)a^2t^2$.

(2) $u(x,y,z,t) = 2xyt$.

5. 证明:　　　$u_t = \omega(x,t,t) + \displaystyle\int_{0}^{t}\omega_t(x,t,\tau)\mathrm{d}\tau = \int_{0}^{t}\omega_t\mathrm{d}\tau$,

$$u_{tt} = \omega_t(x,t,t) + \int_{0}^{t}\omega_{tt}(x,t,\tau)\mathrm{d}\tau = f(x,t) + \int_{0}^{t}\omega_{tt}\mathrm{d}\tau,$$

$$u_x = \int_{0}^{t}\omega_x(x,t,\tau)\mathrm{d}\tau = \int_{0}^{t}\omega_x\mathrm{d}\tau, \quad u_{xx} = \int_{0}^{t}\omega_{xx}\mathrm{d}\tau.$$

故满足方程: $u_{tt} = a^2u_{xx} + f(x,t)$, 且

$$u|_{x=0} = \int_{0}^{t}\omega(0,t,\tau)\mathrm{d}\tau = 0, \quad u|_{x=l} = \int_{0}^{t}\omega(l,t,\tau)\mathrm{d}\tau = 0,$$

$$u|_{t=0} = \int_{0}^{0}\omega(x,t,\tau)\mathrm{d}\tau = 0, \quad u_t|_{t=0} = \int_{0}^{0}\omega_t(x,t,\tau)\mathrm{d}\tau = 0.$$

因此, $u(x,t) = \displaystyle\int_{0}^{t}w(x,t,\tau)\mathrm{d}\tau$ 是此定解问题的解.

6. (1) 提示: 设非零解为 $u(x,t) = X(x)T(t)$, 则 $X(x)T''(t) = a^2X''(x)T(t)$, 设 $\dfrac{X''(x)}{X(x)} = \dfrac{T''(x)}{a^2T(x)} = -\lambda$, 得本征问题 $\begin{cases} X''(x) + \lambda X(x) = 0, \\ X(0) = X(l) = 0 \end{cases}$ 和 $T''(t) + \lambda a^2T(t) = 0$, 解本征问题得 $\lambda_n = \left(\dfrac{n\pi}{l}\right)^2, X_n(x) = B_n\sin\dfrac{n\pi}{l}x$ 分别为本征值和本征函数,

$$T_n = \widehat{C}_n\cos\dfrac{n\pi at}{l} + \widehat{D}_n\sin\dfrac{n\pi at}{l}, \quad n = 1, 2, \cdots.$$

故级数解为 $u(x,t) = \sum_{n=1}^{\infty} \left(C_n \cos \dfrac{n\pi a t}{l} + D_n \sin \dfrac{n\pi a t}{l} \right) \sin \dfrac{n\pi x}{l}$.

由初始条件 $\begin{cases} u(x,0) = \sin 2\pi x = \sum\limits_{n=1}^{\infty} C_n \sin \dfrac{n\pi x}{l}, \\[2mm] u_t(x,0) = x(1-x) = \sum\limits_{n=1}^{\infty} \dfrac{n\pi a}{l} D_n \sin \dfrac{n\pi x}{l}, \end{cases}$

得 $\begin{cases} C_n = \dfrac{2}{l} \displaystyle\int_0^l \sin(2\pi x) \sin \dfrac{n\pi x}{l} \mathrm{d}x = \dfrac{2n}{4\pi l^2 - n^2\pi} \sin(2\pi l) \cos n\pi, \\[3mm] D_n = \dfrac{l}{n\pi a} \dfrac{2}{l} \displaystyle\int_0^l x(1-x) \sin \dfrac{n\pi x}{l} \mathrm{d}x = \dfrac{2\cos n\pi (n^2\pi^2 l^3 - n^2\pi^2 l^2 - 2l^3) + 4l^3}{n^4\pi^4 a}. \end{cases}$

故解为 $u(x,t) = \sum_{n=1}^{\infty} \left(C_n \cos \dfrac{n\pi a t}{l} + D_n \sin \dfrac{n\pi a t}{l} \right) \sin \dfrac{n\pi x}{l}$.

(2) 提示: 设非零解为 $u(x,t) = X(x)T(t)$, 则 $X(x)T''(t) = a^2 X''(x)T(t)$, 设 $\dfrac{X''(x)}{X(x)} = \dfrac{T''(x)}{a^2 T(x)} = -\lambda$, 得本征问题 $\begin{cases} X''(x) + \lambda X(x) = 0, \\ X(0) = X'(l) = 0 \end{cases}$ 和 $T''(t) + \lambda a^2 T(t) = 0$, 解本征问题得

$\lambda_n = \left[\dfrac{(2n+1)\pi}{2l} \right]^2, X_n(x) = B_n \sin \dfrac{(2n+1)\pi}{2l} x$ 分别为本征值和本征函数,

$$T_n = \widehat{C_n} \cos \dfrac{(2n+1)\pi a t}{2l} + \widehat{D_n} \sin \dfrac{(2n+1)\pi a t}{2l}, \quad n = 0,1,2,\cdots.$$

故级数解为 $u(x,t) = \sum_{n=0}^{\infty} \left(C_n \cos \dfrac{(2n+1)\pi a t}{2l} + D_n \sin \dfrac{(2n+1)\pi a t}{2l} \right) \sin \dfrac{(2n+1)\pi x}{2l}$, 其中

C_n, D_n 由初始条件 $\begin{cases} u(x,0) = x^2 - 2lx = \sum\limits_{n=1}^{\infty} C_n \sin \dfrac{(2n+1)\pi x}{2l}, \\[2mm] u_t(x,0) = 3\sin \dfrac{3\pi x}{2l} = \sum\limits_{n=1}^{\infty} \dfrac{(2n+1)\pi a}{2l} D_n \sin \dfrac{(2n+1)\pi x}{2l} \end{cases}$ 确定, 也即

$C_n = \dfrac{-32l^2}{(2n+1)^3\pi^3}, D_1 = \dfrac{2l}{\pi a}, D_n = 0, n = 0,2,3,4,\cdots.$

7. 提示: 由 $u_x(0,t) = u_x(l,t) = 0$ 可知, 对应齐次边值问题的本征函数系为余弦函数 $\left\{ \cos \dfrac{n\pi x}{l} \right\}$, 将定解问题中非齐次项 $f(x,t)$ 和未知函数 $u(x,t)$ 按本征函数系展开,

$$f(x,t) = A\sin(\omega t)\cos \dfrac{\pi x}{l} = f_0(t) + \sum_{n=1}^{\infty} f_n(t) \cos \dfrac{n\pi x}{l},$$

比较左右两边系数可知, $f_1(t) = A\sin(\omega t)$, 其余 $f_n(t) = 0$.

$$u(x,t) = u_0(t) + \sum_{n=1}^{\infty} u_n(t) \cos \dfrac{n\pi x}{l},$$

其中$u_n(t)$为待定未知函数. 代入原问题得

$$
\begin{cases}
u_0''(t) = 0, u_1''(t) + \left(\dfrac{\pi a}{l}\right)^2 u_1(t) = A\sin(\omega t), \\
u_n''(t) + \left(\dfrac{n\pi a}{l}\right)^2 u_n(t) = 0, \quad n = 2, 3, \cdots, \\
u_n(0) = u_n'(0) = 0, \quad n = 0, 1, 2, \cdots.
\end{cases}
$$

故有

$$
u_1(t) = \frac{Al}{\pi a} \int_0^t \sin\omega\tau \sin\frac{\pi a(t-\tau)}{l}\mathrm{d}\tau = \frac{Al^2}{\pi a} \frac{\pi a\sin(\omega t) - \omega l \sin\dfrac{\pi at}{l}}{\pi^2 a^2 - \omega^2 l^2},
$$

其余 $u_n(t) = 0$. 故定解为

$$
u(x,t) = \frac{Al^2}{\pi a} \frac{\pi a\sin(\omega t) - \omega l\sin\dfrac{\pi at}{l}}{\pi^2 a^2 - \omega^2 l^2} \cos\frac{\pi x}{l}.
$$

8. 提示: 设解为 $u(x,t) = v(x,t) + U(x)$, 则

$$
\begin{cases}
v_{tt} = a^2 v_{xx} + a^2 U''(x) + A, \\
v(0,t) + U(0) = 0, v(l,t) + U(l) = B.
\end{cases}
$$

取 $U(x)$, 使得 $\begin{cases} a^2 U''(x) + A = 0, \\ U(0) = 0, U(l) = B, \end{cases}$ 故 $U(x) = -\dfrac{A}{2a^2}x^2 + \left(\dfrac{B}{l} + \dfrac{A}{2a^2}l\right)x$, 此时

$$
\begin{cases}
v_{tt} = a^2 v_{xx}, \\
v(0,t) = 0 = v(l,t), \\
v(x,0) = -U(x), v_t(x,0) = 0,
\end{cases}
\qquad \text{用分离变量法可知}
$$

$$
v(x,t) = \sum_{n=1}^{\infty} \left(C_n \cos\frac{n\pi at}{l} + D_n \sin\frac{n\pi at}{l}\right)\sin\frac{n\pi x}{l},
$$

其中 $\begin{cases} C_n = \dfrac{2Al^2}{a^2 n^3 \pi^3}(\cos n\pi - 1) + \dfrac{2B}{n\pi}\cos n\pi, \\ D_n = 0, n = 1, 2, 3, 4, \cdots. \end{cases}$ 故原问题的解为 $u(x,t) = v(x,t) + U(x)$,

其中v, U 如上所示.

9. 略.

<h2 style="text-align:center">习　题　5</h2>

1. 提示: 设非零解为 $u(x,t) = X(x)T(t)$, 则 $X(x)T'(t) = a^2 X''(x)T(t)$, 设 $\dfrac{X''(x)}{X(x)} = \dfrac{T'(x)}{a^2 T(x)} = -\lambda$, 得本征问题 $\begin{cases} X''(x) + \lambda X(x) = 0, \\ X'(0) = X'(\pi) = 0 \end{cases}$ 和 $T'(t) + \lambda a^2 T(t) = 0$, 解本征问题得

本征值和本征函数分别为

$$\lambda_n = \left(\frac{n\pi}{\pi}\right)^2 = n^2, \quad X_n = A_n \cos nx, \quad n = 0, 1, 2 \cdots.$$

$$T_n = \widehat{C}_n \mathrm{e}^{-n^2 a^2 t}, \quad n = 0, 1, 2, \cdots.$$

故解为 $u(x,t) = \displaystyle\sum_{n=0}^{\infty} C_n \mathrm{e}^{-n^2 a^2 t} \cos nx.$ 其中 C_n 由初始条件 $u(x,0) = \sin x = \displaystyle\sum_{n=1}^{\infty} C_n \cos nx$

确定, 也即

$$C_0 = \frac{1}{\pi} \int_0^\pi \sin x \mathrm{d}x = \frac{2}{\pi}, \quad C_n = \frac{2}{\pi} \int_0^\pi \sin x \cos nx \mathrm{d}x = \frac{2(1 + \cos n\pi)}{\pi(1 - n^2)}, \quad n = 1, 2, \cdots.$$

2. 提示: 由齐次边界条件知, 本征函数系为正弦函数系. 假设 $f(0,t) = f(l,t) = 0$, 设 $f(x,t) = \displaystyle\sum_{n=1}^{\infty} f_n(t) \sin \frac{n\pi x}{l}$, 其中 $f_n(t) = \dfrac{2}{l} \displaystyle\int_0^l f(x,t) \sin \frac{n\pi x}{l} \mathrm{d}x$, 令 $u(x,t) = \displaystyle\sum_{n=1}^{\infty} u_n(t) \sin \frac{n\pi x}{l}$,

其中 $u_n(t)$ 为未知函数, 代入方程得

$$\begin{cases} u_n'(t) + \dfrac{n^2 \pi^2 a^2}{l^2} u_n(t) = f_n(t), \\ u_n(0) = 0, \end{cases}$$

所以 $u_n(t) = \mathrm{e}^{-\frac{n^2 \pi^2 a^2}{l^2} t} \displaystyle\int_0^t f_n(\tau) \mathrm{e}^{\frac{n^2 \pi^2 a^2}{l^2} \tau} \mathrm{d}\tau.$

故解为 $u(x,t) = \displaystyle\sum_{n=1}^{\infty} u_n(t) \sin \frac{n\pi x}{l}$, 其中 $u_n(t)$ 如上所示.

3.
$$\begin{cases} \dfrac{\partial^2 u}{\partial r^2} + \dfrac{1}{r} \dfrac{\partial u}{\partial r} + \dfrac{1}{r} \dfrac{\partial^2 u}{\partial \theta^2} = 0, & 0 < r < r_0, \\ u(r_0, \theta) = f(\theta), & 0 \leqslant \theta \leqslant 2\pi. \end{cases}$$

$$u(r, \theta) = \frac{1}{2\pi} \int_0^{2\pi} f(\varphi) \frac{r_0^2 - r^2}{r_0^2 + r^2 - 2r_0 r \cos(\theta - \varphi)} \mathrm{d}\varphi, \quad r < r_0.$$

4.(1) 该扩散方程的定解问题:

$$\begin{cases} u_t = k(u_{xx} + u_{yy} + u_{zz}), \\ u(x, y, z, 0) = \varphi(x, y, z), \\ u(0, y, z, t) = u(a, y, z, t) = 0, \\ u(x, 0, z, t) = u(x, a, z, t) = 0, \\ u(x, y, 0, t) = u(, y, a, t) = 0. \end{cases}$$

(2) 略.

习　题　6

1. (1) $F[f] = \displaystyle\int_{-A}^{A} \mathrm{e}^{-\mathrm{i}\lambda x} \mathrm{d}x = \dfrac{2 \sin \lambda A}{\lambda}.$

(2) $F(f) = \int_{-\infty}^{+\infty} f(x)e^{-i\lambda x}dx = \int_{-a}^{a} \sin s_0 x e^{-i\lambda x}dx = i\left(\dfrac{\sin(s_0+\lambda)a}{s_0+\lambda} - \dfrac{\sin(s_0-\lambda)a}{\lambda_0-a}\right).$

2. (1) $L[f(t)] = \int_{-\infty}^{+\infty} \sqrt{\dfrac{1}{t}}e^{-st}dt = \sqrt{\dfrac{\pi}{s}}.$

(2) $L[f(t)] = \int_{-\infty}^{+\infty} \cos kt e^{-st}dt = \dfrac{1}{2}\left(\dfrac{1}{s-ik} + \dfrac{1}{s+ik}\right) = \dfrac{s}{s^2+k^2}.$

3. (1) $F(s) = \left(\dfrac{1}{s^2+1} - \dfrac{1}{s^2+2}\right)s,\ L^{-1}[F(s)] = L^{-1}\left(\dfrac{s}{s^2+1}\right) - L^{-1}\left(\dfrac{1}{s^2+2}\right) = $
$\cos t - \cos\sqrt{2}t.$

(2) $F(s) = \dfrac{1}{(s-1)(s-2)} = \dfrac{1}{s-2} - \dfrac{1}{s-1},\ L^{-1}[F(s)] = e^{2t} - e^t.$

4. (1) $u(x,t) = \dfrac{1}{2a\sqrt{\pi t}}\int_{-\infty}^{+\infty} \varphi(\xi)e^{\frac{(x-\xi)^2}{4a^2t}}d\xi.$

(2) $u(x,t) = t\sin x.$

5. (1) $u(x,t) = \begin{cases} f\left(t-\dfrac{x}{a}\right), & t \geqslant \dfrac{x}{a}, \\ 0, & t < \dfrac{x}{a}. \end{cases}$

(2) $u(x,t) = t - \left(t-\dfrac{1}{2}x^2\right)H\left(t-\dfrac{1}{2}x^2\right) = \begin{cases} t, & t < \dfrac{1}{2}x^2, \\ \dfrac{1}{2}x^2, & t > \dfrac{1}{2}x^2. \end{cases}$

6.
$$u(x,f) = \begin{cases} f\left(t-\dfrac{x}{a}\right) = A\sin w\left(t-\dfrac{x}{a}\right), & t \geqslant \dfrac{x}{a}, \\ 0, & t < \dfrac{x}{a}. \end{cases}$$

7. 略.

习　题　7

1.
$$\begin{cases} U_{i,j+1} = (1-2\omega)U_{i,j} + \omega(U_{i+1,j}+U_{i-1,j}), & i=1,2,\cdots,m-1, j=0,1,2,\cdots, \omega \leqslant \dfrac{1}{2}, \\ U_{i,0} = \sin\dfrac{i\pi}{m}, & i=1,2,\cdots,m-1, \\ U_{0,j} = U_{m,j} = 0, & j=0,1,2,\cdots. \end{cases}$$

2.
$$\begin{cases} U_{i,j+1} = 2(1-\omega^2)U_{i,j} + \omega^2(U_{i+1,j}+U_{i-1,j}) - U_{i,j-1}, & \\ \qquad\qquad i=1,2,\cdots,m-1; j=1,2,\cdots, \omega \leqslant 1. \\ U_{i,0} = U_{i,1} = i\Delta x(1-\Delta x), & i=1,2,\cdots,m, \\ U_{0,j} = U_{m,j} = 0, & j=0,1,2,\cdots. \end{cases}$$

3.

$$\begin{cases} U_{ij} = \dfrac{1}{4}(U_{i+1,j} + U_{i,j+1} + U_{i-1,j} + U_{i,j-1}), \quad i,j = 1,2,\cdots,n-1; \\[2mm] U_{ij} = 0, \quad i=0, j=0,1,2,\cdots,n; \quad i=1,2,\cdots,n-1, j=0; \\[2mm] U_{i,n} - U_{i,n-1} = \dfrac{\pi}{n}\sin\dfrac{\pi}{n}. \end{cases}$$

4. 略.

5. (1) $u(r_0,\theta_0,\varphi_0) = \dfrac{R}{4\pi}\displaystyle\int_0^{2\pi}\int_{\frac{\pi}{2}}^{\pi} \dfrac{R^2 - r_0^2}{(R^2 + r_0^2 - 2Rr_0\cos\alpha)^{\frac{3}{2}}}\sin\theta\,\mathrm{d}\theta\mathrm{d}\varphi,$

(2) $u(r_0,0,\varphi_0) = \dfrac{1}{2}\dfrac{R^2 - r_0^2}{r_0}\left(\dfrac{1}{\sqrt{R^2 + r_0^2}} - \dfrac{1}{R + r_0}\right),$

(3) $u(r_0,\pi,\varphi_0) = \dfrac{1}{2}\dfrac{R^2 - r_0^2}{r_0}\left(\dfrac{1}{R - r_0} - \dfrac{1}{\sqrt{R^2 + r_0^2}}\right).$